多元合金熔体的热物理性能

Thermophysical Properties of Multicomponent Liquid Alloys

（德）于尔根·布里洛（Jürgen Brillo）著

许军锋　党　博　刘振亭 译

陕西省版权局著作权合同登记号:25-2022-011

图书在版编目(CIP)数据

多元合金熔体的热物理性能 / (德)于尔根·布里洛著;许军锋,党博,刘振亭译. —西安:西安交通大学出版社,2023.11

书名原文:Thermophysical Properties of Multicomponent Liquid Alloys

ISBN 978-7-5693-3288-9

Ⅰ.①多… Ⅱ.①于… ②许… ③党… ④刘… Ⅲ.①合金—熔体—热物理性质 Ⅳ.①TG131

中国国家版本馆 CIP 数据核字(2023)第 106120 号

DUOYUAN HEJIN RONGTI DE REWULI XINGNENG

书　　名 多元合金熔体的热物理性能
著　　者 (德)于尔根·布里洛
译　　者 许军锋　党　博　刘振亭
策划编辑 鲍　媛　李　青
责任编辑 鲍　媛
责任校对 邓　瑞

出版发行 西安交通大学出版社
(西安市兴庆南路1号　邮政编码 710048)
网　　址 http://www.xjtupress.com
电　　话 (029)82668357　82667874(市场营销中心)
(029)82668315(总编办)
传　　真 (029)82668280
印　　刷 西安日报社印务中心

开　　本 700 mm×1000 mm　1/16　**印张** 15.25　**彩页** 2面　**字数** 275千字
版次印次 2023年11月第1版　2023年11月第1次印刷
书　　号 ISBN 978-7-5693-3288-9
定　　价 130.00元

读者如发现印装质量问题,请与本社市场营销中心联系。
订购热线:(029)82665248　(029)82667874
投稿热线:(029)82665397
读者信箱:banquan1809@126.com

译者序

合金熔体的热物理性能无论是对合金开发及工艺设计，还是作为基本输入参数对合金凝固仿真模拟都非常重要，然而由于高温条件限制，熔体性能的准确测试一直以来都存在较多困难。本人在德国学习期间，有幸阅读了于尔根·布里洛教授的这本著作，从中了解了电磁悬浮和静电悬浮熔炼技术在测试合金熔体热物理性能方面的应用，收获颇丰，于是决定将此书译成中文，以供国内相关研究人员及学生参考或学习。书中详细讲述了金属合金熔体的密度、黏度、界面张力等参量的悬浮测量技术和一些常见合金性能与成分关系的物理模型。这些结果可为材料热物理性能测试和计算机仿真模拟等相关研究提供技术参考和数据支持。全文也是高温金属熔体热物理性能测试领域研究进展的一个综述，从提出问题到解决问题，内容脉络清晰，兼具系统性和理论深度，书的写作方式和学位论文结构接近，因而，既可供专业人士参考，也可作为学术研究范文供研究生学习。

译著的顺利完成要感谢呼晓青、惠增哲、坚增运、肖锋、高武奇和 Peter K. Galenko 等老师的大力支持。感谢曹继涛等同学为本书初稿所做的整理工作。

译著由西安工业大学(科技部、研究生院、学科建设办)资助出版，材料与化工学院的领导和老师均给予了支持，在此一并表示感谢！

在翻译过程中，译者虽然逐字逐句反复斟酌，但由于水平有限，译文不当之处在所难免。如果发现有不妥之处，希望读者们给予批评与指正，若能通过邮件(xujunfeng@xatu. edu. cn)告知我们，不胜感激。如有机会重印，我们将加以纠正。

许军锋

2023 年 10 月

致 谢

在此我要感谢为本书工作提供指导和支持的各方人士和机构：

首先，感谢德国宇航中心（DLR）空间材料物理研究所所长 Andeas Meyer 教授给我这个机会来完成这项工作。感谢 Florian Kargl 教授从头至尾阅读这本书，并为此提出许多有价值的意见和建议。

同样，感谢亚琛工业大学铸造研究所所长 Andreas Bührig-Polaczek 教授的帮助与支持，以及他与我就此工作进行的激动人心的讨论。

如果没有 Ivan Egry 教授在 2002 年对我点燃的最初火花，这项工作也不可能存在。也很感谢在德国宇航中心（DLR）的其他同事，特别是课题组的成员和图书馆的 Astrid Bölt 女士和 Regina Kraus 女士。

然而，此工作的最大功劳要属于那些和我一起真正喜欢此项研究的合著者们的共同努力。虽然我不能在这里说出他们每个人的名字，但我想说，如果没有他们多年来所做的研究贡献，此项工作就不可能以目前的形式呈现。

最后，但同样重要的是，感谢以下机构的经费支持：德国科学基金会（DFG）、德国联邦教育与研究部（BMBF）、欧洲航天局（ESA）、德国学术交流中心（DAAD）和 ERASMUS 基金会。

目　录

第 1 章　引言 ………………………………………… **1**

1.1　新材料的发展 ………………………………………… 1
1.2　材料和工艺设计 ………………………………………… 4
1.3　面临的挑战 ………………………………………… 5
1.4　本书目标 ………………………………………… 7
1.5　要解决的问题 ………………………………………… 8
1.6　研究方案和步骤 ………………………………………… 9
1.7　热物理性能 ………………………………………… 11

第 2 章　实验方法 ………………………………………… **12**

2.1　传统测试技术 ………………………………………… 12
2.2　悬浮技术 ………………………………………… 13
2.3　光学膨胀法 ………………………………………… 20
2.4　液滴振荡法 ………………………………………… 23
2.5　振荡坩埚黏度测定法 ………………………………………… 29

第 3 章　密度 ………………………………………… **33**

3.1　相关理论公式 ………………………………………… 33
3.2　单组元系统 ………………………………………… 37
3.3　二组元系统 ………………………………………… 50
3.4　三组元系统 ………………………………………… 55
3.5　趋势分析 ………………………………………… 58
3.6　综合讨论 ………………………………………… 61
3.7　小结 ………………………………………… 63

第 4 章　表面张力 …… 64

4.1　公式和模型 …… 64
4.2　单组元系统 …… 75
4.3　二组元系统 …… 87
4.4　三组元系统 …… 96
4.5　趋势分析 …… 101
4.6　小结 …… 104

第 5 章　黏度 …… 106

5.1　公式和模型 …… 106
5.2　单组元系统 …… 111
5.3　二组元和三组元系统 …… 120
5.4　理想溶液和过剩黏度 …… 127
5.5　趋势分析 …… 128
5.6　小结 …… 131

第 6 章　各性质间的关系 …… 133

6.1　表面张力与黏度的关系 …… 133
6.2　斯托克斯-爱因斯坦关系 …… 138
6.3　小结 …… 145

第 7 章　应用实例 …… 147

7.1　固-液界面能 …… 147
7.2　液-液界面能 …… 152
7.3　形状记忆合金 …… 155

第 8 章　总结 …… 165

8.1　讨论 …… 165
8.2　问题回答 …… 169
8.3　熔体的性质对计算机辅助材料设计的启示 …… 170
8.4　未来展望 …… 171

附录A　数据 ······ **173**

A. 1　纯元素 ······ 175
A. 2　Ag - Al - Cu ······ 176
A. 3　Ag - Au ······ 181
A. 4　Al - Au ······ 181
A. 5　Al - Cu - Si ······ 182
A. 6　Al - Fe ······ 186
A. 7　Al - Ni ······ 187
A. 8　Au - Cu ······ 188
A. 9　Co - Sn ······ 188
A. 10　Co - Cu - Fe ······ 189
A. 11　Cu - Co - Ni ······ 192
A. 12　Cu - Fe - Ni ······ 194
A. 13　Cu - Ti ······ 198
A. 14　Cr - Fe - Ni ······ 199

附录B　Redlich - Kister 参数 ······ **203**

B. 1　Ag - Al - Cu ······ 204
B. 2　Al - Au ······ 205
B. 3　Al - Cu - Si ······ 206
B. 4　Al - Fe ······ 207
B. 5　Al - In ······ 207
B. 6　Al - Ni ······ 207
B. 7　Co - Sn ······ 208
B. 8　Cu - Co - Fe ······ 208
B. 9　Cu - Co - Ni ······ 209
B. 10　Cu - Fe - Ni ······ 210
B. 11　Cu - Ti ······ 211
B. 12　Cr - Fe - Ni ······ 212

索引 ………………………………………………………………………………… **213**
参考文献 ……………………………………………………………………………… **225**
彩色插图 ……………………………………………………………………………… **235**

第1章

引言

从经济、社会和文化角度来看，金属材料的铸造技术和材料制备及生产技术的不断改善对社会发展至关重要。在过去的30年里，随着现有计算能力和数值算法的大幅度提高，计算机辅助材料设计技术受到输入参数准确性的限制，这些参数包含材料的各种物理特性。为了解决这一问题，目前的方法是搜集并建立全面的材料数据库。本书的目的是作为一种可供选择的途径，让读者对热物理性能随合金成分和结构复杂性的变化规律有一个基本的了解。为了达到这一目标，需要收集密度、表面张力和黏度作为合金成分和温度函数的数据。本书将给出纯液态金属、液态二元合金和液态三元合金等相关数据的实验结果和相关讨论。

1.1 新材料的发展

纵观人类文化历史，新材料的开发和应用，特别是金属材料，对社会发展起了至关重要的作用。新材料在重大的社会文化发展阶段，如"石器时代""青铜器时代""铁器时代"等都起着关键性的作用。例如，自公元前6000年起，黄金是第一种最常用的金属。过了大约2000年，人们才发现并开采了金属铜和银。又过了1800年，锡的开采提炼和青铜材料的生产开启了一个新的社会、文化和经济时代[1]。

所获技术的先进程度决定着整个文明的兴衰。古埃及帝国之所以强大，是因为铜制武器随处可见。后来，先进铁制武器的制造使罗马人的军事领先于他们的邻国。

时至今日，一个强大社会的发展仍与其金属材料产业和其他关键工业技术成熟程度密切相关。因此，发展中国家的首要目标是建立这些重点产业。在欧洲，工业革命与新的金属合金（如铸铁、钢和黄铜）的开发、生产和革新齐头并进。1860年，全球生产的金属矿石超过60%来自欧洲的矿山[2]。

由于经济的快速增长，中国已成为世界上最大的钢铁生产国(以年产量计)、最大的钢铁消费国、钢铁出口国和铁矿石进口国[2]。同时，中国也是第三大铁矿石生产国和第三大钢铁进口国[2]。图 1.1 显示了世界上铸件产量最大的几个国家和地区所占的份额。其中，中国是最大的铸件生产国，占比 43%[3]。

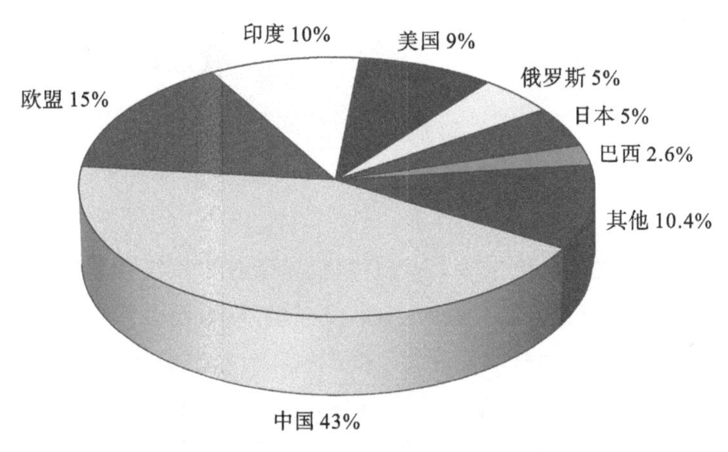

图 1.1　当今世界主要的铸件生产国[3]

产量最大的金属产品是灰铸铁，其次是球墨铸铁、有色金属和钢[3]。在有色金属中，铝基合金占有最大份额[3]。铸件产量如表 1.1 所示。通常，金属及合金常用于汽车工业、航空航天及武器装备、铁路铺设、土木工程、造船业、刀具、电工产品、桥梁、珠宝、工具制造、机械技术工程、罐头生产以及机电应用等领域。市场构成如图 1.2 所示。汽车行业几乎占据了欧洲铸造金属 50%的份额[3-4]，工程行业占 30%，建筑工程行业占 10%[3]。在欧洲，金属和金属制品制造业是最大的工业经济部门[4]。

表 1.1　灰铸铁、球墨铸铁、钢和有色金属(非铁合金)的铸件产量，表中显示的是 2010 年 10 个最大铸件生产国的总产量[3]

产品	产量/千吨
灰铸铁	38723
球墨铸铁	20560
钢	8998
有色金属	11748

在欧洲各成员国中，金属制造业约有 40 万家企业，员工约 500 万人，相当于工业行业近 4%的生产劳动力[4]。

在这个行业中,铸造业是一个重要的经济分支。就营业额、附加值和雇员数量而言,铸造分行业约占5%[4]。2013年,德国铸造行业拥有71500名员工,创造了128亿欧元的销售额[5]。

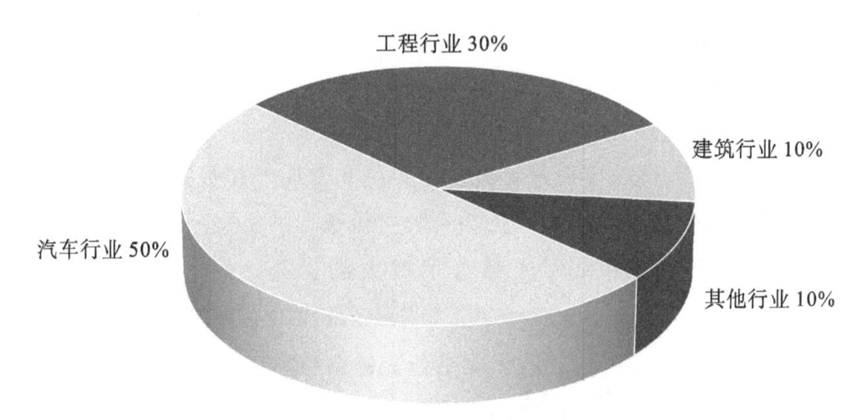

图1.2 欧洲铸造工业的主要市场构成[3]

由于绝大多数金属及合金是直接从熔体中生产出来的,所以铸造对于整个金属及其产品的制造至关重要。因此,从经济的角度来看,铸造工艺的优化是非常重要的。要达到这个目的,对熔体的基本物理性质的了解是必不可少的。某些金属工程也涉及熔体的部分操作,如各种焊接和连接技术。液态金属在能源的储存和运输方面也变得越来越重要,例如其在汽车尾气中回收热量方面的应用[4]。西方发达国家目前面临着新的挑战:由于亚洲廉价的劳动力和较低的固有成本导致生产重心转移到亚洲,西方钢铁和金属工厂不再具有全面运转能力了[6-7]。与此同时,能源效率、二氧化碳减排、资源节约、可持续性和生产力等问题日渐迫切[6]。为了节约自然可利用的金属资源,需要发展回收废料的新技术。部分金属和金属制品制造业的能耗很高。2006年,金属及其产品的能源成本占欧盟商品和服务购买量的4.4%。仅就铸造行业而言,这个数字几乎是它的两倍(7.2%)。因而,从开发者的角度来看,这需要特别关注液态熔体的研究[4,6]。

虽然生产成本低是发展中国家的优势,但西方发达国家可以发挥其科技基础设施先进和教育水平高的优势,特别是拥有大量一流工程师和科学家的巨大优势。欧盟委员会已经认识到这种情况,提出了一些可行的措施[4]。其中,开发高科技材料以及发展新的铸造生产工艺起到了关键作用,例如用于航空航天的低密度、高拉伸延展性合金。开发废料回收或铸造工艺的新技术可以极大地节约资源和能源[4],这将大大有助于减少二氧化碳排放,提高生产力和竞争力。

未来新材料和新铸造工艺的发展对经济、技术、环境和社会进步至关重要。

1.2 材料和工艺设计

据估算，欧洲钢铁行业的新产品开发和论证成本约为每年550亿～750亿欧元[4]。数额如此之大的原因之一是某些特定应用的合金是经过反复试验才开发出来的，需要不断改变成分生产工艺，直到达到所需的性能要求。实际中高技术含量的合金大多都是多组分的，因此这种开发途径是非常耗时和费钱的。

“计算机辅助材料熔体设计”不失为一种可供选取的解决问题方法。在过去的20～30年里，计算机性能和算法都有了极大的提高。商业软件工具如ProCAST™、MAGMASOF™、StarCAST™[8]、MICRESS™、DICTRA™、PANDA™、FactSage™和ThermoCalc™，已经成为工业界铸造模拟和材料开发的标配。

ProCAST™、MAGMASOF™和StarCAST™是基于有限元方法(finite element methods，FEM)综合流体流动和偏析的动态模拟，模型中考虑了热交换和溶质扩散。这些软件过去常常用来模拟铸造过程和产品在宏观尺度上的热学和力学性能。DICTRA™是模拟多相系统中一维扩散模型的工具。MICRESS™软件封装了相场方法，可以模拟微观(微米)尺度上系统变化过程和结构转变过程，例如预测枝晶形态。

在本书中，将会多次谈到多尺度方法。因而，对原子尺度会采用分子动力学(molecular dynamics，MD)模拟、蒙特卡罗(Monte Carlo，MC)模拟或量子力学从头算法。不同尺度之间的关系如图1.3所示。

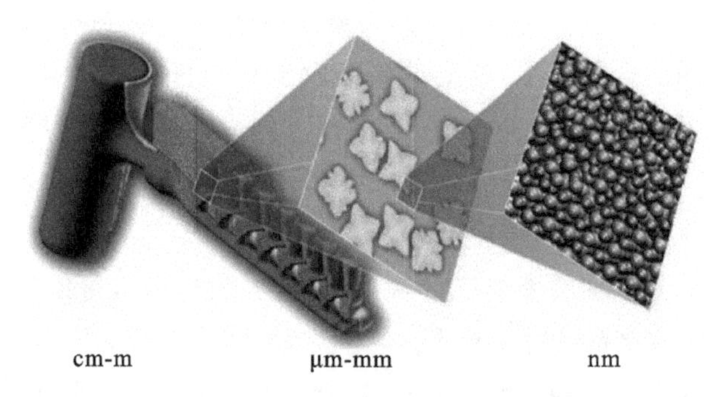

图1.3 “计算机辅助材料熔体设计”为一项多尺度任务。模拟需要在原子(纳米)尺度、微米尺度(可观察到枝晶和晶粒)及工件宏观尺度上进行

关于PANDA™、FactSage™和ThermoCalc™等软件产品，背后的理念与多尺度方法略有不同。这些软件不是用特殊尺度或者特殊解去模拟组织结构，而是用

CALPHAD方法计算相平衡。在CALPHAD方法中,每个相用对应的自由能G参数化表示,这些参数是通过对实验相图和热力学数据进行综合分析得到的。单相材料的宏观性质可以通过其合适的模型和自由能得到,前提是这些模型已经存在。例如,已知自由能G和压力P的函数关系,则可以从$\partial G/\partial P$得到材料的摩尔体积。

近年来,研究表明CALPHAD法和相场法可以成功地衔接使用[9]。目前,所有这些工具都需要有关材料的热物理性能的信息。实际上,限制计算精度的主要因素是实验测量输入数据的精度。在许多情况下,这些需要输入的数据是查不到的。对于液态金属来说尤其如此。由于所有的铸造模拟都涉及到液相,因此这一问题显得尤为严重。

尽管有许多不同的方法都在瞄准这一目标,但目前"计算机辅助材料熔体设计"仍然是一个理想的概念。随后,我们将对实现这个理念的其中两种方法作介绍。

1.3 面临的挑战

实现计算机辅助材料熔体设计理念惯用的一种方法是通过实验确定所关注材料的最大范围的各种宏观特性,并将其存储到数据库中。然后,模拟软件可访问此类数据库。目前,旨在建立材料特性数据库的项目已得到官方和私企等多方的大力资助。

例如,全面测量各商用合金的热物理性能是欧洲航天局(ESA)资助的THERMOLAB项目的主要目标[10]。除了地面实验外,该项目还计划在国际空间站(International Space Station)上进行微重力条件下的无容器测量实验。涉及的合金有镍基高温合金,以及钛基、铁基和铜基合金,分别应用于航空航天、生物医学、汽车和电子(焊接)领域。德国宇航院(DLR)参与了THERMOLAB工程。其他合作伙伴包括从铸造工厂到模拟软件开发公司约20家工业公司。

然而,这一项目存在一个本质的问题:即合金的特性及其相关相的性质必须是预先知道的。实际上,预知新特性的新材料开发可不是以这种方式推进的。因此,最初的问题仍然存在。

此外,从模型中预测所需性能面临的最严重问题是缺乏大量关于液态合金系统化的实验数据。因而,"系统化"意味着即使是在简单模型系统上的基准数据(即二元或三元合金的数据)也是缺乏的。

至少对于单原子合金，已经有了一些热物理性能的数据。文献[11－13]中的数据和文献[14]会提供大量液态金属元素的密度、超声波速度、蒸汽压、黏度、表面张力、电阻率和导热系数等数据。然而，即使是纯元素，当前可用的数据信息也是不完整的或过时的。液态金属金的黏度就是一个例子：最近报道的数据与1956年的测量值偏差超过30％，与本书最近测试的数据偏差超过100％[15]。还存在虽可以查到大量数据，但这些数据之间部分是相互矛盾的情况。以液态硅的表面张力为例，文献[16]中存在两类数据：液相线温度附近一个较小的表面张力值在0.75 $N \cdot m^{-1}$左右，另一个较大的值约为0.84 $N \cdot m^{-1}$。这似乎是由于很难控制的表面杂质的存在造成了这种数据不稳定情况的出现[16]。鉴于硅在工业上的重要性，应该测出其精确的实验数据。

二元合金的成分是可变的。这将导致二维参数空间的扩展，增加额外的自由度。至少在大多数系统中，其热力学基本参数信息例如已知的相图及确定的混合热和混合自由能数据已经存在，而热物理性能的信息是严重缺乏的。当这项工作在2002年首次展开时，有关密度的数据几乎没有，关于黏度的数据更少。此类情况可阐述如下：文献[11]列出大约350个二元体系中的80个液态密度数据，而在这350个体系中仅知道20个体系的表面张力数据。类似的情况也可从其他文献找中到证据，如文献[13]。

关于液态三元体系的信息更为有限，即系统性的数据仅在个别具体实验中可见。在大多数情况下，不仅缺乏热物理性能数据，也找不到热力学信息，如相图和混合热。

由于缺乏系统的热物理性能实验数据，也不可能用经过验证的模型去预测它们。这些预测方法包括使用特定势函数模型计算的模拟技术、从头算起的第一性原理方法、唯象和半经验模型计算。例如，对表面张力和黏度就存在这样的模型。下文将对其进行介绍和进一步讨论。对于密度的预测，目前还没有任何热力学模型。现有关于液态合金的热物理性能如何随其成分（即混合关系）变化的知识依然很不完整。

通常，很难得到准确的实验性热物理性能数据。主要原因是液态金属在高温下的化学反应活性增强。由于与容器发生反应，样品可能被污染，测量结果变得不可靠。随着无容器处理技术的发展，如电磁悬浮和相应数据分析技术，这种情况略微有所缓解[18-19]。

就密度而言，这一问题被低估或没有得到充分认识。例如，如文献[20]所述，由于大多数金属的原子硬球体半径几乎相等，超额体积项可以被忽略。由此，采用其中一种原子的理想溶液模型近似地描述系统液态合金的密度是可行的。

但实际的液态二元 Cu - Ni 合金的例子表明，即使该体系两组元完全互溶且原子半径几乎相同，这一点也不成立(表 3.11)。图 1.4 给出了此合金的等温密度 ρ 随着 Ni 摩尔分数 x_{Ni}的变化关系。在 1545 K 的其他成分值可以通过拟合的函数关系$\rho(T)$进行内插值或外推值得到。

另外，图 1.4 中也给出了根据理想溶液模型(如式(3.15))计算的密度结果。显然，后者严重低于实验的测量结果，并且存在明显的定性分歧。因此，即使在设定的简单体系中，混合行为也不能被简单理解。

多元合金会表现出更高的复杂性。在合理研究复杂体系之前，有必要先了解更简单、更确切的二元和三元体系的情况。

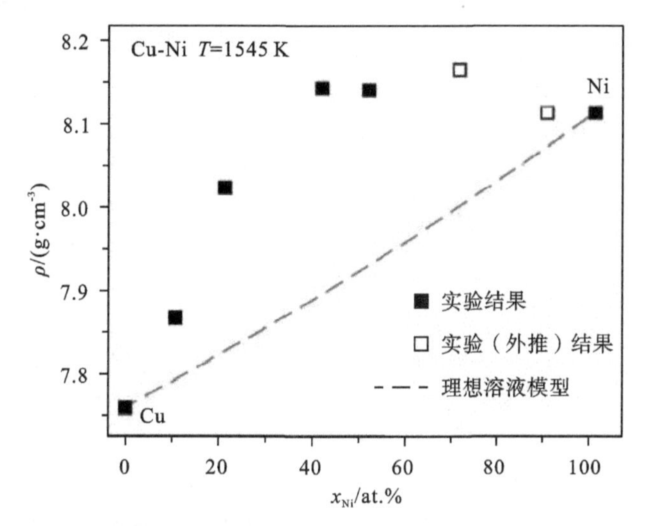

图 1.4　液态 Cu - Ni 合金密度与 Ni 摩尔分数 x_{Ni}的关系。图中数据是对实验数据在 1545 K 插值(■)或外推(□)得到的。有些点是过冷态的液态合金。此外，这里还给出了理想溶液模型的计算结果(虚线)[17]

1.4　本书目标

除建立复杂合金和材料的综合数据库外，实施计算机辅助材料设计从熔体开始的第二种方法是系统研究二元和三元模型体系。本书的目的是对液态合金的混合行为及其热物理性能有一个全面的了解。这一理念将贯穿全书始终。例如，图 1.5 比较了几种商用 Al - Ni 基(多组分)合金的密度与成分的关系。这些合金在 1773 K 下都是液态的。从图中可以看出，在该温度下这些合金的密度是$(1-x_{Al})$

的函数，其中 x_{Al}是铝的摩尔分数。显然，随着 x_{Al}的减小，密度值有微弱的增加趋势。同时，图中还给出了按照参考文献[21]中的理想溶液模型计算得到的二元Al－Ni合金的密度。这里的计算考虑了实验测定的超额体积项[21]。这两种计算都再现了商业合金体系的变化趋势：即它们的密度随着 x_{Al}的降低而增加。当考虑超额体积项时，计算结果和整体实验数据趋势更加吻合。因此，图 1.5 中除了CMSX4和 RENE90 合金系统，在有限范围内其他的多组分合金的密度都可用其二元体系考虑超额体积项的方法近似描述。这个例子意味着理解了 Al－Ni 二元合金的性质，有助于理解其他 Ni 基多元合金性质的情况。

本书工作的主要目标是通过系统研究二元和三元液态合金的热物理性能及其混合行为来建立这种理解多元合金的思想意识。测量出热物理性能与温度和合金成分在很大范围内的变化函数关系，可以得出关于超额项特性的结论(例如，规则溶液模型的超额体积和超额自由能)，并确定其存在的潜在共性关系。这些关系是所有唯象学模型或模拟的先决条件。

本书的第二个目标是，在这项工作范围内通过精确测量来减少相应的实验数据缺乏。

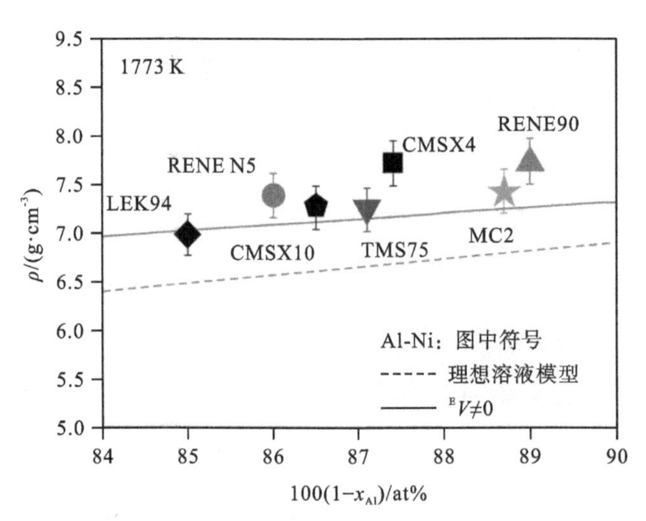

图 1.5　不同成分 Al－Ni 基多元液态合金在 1773 K 下密度与成分 100(1－x_{Al})at. %的关系。进而给出了采用理想溶液模型[21](虚线)和考虑过剩余体积项的模型(实线)分别计算二元 Al－Ni 合金的密度结果(图片由 Enrica Ricci，CNR，Genua 提供)

1.5　要解决的问题

为了实现上述目标，我们必须回答以下主要问题：

Q:1 是否存在预测混合行为物理参数的一般规律？进而，相似材料之间的混合行为是否具有某些共性？

回答这个问题的过程有助于发展简单易用的新模型。作为 **Q:1** 的一个特例，有人可能会问以下问题：

Q:2 是否有可能建立起超额热物理性能和热力学势之间的关系？如果存在这种关系，那么它的适用性和效果如何？

如果 **Q:1** 和 **Q:2** 的答案都是否定的，则超额热物理性能测量结果需要当作给定量来接受。然后，我们可以尝试使用这些超额特性项预测更高组分系统的特性。为此，必须先回答以下问题作为必要条件：

Q:3 有没有可能将多组分合金的热物理性能与其组成的子系统的热物理性能联系起来？

前三个问题预示着同一种材料的不同特性可以从一个共同的基础中得到，例如自由能。这也是在文献中被普遍接受的一个观点。一般来说，一种材料的宏观性质是由它的微观“结构”决定。在熔体中指的是原子的短程有序度。如果这是事实，那么就有可能把一种具体材料的不同特性彼此联系起来。因此有下一个问题：

Q:4 是否有可能在一个选定的体系中找到各性质间的关系？如果可以，它们的形式是什么？它们的使用效果又如何？

1.6 研究方案和步骤

为了回答这些问题，我们选择了下面的方案，此方案聚焦于密度、表面张力和黏度的特性。

密度是一个基本特性，在材料科学中扮演着重要的角色。密度的精确性是非常必要的，因为它不仅可作为其他物理性能参数准确测定的源数据，而且对铸造等工艺流程的设计布局也至关重要。从纯学术的角度来看，密度也很有趣，因为它与原子的短程序密切相关。

将表面张力作为首选特性是因为它在表面能和界面自由能驱动的技术应用中起着关键作用。例如，其在焊接上的应用。至于在铸造上的应用，表面张力数据则体现在模具充型过程方面。

最后，黏度是在描述熔体质量和热量传输中考虑流体流动的时候要用的特性参数。在这类情况中,“浮力引起的对流”是一个常见用语。目前,黏度将作为热点对象研究是因为它能帮助理解体系玻璃形成能力的[22]。

对这些重要特性与温度和组分的关系,将通过测量纯组元,以及二元和三元金属合金熔体来确定。

之所以要非常谨慎地确定纯组元数据,是因为纯组元性质是应用混合规则去导出二元和三元性质的关键。此外,如果文献已经有纯组元结果的报道,我们则将得到的纯组元数据与文献进行仔细比较,确定哪个更可靠。

在完成纯组元的研究工作后,在前人研究的纯组元体系的基础上测定二元体系的密度、表面张力和黏度。随后确定过剩性质项,在获得表面张力和黏度数据后验证和讨论各种热力学关系。

最后,用相同的测量方法研究三元合金体系,这些三元合金体系包括研究过的二元合金子系统。确定其过剩性质项,并在获得表面张力和黏度性质后对唯象模型进行检验验证。

接下来对二元和三元体系的结果进行比较。在这些情况下,可以将三元合金的过剩性质项与二元体系的过剩性质项直接联系起来。

对研究的体系根据其组成和混溶性进行分类,有助于辨别它们之间潜在的相似性,其过程如图 1.6 所示。

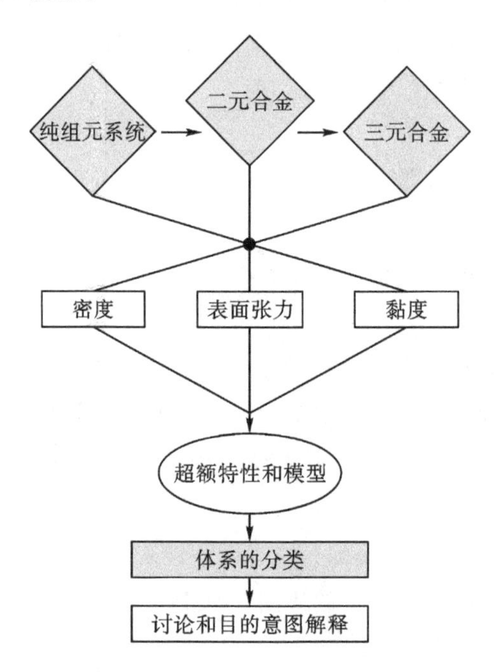

图 1.6 本书工作的方案流程图

围绕一个确定的系统测定其不同的特性参数，有可能揭示其内在特性的关系。第 6 章将讨论表面张力和黏度之间的内在关系[23-24]。此外，还讨论了斯托克斯-爱因斯坦关系[25-26]。

最后在第 7 章介绍与本书工作相关的主题和研究结果，但主要强调应用方面。除了展示“同样存在的东西”外，还通过一个具体的例子从头到尾分析了如何通过建立一套完整准确的热物理性能数据来改进“工艺设计”。附录 A 中列出了本书所讨论的密度、表面张力和黏度数据。附录 B 为书本所使用的超额自由能参数。

1.7　热物理性能

热物理性能（thermophysical properties）这一术语没有统一定义。“thermo”在希腊语中的意思是“热”，“热物理性能”可以看作是随温度变化的物理特性。它包含描述物质的宏观行为、热行为和物理行为有关的所有性质，这似乎是一个共识。一般来说，这种行为可以是“机械的”、“光学的”、“电的”、“磁的”和“热的”。

事实上，热物理性能的定义只适用于均匀体质，也就是单相体系，其在热力学上是平衡的。通常来说，它们与热的传输和储存或一般的传输过程有关。实际上，大多数热物理性能都可以解释为响应函数 L_k，即描述系统对外部施加的作用力 X_k 的响应量 J_k 的系数：

$$J_k = L_k X_k \tag{1.1}$$

式中，J_k 为物理标量 k 的通量；X_k 为物理标量 k 的梯度。例如，发射率、比热容、导热性或导电性、热膨胀、黏度、质量和热扩散，以及声速等热物理性能都符合这个定义。

此外，密度①、表面张力和界面能也被认为是热物理性能。焓、内能、熵和自由能不能被当作热物理性能是因为这些热力学量和多个热物理性能之间存在基本的热力学关系。

除了材料研究和工艺设计领域外，热物理性能在许多其他领域的应用中也起着关键作用，如计量学、核技术、隔热、质量保证和食品的深度冷冻。

在计量学中，热物理性能对仪器校准标准的制定和物理常数的定义起着重要作用。核反应堆中的燃料棒表现出极大的热梯度。根据材料的不同，燃料棒内部的温度可以达到 2300 K 左右，而外部的温度只有 700 K 左右。精确的热传输性质、比热和热膨胀等参数，特别是其与温度的函数关系，对这类应用非常重要。

① 也称当量摩尔体积。

第 2 章

实验方法

本章介绍了这项工作中使用的实验技术。详细介绍了电磁悬浮和静电悬浮的无容器凝固技术，以及密度测量、表面张力和黏度的测量和校准等方法。此外，还解释了用于测量黏度的振荡坩埚法。

2.1 传统测试技术

测量液体热物理性能的传统技术是基于有容器熔炼的。这意味着液体与坩埚或基底接触。著名的技术有：阿基米德法(Archimedian method)、气泡压力法(bubble pressure method)、毛细管流变法(capillary flow)、毛细管上升法(capillary rise)、伽马射线吸收法(gamma ray absorption technique)、振荡坩埚法(oscillating cup method)、比重瓶法(pycnometer method)、座滴法(sessile drop method)和振弦法(vibrating wire technique)。

文献[27]给出了这些方法的全面概述和详细描述。此外，表 2.1 列出了这些方法所能测量的热物理性能。

表 2.1 一些测试熔体热物理性能的传统方法[27]

传统技术	热物理性能
阿基米德法	密度
气泡压力法	密度、表面张力
毛细管流变法	黏度
毛细管上升法	表面张力、界面能
伽马射线吸收法	密度

续表

传统技术	热物理性能
振荡坩埚法	黏度
比重瓶法	密度
座滴法	密度、表面张力、界面能
振弦法	黏度

2.2　悬浮技术

在 2.1 节中提到的技术都是研究低温液体性质的标准方法。尽管液态金属的研究常常涉及高温过程,但这些方法也适用于研究液态金属的性质。在这种情况下,熔体的化学反应能力可能会急剧增加,样品因与容器壁接触很容易受到污染。在有容器的环境中准确测量是非常困难的。只有在非常仔细的情况下,才可能精确测量热物理性能。寻找合适的基底或坩埚,以及设置恰当的工艺参数是繁琐而又耗时的任务。因此得出这样的结论:实现预期的测试结果是根本不可能的。

作为一种替代方法,采用悬浮的无容器熔炼技术[28-29]可以避免上述问题。对于非常活泼的材料,如钛或锆基合金,无容器熔炼技术是唯一的选择。悬浮技术的使用带来额外的优势,由于避免了异质形核点的影响,可以实现深过冷,因此可以研究非平衡凝固[30]或亚稳态分解[31]等过程的热物理性能。

在这项工作的背景下,常用的技术是静电悬浮和电磁悬浮。此两种方法各有优缺点,应根据具体情况应用于不同的领域。

本书中的大部分实验采用电磁悬浮(electromagnetic levitation,EML)技术,而少数实验[32]采用了静电悬浮(electrostatic levitation,ESL)技术。因此,我们对 ESL 技术仅作简要介绍,而对 EML 技术将进行详细阐述。

2.2.1　电磁悬浮

1954 年,Westinghouse 公司[33]在一项发明专利中首次描述了电磁悬浮的原理。此后,这种技术很快被熟知并被称为“悬浮熔炼”,主要用于合金制备[18]。20 世纪 80 年代,随着在微重力条件下进行材料科学实验机会的增加,这种状态发生了改变,电磁悬浮技术作为一种无容器熔炼的科学研究手段研究微重力下的凝固现象[34]。

电磁悬浮原理基于这样一个事实：当磁通量随时间变化时，导电材料会受到洛伦兹力 $\boldsymbol{F}_\mathrm{L}$。对于导电体，$\boldsymbol{F}_\mathrm{L}$ 由下面的表达式[18]给出：

$$\boldsymbol{F}_\mathrm{L} = -\frac{\nabla \boldsymbol{B}^2}{2\mu_0}\frac{4\pi}{3}R^3 Q_\mathrm{EML}(q_\mathrm{EML}) \tag{2.1}$$

式中，μ_0 为磁导率；R 为近似球形样品的半径；$q_\mathrm{EML} = R/\delta$ 为无量纲量，δ 为磁场 $\boldsymbol{B}$ 的穿透深度，取决于频率 ω 和样品的电导率[35]。函数 $Q_\mathrm{EML}(q_\mathrm{EML})$ 可以解释为一个效率比。它考虑了磁场对球形样品的穿透深度限度。对于一个球形样品，Q_EML 由下式给出[34,36]：

$$Q_\mathrm{EML}(q) = \frac{3}{4}\left(1 - \frac{3}{2q_\mathrm{EML}}\frac{\sinh(2q_\mathrm{EML}) - \sin(2q_\mathrm{EML})}{\cosh(2q_\mathrm{EML}) - \cos(2q_\mathrm{EML})}\right) \tag{2.2}$$

作为悬浮的必要条件，$\boldsymbol{F}_L$ 在垂直方向的分量，即 z 方向必须补偿重力 $\boldsymbol{F}_\mathrm{L} = \boldsymbol{g}\rho V$ 。这里 V 是样品的体积，ρ 是密度，$\boldsymbol{g}$ 是重力加速度。对于球形样品，式(2.1)变为[34]

$$\rho \boldsymbol{g} = -\frac{\nabla z \boldsymbol{B}^2}{2\mu_0} Q_\mathrm{EML}(q_\mathrm{EML}) \tag{2.3}$$

从这个过程可以看出，控制悬浮过程的因素，特别是式(2.3)，反映了能否悬浮的决定因素不是样品的质量，而是样品的密度。密度低的样品比密度较高的样品更容易悬浮。作用在样品上的力是 $-\nabla \boldsymbol{B}^2$ 的倍数。因此，样品总是被引导远离磁场。如图 2.1 所示。

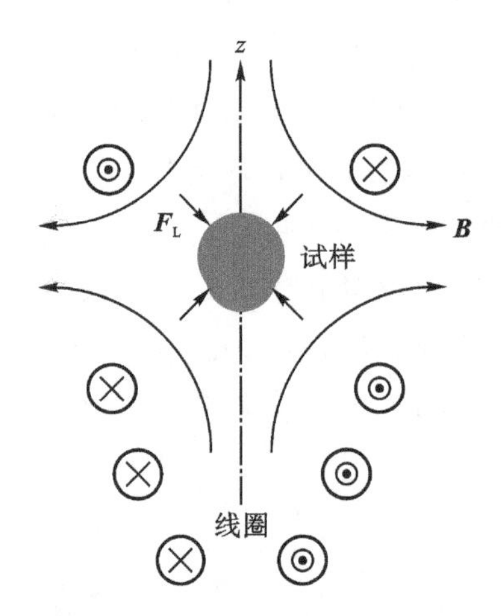

图 2.1　悬浮样品和悬浮线圈示意图。作用在样品上的力指向 $-\nabla \boldsymbol{B}^2$ 方向，即远离具有高磁场密度的区域

在电磁悬浮中，样品定位和加热不是独立操控的。振荡磁场会在样品内部产生涡流。由于样品的电导率有限，加热功率 P_H 会因欧姆损耗而被吸收。P_H 值由

文献[18]给出：

$$P_{\mathrm{H}}=\frac{\boldsymbol{B}^2\omega}{2\mu_0}\cdot\frac{4\pi}{3}R^3\cdot H_{\mathrm{EML}}(q_{\mathrm{EML}}) \tag{2.4}$$

式中，函数 $H_{\mathrm{EML}}(q_{\mathrm{EML}})$ 与式(2.1)中的 $Q_{\mathrm{EML}}(q_{\mathrm{EML}})$ 作用相似，可以解释为吸收功率的效率比。从式(2.4)右侧可以看出，P_{H} 值与功率密度、$\boldsymbol{B}^2\omega/2\mu_0$ 和样品体积成正比。由于电场只能作用在边界层内，H_{EML} 降低了后者($Q_{\mathrm{EML}}(q_{\mathrm{EML}})$)的作用。$H_{\mathrm{EML}}$ 由以下函数[34]给出：

$$H_{\mathrm{EML}}(q_{\mathrm{EML}})=\frac{9}{4q_{\mathrm{EML}}^2}\left(q_{\mathrm{EML}}\frac{\sinh(2q_{\mathrm{EML}})+\sin(2q_{\mathrm{EML}})}{\cosh(2q_{\mathrm{EML}})-\cos(2q_{\mathrm{EML}})}-1\right) \tag{2.5}$$

图 2.2 为 Q_{EML} 和 H_{EML} 随 q_{EML} 变化的曲线。可以发现，当 $q=0$ 时，两个函数均为零。这种情况相当于一个完美的绝缘体(或者是 $\omega\approx 0$ 时的实验情况)。这时，无论是悬浮还是加热样品都是不可能的。而当 $q\to\infty$ 时，$H_{\mathrm{EML}}(q_{\mathrm{EML}})$ 项消失了，而 $Q_{\mathrm{EML}}(q_{\mathrm{EML}})>0$，也就是样品能发生悬浮，但不能被加热。例如，后一种情况($q\to\infty$)适用于完美导电材料样品的极端情况。在这两种极端情况之间，样品被加热和定位的比例可以在一定范围内调整，方法是通过改变电磁场的频率和功率，或使用不同几何形状的线圈改变其梯度[18,34]。

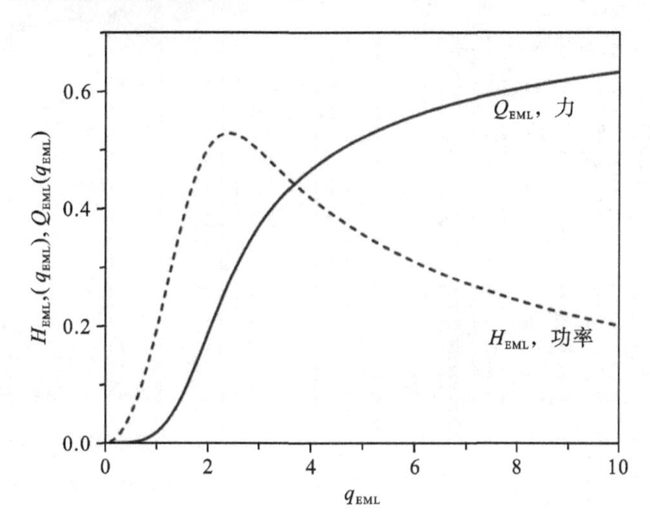

图 2.2　电磁场的效率比 $Q_{\mathrm{EML}}(q_{\mathrm{EML}})$(实线)和 $H_{\mathrm{EML}}(q_{\mathrm{EML}})$(虚线)与 $q_{\mathrm{EML}}=R/\delta$ 的关系，其中 R 是样品半径，δ 是穿透深度[18]

位于科隆的德国宇航中心(German Aerospace Center，DLR)材料物理研究所(Institut für Materialphysik im Weltraum)使用的悬浮装置安装在真空室内，真空

室可抽真空至 10^{-8} mbar①，以去除杂质（吸附水、CO、CO_2、碳氢化合物和其他杂物）。悬浮实验在保护性气氛下进行，以尽量减少或避免样品的剧烈蒸发。为此，实验腔室填充了 500～900 mbar 纯度为 99.9999 vol%的氩气作为保护气体，或者基于氦气良好的冷却性能，也会填充氩氦混合气体作为保护气。与氩气相比，氦气的一个优点是它的冷凝温度较低，这是因为氦气不含其他大部分气体所含有的杂质。有时为了减少氧化痕迹，还会使用含有高达 10 vol%氢气的氦气混合物作为保护气。

在每次实验开始时，样品被放置在垂直陶瓷管的顶部，并位于水冷的感应线圈的中心。常用典型的线圈尺寸为 40 mm×15 mm。它的几何形状类似图 2.3 所示的线圈，由下半部分和上半部分组成。下半部分是主体，上半部分只有少数绕组，螺旋方向与下边相反。这样，可以保证在 $\boldsymbol{B}^2$ 中心有一个最小值，而且样品的任何错位都将由恢复力来响应。

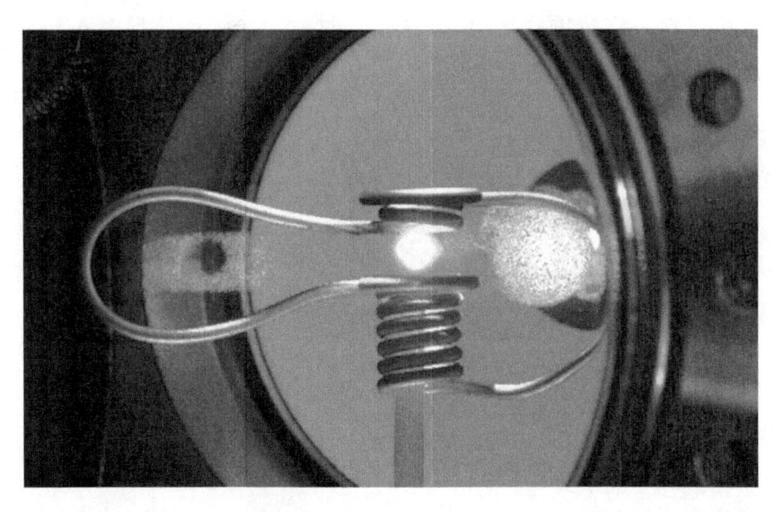

图 2.3(彩) 液体 Cu 在 1600 K 附近悬浮熔炼的照片。背光照明使用扩展的红色激光器在右侧清晰可见，从左侧侧面窗户反射的样品阴影也清晰可见

线圈常用电流是 200 A，频率为 300 kHz，最大功率是 5 kW 或 10 kW，具体取决于使用的电源类型。常用样品直径为 5 mm。根据材料和设备功率，一般可使样品达到远高于熔点的温度。在一些特殊情况下，温度甚至可达 2700 K。对于电磁悬浮(EML)，样品加热和定位并不能独立控制，调整想要的温度最好是通过对样

① 1 mbar(毫巴)=100 Pa(帕)。

品施加额外冷却来抵抗感应加热的方式实现。一般是通过对样品吹保护气体形成层流来完成的。气流控制是通过位于样品熔滴底部的一个小陶瓷喷嘴来实现。

温度 T 用红外测温仪从顶部或侧面对准样品测量。在每次测量时,需要根据实际已知的液相线温度 T_L 对红外测温仪测得全部温度 T_P 值来进行校准。样品的准确温度 T 由维恩定律(Wien's law)[38]导出:

$$\frac{1}{T}-\frac{1}{T_P}=\frac{1}{T_L}-\frac{1}{T_{L,P}} \tag{2.6}$$

在式(2.6)中,$T_{L,P}$ 是红外测温仪测的液相线温度(这个值一般偏离实际液相线温度)。当熔化过程结束,试样温度 T 超过 T_L 时,T_P 的斜率会突然增加[37]。图 2.4说明了这一点。仅当红外测温仪在工作波长处的样品发射率 $\epsilon_\lambda(T)$ 在实验温度范围内保持恒定时,式(2.6) 才有效[17]。对大多数金属来说这是个良好的近似,见文献[38-39]。悬浮液滴的照片如图 2.3 所示。

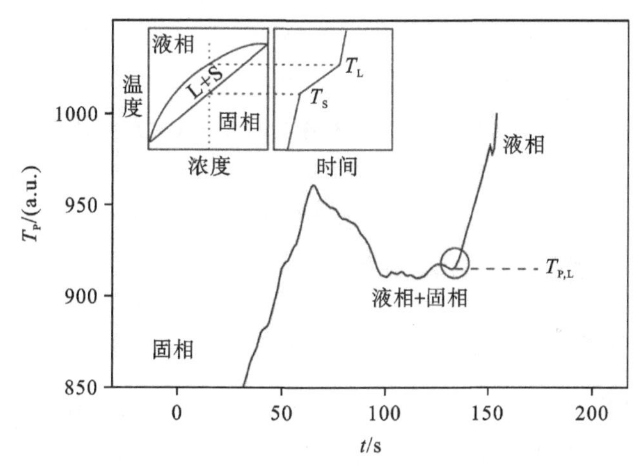

图 2.4　样品熔化时的典型红外测温仪输出的曲线 T_P,$T_{P,L}$ 值是用来参比实际液相线温度 T_L 差距对测量结果进行校准使用的参数。$T_{P,L}$ 点是通过曲线斜率的突变来确定的,如小插图所示(来自文献[37])

由于感应线圈呈圆柱对称,一般样品形状会偏离完美球体。这在之前的工作中已经给出详细论述和讨论[40-41]。将试样的体积从截面分成厚度为 dz 的水平圆盘,每个圆盘面积为 $A_i=\pi R_i^2$,R_i 为其中一个圆盘的半径,则作用在该圆盘上垂直的力 $F_{i,z}$ 为

$$F_{i,z}=-\frac{\nabla B^2}{2\mu_0}A_iQ_{\mathrm{EML}}(q_{\mathrm{EML}})\mathrm{d}z \tag{2.7}$$

对于初始形状为球形的试样,中间截面承受的悬浮力最大,而作用在顶部和底

部截面上的力相对较小。这是由于 A_i 和 R_i 是平方关系，即样品悬浮力作用在中间的一个虚拟圆盘上。如果样品是液体，顶部实际上会四处流动，如果表面张力足够大，样品像悬浮的水滴一样悬挂在下面。得到的形状是一个顶部扁平、底部拉长的悬浮液滴，如图 2.4 所示。许多文献如[42]和[43]中提供了物理上更完整的分析。这些工作表明，要正确理解样品的形状，还需要考虑样品内部的流体流动。悬浮液滴流动是由电磁场驱动的。这种流动能否在恰当的感应条件下形成湍流对 EML 实验至关重要[42-45]。试样内部的湍流对其均匀化(如温度和成分的均匀性)可能有一定的好处。然而，它也会引起样品在其平衡位置附近发生强烈振荡，特别是引起绕某轴的旋转。这些不稳定性仅受熔体黏度的限制。它们也可能会变得非常强烈，以至于无法进行精确测量[46-47]。

当样品暴露在磁场中时，液滴表面振荡受到强烈抑制。连同熔体内部湍流对能量的消耗，使得在地面条件下无法准确测量黏度[48]。

电磁悬浮也有许多优点。如上所述，它本质上是稳定的，因此不需要频繁的位置控制。电磁悬浮能够耐受地面环境条件，许多材料都可以采用此方法研究。熔体内部的湍流会导致表面振荡的激发，这给表面张力的测量带来方便。电磁悬浮允许高温实验条件，可提供更宽的温度范围，实现深过冷，并允许熔炼高活性易反应材料。到目前为止，电磁悬浮仍然是研究导电材料，如液态金属、合金、甚至是半导体(如 Si[49])，最合适和最具代表性的技术。

2.2.2　静电悬浮

静电悬浮(ESL)的引入是为了避免电磁悬浮技术的缺点和限制[50-52]，例如材料内部的湍流、样品的非球形，以及该技术对材料导电性的限制。自 20 世纪 90 年代中期 ESL 技术首次被发现以来，科研人员在热物理性能、结构研究以及凝固研究方面进行了大量的研究。Paradis 等人[19]已经对 ESL 技术的历史和现状进行过全面报道。

在静电悬浮中，样品带有电荷 q_{charge}，在垂直电场 $\boldsymbol{E}$ 中通过库仑力 $\boldsymbol{F}_{\mathrm{C}}$ 进行定位：

$$\boldsymbol{F}_{\mathrm{C}} = q_{\mathrm{charge}} \cdot \boldsymbol{E} \tag{2.8}$$

常见样品的直径一般在 1.5～3 mm 之间，质量为 20～90 mg[53]。根据电荷和场强，可以悬浮质量最大可达 1 g 的样品[54]。一般把样品定位在两个平行的彼此相隔 15 mm 的圆盘状电极之间。样品水平稳定性是由试样下面的四个横向电极实现的。

与电磁悬浮相比，静电悬浮本质上并不稳定。根据麦克斯韦方程，$\nabla \boldsymbol{E}=0$，静电场是不会产生最小电势的[35]。根据这个 Earnshaw 定理，静电悬浮需要主动进行位置控制，大多数情况下是通过复杂的 PID 控制器来控制[55]。在德国宇航中心，样品位置控制由 T. Meister[53]开发的自适应实时控制器完成。后者的特殊功能是，它可以平衡样品的突然移动，例如由电荷突然消失引起的样品移动。

作为控制回路的一部分，两个相互垂直排列的扩展 He/Ne 激光器和相配合的 x、y 位置灵敏探测器(position sensitive detector，PSD)探头在三维方向上检测样品位置。

从式(2.8)可以很容易地估算，要悬浮 50 mg 的样品，必须施加 10 kV 电压以使样品携带约 5×10^9 e 的电荷。因此，样品的充电实验过程是样品位置稳定的关键。在实验开始时，样品是固态和低温的状态，可能停留在较低的电极上，在施加电压时由于极化而发生充电。在悬浮实验中，样品可能会失去部分电荷。这种情况是通过接触残余气体原子或通过带电表面原子的解吸或蒸发而发生的。后者在样品加热和熔化阶段会变成一个主要问题。这种情况下，样品经常会无缘无故的下落。为了弥补电荷损失，我们用一盏由 He/H_2 发出的紫外线灯照射样品来给样品充电。在高温下，由于热电子辐射的影响，充电会自行发生。因此，静电悬浮最适合具有高熔点、低逸出功和低蒸汽压的材料。这些材料包括 Zr、Ti、Nb、Mo、Pd 和其他难熔金属。

试样的加热和熔化是通过调节激光功率实现的。在静电悬浮中，样品定位和加热彼此互不影响。本书工作用的实验装置，其加热是通过两个最大功率为 25 W 的红外激光器来实现的。激光聚焦在样品的一个小点上使得温度快速上升。由于静电悬浮没有强烈的流体流动，温度均匀化还是比较困难的。穿过表面的温度梯度会产生表面张力梯度，从而触发马兰戈尼对流(或热对流)[56]。此外，温度分布的不均匀也会干扰测量数据的精确性。对于本书工作中使用的设备，研究显示样品上的温度梯度非常小，可以忽略[54]。样品发生缓慢旋转甚至会导致温度进一步均匀化。其他团队有时使用三支或更多的激光器组来改善温度分布[19]。图 2.5 为静电悬浮样品的图片。

由于其工作原理，静电悬浮原本不局限于某一类材料。测量可以在高真空和气氛条件下进行。装置设备可以在高达 5 bar 的高压下工作[19,57]。一旦样品是液体并悬浮，它就稳定成接近球形。静电悬浮有可能用于材料的所有热物理性能的测试。

图 2.5（彩）　悬浮铝样品在 900 K 左右时的照片。电极系统以及紫外灯的一部分清晰可见，其照射口就在样品后面

然而，该方法并不能直接应用，因为位置控制需要较高的悬浮力。由于电荷损失或其他不稳定性，样品通常会掉落下来。尽管静电悬浮已被证明适用于所有类型的材料[19]，但它最适用于难熔金属 Zr、Ti、V 和 W 及其合金。

2.3　光学膨胀法

目前已经开发了相应的检测方法以进行无容器测量。为了测量密度和热膨胀系数，出现了一种叫做“光学膨胀测量法”的技术。本书对这种技术[58]也进行了进一步的开发和优化[18]。

密度和热膨胀是通过测量液态样品的体积来确定的。这种技术是通过光源从一边照亮样品，同时摄像机记录另一边的阴影图像来完成的。本节的描述主要针对电磁悬浮实验使用的装置。当然，光学膨胀测量技术也可以应用于静电悬浮装置，只需进行少量改进[19,32,59-60]。

该装置的光路示意图如图 2.6 所示。它采用带空间滤波器、光束扩展器和准直器的（He/Ne）激光器产生偏振光。调整准直器使光束平行照射[17]，产生的光斑直径为 25 mm。光源从后面照射样品。由于在腔室窗口和样品表面存在散射和衍射，部分光会发生偏转，因而必须去除这些非平行分量，以获得没有噪声干扰和衍射图案[17]的清晰阴影图像。这个任务是由透镜（$f=80$ mm）和针孔（$\varphi=0.5$ mm）共同构成一套傅里叶光学滤光片[17]来完成的。为了改变光的强度，在装置中添加偏振滤光片。通过干涉滤光片和针孔的干涉，最终去除试样因热辐射而产生的影响[17]。这样可以产生均匀背景,图像的对比度与样品的亮度无关。后一点对边缘检测至关重要。

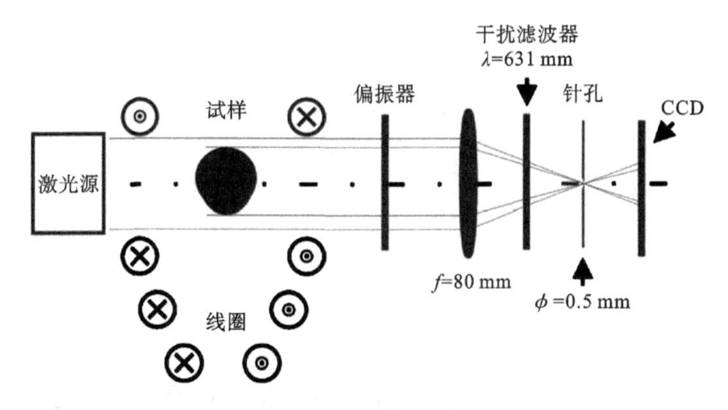

图 2.6　光学膨胀法所用的光学装置示意图[17]

图 2.4 所示的照片也可以清楚地看出阴影图原理。在该图中,扩展的激光束在右侧显示为一个鲜红色的圆圈。在左侧腔室窗口的光束反射屏上可以看到样品的阴影。

首先,从电磁悬浮液态铜样品中获得的阴影图像如图 2.7 所示。然后,这些图像通过数码 CCD 摄像机记录,并输入计算机。通过检测样品边缘曲线的算法对图像进行实时分析。

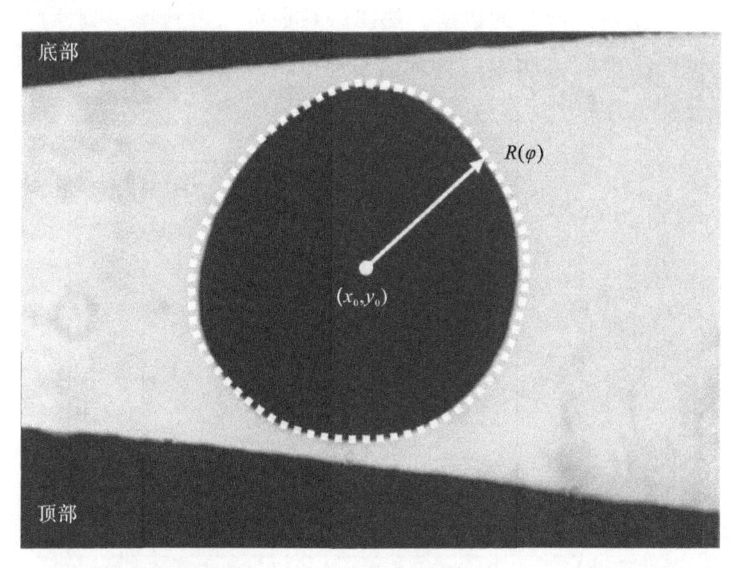

图 2.7　电磁悬浮样品的阴影图像。由于聚焦透镜的放置,样品呈现倒置像。图中顶部和底部边缘的黑色区域对应于线圈绕组边缘的阴影。整个样品的轮廓线已经标出。另外,样品轮廓上的点相对于中心坐标(x_0,y_0)的极坐标位置(R,φ)也被高亮标出

这个轮廓线上的点 $\tilde{x}_{\mathrm{Edge}}$ 可以很方便地用极坐标(R,φ)来表示，其近似的中心点坐标为(x_0,y_0)。其中 R 为半径，φ 为极角(图 2.7)[17]。

然而在悬浮实验中，液滴的表面正发生振荡。这些振荡可以变得非常剧烈。因此，每一帧的照片形状都显示为扭曲的理想平衡形状[17]。只要这些振荡的振幅相对于样品的平均半径较小，平衡形状可以通过对大于或等于 1000 张以上的照片的 $R(\varphi)$ 取平均值得到。下一步，将用小于 6 阶的勒让德多项式拟合到平滑的边缘曲线函数$\langle R(\varphi)\rangle$：

$$\langle R(\varphi)\rangle = \sum_{i=0}^{6} a_i P_i(\cos(\varphi)) \tag{2.9}$$

式中，P_i是勒让德多项式的第 i 项。

为了估算体积，提出了一个重要的假设：液滴的平衡形状是以垂直轴为中心呈旋转对称的。如果这个假设成立，体积可以用以下积分[17]来计算：

$$V_{\text{pixel}} = \frac{2}{3}\pi\int_0^{\pi}\langle R(\varphi)\rangle^3 \sin\varphi \mathrm{d}\varphi \tag{2.10}$$

式中，V_{pixel}是以像素立方为单位的体积。对于实际体积单位 cm^3 的换算，需要对系统进行标定。如文献[17]所述，通过使用不同尺寸的轴承滚珠可以实现实际尺寸标定。

测量的液态纯铁的密度与温度的关系数据如图 2.8 所示[61]。从图中可以看出，这种测量也可获得过冷区的数据。热膨胀系数可以由斜率得到。此外，图中也给出 Sato 用经典比重瓶法测定铁液的密度数据[18,62-63]。两种测试结果的一致性良好，误差均小于 0.1%。

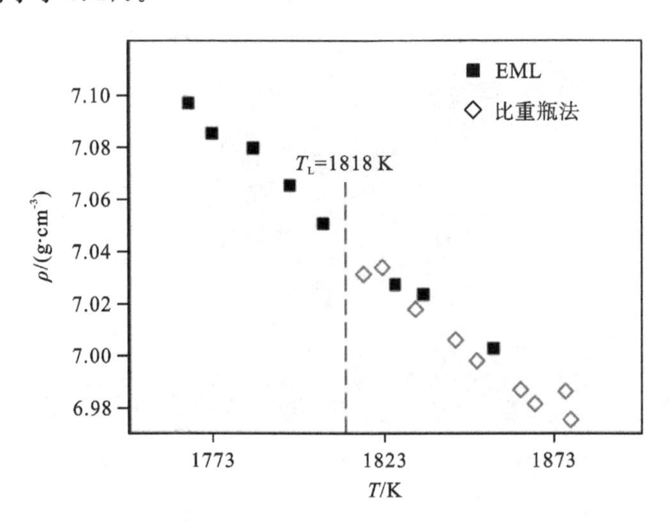

图 2.8　液态纯铁的密度和温度的关系(■)。为了比较，图中也给出 Sato 采用比重瓶法测得的密度结果(◇)[18]

为了估算该方法的精度，有必要确定造成误差的影响因素。这些因素包括：强烈的样品移动、实验中挥发造成的质量损失、温度读取的误差和校准的不确定性。事实上，这些因素是相互依存的。例如，由于强烈蒸发，样品的质量在不断下降，这可能直接导致测量密度的变化，因为密度与质量成正比，或导致化学成分的变化，成分变化也会改变密度。最后，水蒸气在窗口上的凝结会导致有关发射率的温度校准因子的变化，这会影响温度计上的温度读取。强烈的样品运动，例如样品旋转，会导致样品扁平和轴对称形状的永久破坏。这种情况下就不满足式(2.10)的前提条件，结果可能会出现极大错误。

表 2.2 密度测量误差的影响因素

误差源	影响程度
蒸发	严重
样品强烈旋转	严重
光学边界测试	中等
校准	±1.0%(EML[37])
温度读数	不确定($\Delta T\pm 10$K)
样品侧向移动	不确定

在这些影响因素中，样品的强烈运动和蒸发导致的质量损失是最关键的因素。质量损失的影响是严重的，因为质量和密度是直接的正比关系。如果这些因素中有一个变化很明显，则测量不可能精确。

反过来，如果可以避免这些因素，则可以获得高精度的数据。这种情况下，总的不确定性误差可被估算为 $\Delta\rho/\rho\leqslant 1.0\%$，该值对应于校准的不确定度[37]。这种光学膨胀法也成功地被用到静电悬浮法测密度的技术中[19]。它有着额外的优势，即由于静电悬浮没有湍流，强旋转和强振荡也相当罕见。而且，由于样品稳定，校准也更精确，从而数据的准确性得到整体提高。

2.4 液滴振荡法

液滴振荡技术可用于测量悬浮液滴的表面张力和黏度。因此，利用液滴在其平衡形状附近范围进行振荡。液滴形状随时间变化情况可用包含球谐函数 $Y_{n,m}$ 的方程[40]来描述：

$$R(\theta,\varphi,t)=\sum_{l=0}\sum_{l=-l}^{+l}a_{l,m}(t)Y_{l,m}(\theta,\varphi) \tag{2.11}$$

式中，R 是液滴的半径，与极角 φ、方位角 θ 及时间 t 有关；$a_{l,m}(t)$ 函数是用来描述与时间有关的变形；l 和 m 是用来表示振荡模式的整数；$Y_{l,m}$ 与时间无关。

表面张力是通过样品表面振荡的频率计算得到的，而黏度是由振荡衰减的时间常数得到的。通过电磁悬浮可以测量地面和微重力条件下的表面张力，而黏度只能在微重力条件下测定。目前，无容器技术在地面测定黏度只能使用静电悬浮法。

2.4.1　表面张力

对于质量为 M 的球形非旋转液滴，瑞利[64]提出了表面张力 γ 与表面振荡频率 $\omega_{l,m}$[40-41]之间的关系：

$$\omega_{l,m}^2=l(l+2)(l-1)\frac{4\pi}{3M}\gamma \tag{2.12}$$

式(2.12)中的频率与指数 m 无关，这对变形的样品是不同的[18,40-41]。与式(2.11)比较可以看出前三种模式的含义[41]：$l=0$ 对应于各向同性的振荡。由于假设液体是不可压缩的，这种状态在实际情况中并不会出现。$l=1$ 的状态模式对应于整个液滴发生平移振荡。它对测量过程很重要，但不包含表面张力的有关信息。因此，包含表面张力的基本状态模式是 $l=2$。它包含五种可能的变化（$-2,-1,0,+1,+2$）和表面张力信息的最低可能表面模式。频率 $\omega_{2,0}$ 称为瑞利频率 ω_R[18,41]：

$$\omega_R{}^2=\frac{32\pi}{3M}\gamma \tag{2.13}$$

一般样品质量为 1 g 左右，$\omega_R/2\pi$ 通常接近于 40 Hz[18]。

式(2.12)已经成功应用于微重力悬浮的样品测量中[28,65]。在地面上，样品不是球形的，也不是处于失重状态。电磁场在样品表面额外施加了一个力，称为电磁力。通常来说，电磁悬浮样品是有旋转的。Cummings 和 Blackburn[40]对电磁悬浮系统的问题进行了系统理论研究，最终使振荡技术得以应用。他们首先发现，偏离球形形状的液滴简并了部分 $l=2$ 状态下的变化。频率 ω_R 可分为三个具体的情况：$\omega_{2,\pm2}$、$\omega_{2,\pm1}$、$\omega_{2,0}$。进一步，假设磁场在垂直方向上[40]是线性变化的，即 $\partial B_z/\partial z=$ 常数[40]，那么 $\omega_{2,\pm2}$、$\omega_{2,\pm1}$、$\omega_{2,0}$ 可以和瑞利频率 ω_R 联合得到如下关系：

$$\omega_{2,0}^2=\omega_R^2+\overline{\omega_{Tr}^2}\left(3.832-0.1714\left(\frac{g}{2\alpha\,\overline{\omega_{Tr}^2}}\right)^2\right) \tag{2.14}$$

$$\omega_{2,\pm1}^2 = \omega_R^2 + \overline{\omega_{Tr}^2}\left(3.775 - 0.5143\left(\frac{g}{2\alpha\,\overline{\omega_{Tr}^2}}\right)^2\right) \tag{2.15}$$

$$\omega_{2,\pm2}^2 = \omega_R^2 + \overline{\omega_{Tr}^2}\left(-0.9297 - 2.571\left(\frac{g}{2\alpha\,\overline{\omega_{Tr}^2}}\right)^2\right) \tag{2.16}$$

式中，α 是样品平均半径；g 是重力加速度；$\overline{\omega_{Tr}^2}$ 表示平均二次平移频率。其计算方法为 $\overline{\omega_{Tr}^2}=\frac{1}{3}(\omega_x^2+\omega_y^2+\omega_z^2)$，这里 ω_x、ω_y、ω_z 分别是样品在 x、y、z 三个坐标轴方向上的平移频率[18,40-41]。$\omega_{2,\pm2}$和 $\omega_{2,\pm1}$是成对减弱的。然而在实际情况中，由于样品是旋转的，这种简并性被解除了。因此在光谱中，五个不同频率处的峰值都可以看到。定义绕垂直轴旋转的频率为 Ω_{rot}，如果 Ω_{rot}小于 $\omega_{l,m}$[41]，Busse 给出了如下这个结果[66,41]：

$$\omega'_{l,m} \approx \omega_{l,m} + \frac{m}{2}\Omega_{rot} \tag{2.17}$$

式中，$\omega'_{l,m}$是位移频率。

方程(2.14)—(2.16)可以与方程(2.12)和(2.17)联合，从而得到 Cummings 和 Blackburn 总结的规则。由此，可以计算实际应用中的表面张力[18]：

$$\gamma = \frac{3M}{160\pi}\sum_{m=-2}^{+2}\underbrace{\omega'^2_{2,m} - 1.9\,\overline{\omega_{Tr}^2} - 0.3\left(\frac{g}{\alpha\omega_{Tr}^2}\right)^2}_{\text{校正项}} \tag{2.18}$$

该等式中的校正项说明了存在磁压力的影响，其可以根据样品的平移运动估算。如果忽略该修正项就会像文献[41]中所描述的那样，计算的表面张力值将会变得过高。根据液滴的质量，误差很容易超过 30%。

电磁悬浮表面振荡监测装置如图 2.9 所示。假设在电磁悬浮中，样品内部的流体流动和表面振动都是自发进行的，因此不需要对状态进行人工干预。在实验中，摄像机从顶部对准液体样品，在恒定温度下观察液体样品变化(图 2.9)。其拍摄帧率至少应该设置到样品频谱最高频率的两倍以上。实际实验过程中对于 1 g 左右的样品来说，130 Hz 的帧率就已经足够。在实验中使用的摄像机帧率是 400 Hz，其拍摄分辨率可达 400 像素×400 像素。

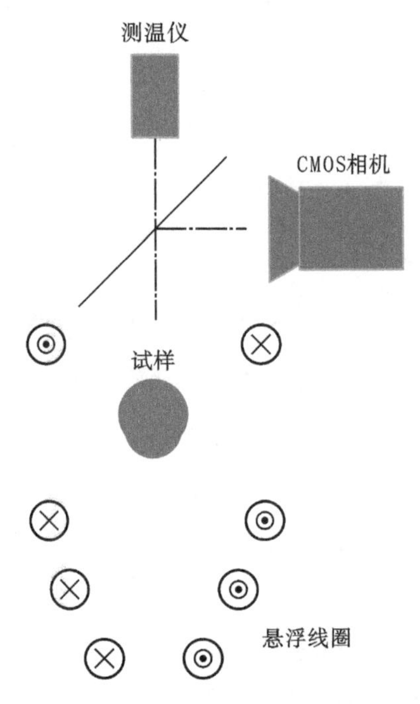

图 2.9　用于测量电磁悬浮试样表面张力的光学装置示意图[18]

在每个温度下，记录 4096 或 8192 张照片。测量完成后，通过程序对图像进行分析，并提取以下参数作为时间的函数：质心（$x_0(t)$，$y_0(t)$）、观察到的液滴面积 $A(t)$和两个垂直方向的半径 $r_x(t)$与 $r_y(t)$。然后经过快速傅里叶变换（fast-Fourier transformed，fft），得到 x 与 y 方向的频谱为 fft($x_0(t)$)和 fft($y_0(t)$)，面积的频谱为 fft($A(t)$)，两个垂直半径和的频谱为 fft($r_x(t)+r_y(t)$)，以及两个垂直半径差的频谱为 fft($r_x(t)-r_y(t)$)。

图 2.10 给出了 x 和 y 方向转变的典型频谱[67]，频率 ω_x和 ω_y分别在 5.5 Hz 和 6.0 Hz 左右出现明显的峰值。在线圈完美的理想情况下，两个线圈的频谱应该是相同的[41]。频谱之间的微小偏差指向线圈几何形状的扭曲部分。为了确定 $\overline{\omega_{\mathrm{Tr}}^2}$，垂直方向的运动也必须知道，但因目前的实验设备没有安装水平方向相机而难以做到。然而，垂直方向的 ω_z 可以从面积的频谱观察到。如果样品靠近或远离相机，其会在相机中表现为成像尺寸大小的变化，尺寸变化在 fft($A(t)$)曲线中显示为一个微弱峰（图 2.10）。很明显，有时很难从背景噪声中分辨出这个峰值。在这种情况下，使用如下近似式会很有帮助：$\omega_z\approx2\omega_x\approx2\omega_y$[18,40-41]。

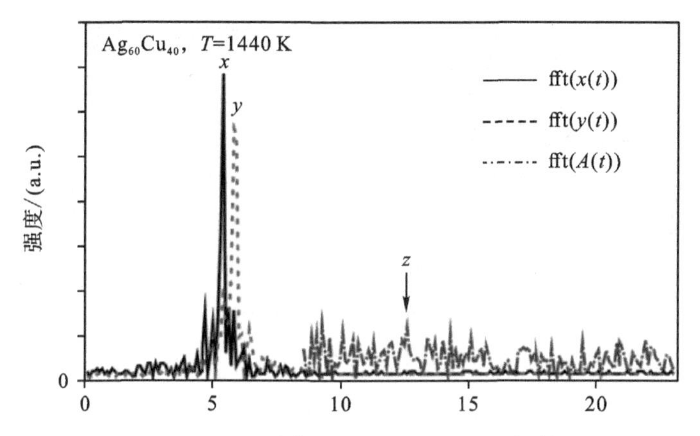

图 2.10　水平方向 x 和 y 以及区域信号 $A(t)$ 的平移运动频谱。样品平移模式对应的峰值由 x、y 和 z 标记[67]

最后，图 2.11 给出了两个垂直半径和与差的频谱[67]。$m=0$ 的状态模式可以被确认，因为它的频谱峰只出现在和谱中而不在差谱中[18,41]。同理，$m=\pm 2$ 的状态模式可以被确认①，因为它们的频谱峰只出现在差谱中[18,41]。最后，既出现在和谱中也出现在差谱中的频谱峰，就对应 $m=\pm 1$ 的状态模式。通过这种方法，式(2.18)中包含的五个频率 $\omega'_{2,m}$ 可以全部被确定。

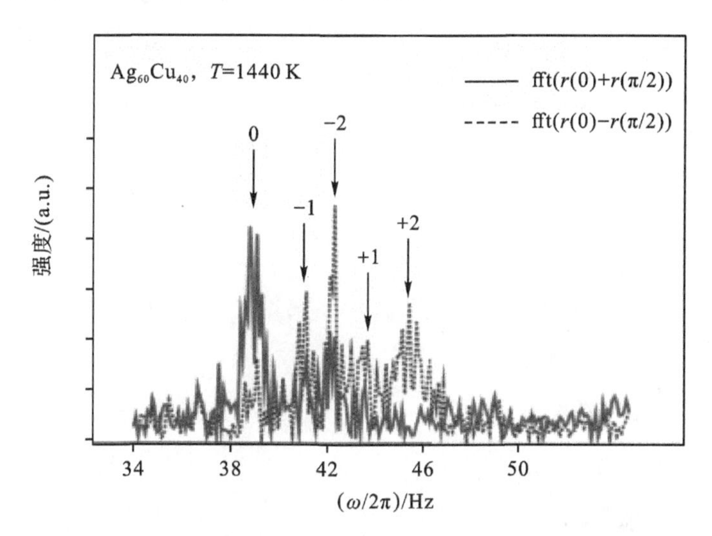

图 2.11　$Ag_{60}Cu_{40}$ 合金样品在 1440 K 时的表面振荡频谱。实线是两个垂直半径和信号的傅里叶变换谱，虚线是差信号的傅里叶变换谱。对应于 $\omega'_{2,m}$ 的峰值用箭头标记[67]

① 图 2.11 与这个理想规则有偏差，如 $m=-2$ 状态模式的情况，是由于 Cummings 和 Blackburn 的理论假设（球形样品，圆形横截面的线圈，磁场 $\boldsymbol{B}$ 的线性变化方向沿着 z 轴）在实际中不能严格实现。

用保守的方法，通过把假定的各参数数值误差代入式(2.18)来估算表面张力的最大误差 $\Delta\gamma/\gamma\leqslant5\%$[68]。例如，在实验中频谱读取的不确定度估计为 0.5 Hz，在实际中这已是上限。在许多体系中，如 Fe－Ni[68] 或 Al－Cu 合金[69]，表面张力随温度或浓度的变化远小于 5%。然而这种方法对分析和排除潜在的误差来源是有用的，比如进行密度测量时有以下影响因素：蒸发和质量损失、样品的强烈旋转以及读取温度的不确定。此外，样品的纯度及其环境同样是至关重要的。实验结果表明：蒸发造成的质量损失、样品强烈旋转和低纯度保护气氛条件等任一情况如果发生，都可能成为获得真实结果的阻碍因素。

在式(2.18)中，γ 与质量成正比。质量误差会直接导致表面张力同一数量级上的误差。样品强烈旋转会导致样品扁平化。在频谱中，只有一个单一但非常明显的峰值在这种旋转中以两倍的频率显现。此外，旋转也违反了式(2.18)假设样品旋转可忽略的前提条件。

最后，气氛纯度条件也是至关重要的。一些表面活性物质，如氧或硫元素的含量，达到百万分之几就可以使表面张力显著降低 30%以上，甚至可以逆转温度系数(失去温度准确性)[70]。气氛中的氧气可以吸附在液态金属表面，因此保持环境洁净很重要。有时候也会在气氛中加入氢气来减少表面污染。另一方面，由于生产方式的原因，杂质可能已经残留在原材料中。寻找纯净的材料并为测量提供最优的气氛条件通常是一项具有挑战性的任务。表 2.3 中列出了影响表面张力测量精度的因素。

表 2.3　表面张力测量的误差来源及其影响程度

误差源	影响程度
蒸发	严重
样品强烈旋转	严重
光学边界测试	不确定
温度读数	不确定($\Delta T\pm10$K)
样品侧向移动	不确定
纯度条件	严重

2.4.2　黏度

振荡液滴技术同样可用于测定黏度。Egry 在执行 IML-2(1994)和 MSL-1

(1997)航天任务期间已经使用了这一技术[71-72]。在地面上，只有在禁止磁阻尼和强流体流动时才能进行这些测量[48]。静电悬浮为这种研究提供了一个非常好的平台。Ishikawa[73]、Paradis[60]、Mukherjee[74]、Rhim[75]、Brillo[32]、Bradshaw[76]等研究者已经进行了相应的实验。这些研究活动和静电悬浮技术的现状在 Paradis 最近发表的一篇综述论文中得到总结[19]。

Lamb[77]和 Chandrasekhar[78]研究了黏度对液滴振荡的影响，并推导出球形液滴的黏度 η 公式，称为 Lambs 定律[41]，其表达式如下：

$$\eta = \frac{\rho a_2 \Gamma}{(l-1)(2l+1)} \tag{2.19}$$

式中，Γ 是表面振荡的阻尼常数；a 为球形液滴的半径。

与电磁悬浮不同的是振荡不是自激发的，因此实验时需要在垂直方向上施加一个振幅为 0.4～2 kV、频率为 100～400 Hz 的正弦电场[19,32]。用这种方式，就可以激发 $Y_{2,0}$ 振荡模式。然而，更重要的是此种模态的振幅不能超过样品半径的 5%，因为较大的振幅会触发液滴内的流动涡流并消耗额外的能量[79]。

当 $Y_{2,0}$ 模式稳定时，关闭激发场，振荡由于内摩擦的存在而开始衰减。在此衰减过程中，记录样品的投影。

实验所使用的高速摄像机(每秒帧数＞2000 FPS)在样品黏度低于100 mPa·s 时可以在每次振荡中获取到 10～20 个数据点。垂直半径 $a_z(t)$ 与时间 t 的函数关系确定精度优于 1%[32]。为了进一步分析，将 $a_z(t)$ 用一个阻尼正弦函数进行拟合：

$$a_z(t) = a_0 + a_0 \exp(-\Gamma t)\sin(\omega t + \delta_0) \tag{2.20}$$

式中，a_0 为振幅；Γ 为阻尼系数；ω 为频率；δ_0 为相位差。根据 Lambs 定律即式(2.19)来计算黏度，从而得到阻尼系数 Γ。

2.5　振荡坩埚黏度测定法

采用上述液滴振荡法测量黏度具有许多的优点。然而在地面上，这种方法只能与静电悬浮结合工作，目前还没有直接的应用。在许多情况下，某种元素或合金材料根本不能按照这种方法进行测试。

因此，对于测量高温下液态金属的黏度，传统的振荡坩埚法仍是一种标准的方法[70]。在使用该测量方法时，液态合金会与坩埚接触，必须要克服 2.2 节中描述的所有缺点。

其原理是用一根导线悬挂装有液体的圆柱形坩埚，并绕其垂直轴进行扭转振荡。这些振荡会在液体的内部摩擦作用下逐渐减小，黏度可以通过振荡振幅的衰减时间长短计算得到。

计算问题可以通过构建纳维-斯托克斯方程来解决。根据使用的近似得到不同的工作方程[80]，需要进行数值求解。其中最突出的是 Roscoe 方程[81-82]，黏度 η 由下列表达式给出：

$$\eta=\left(\frac{I\delta}{\pi R^{3}H_{\mathrm{osc}}Z}\right)^{2}\frac{1}{\pi\rho_{\mathrm{T}}} \tag{2.21}$$

式中，I 为振荡系统的转动惯量；δ 为对数衰减率；ρ 为液体密度；R 为坩埚内半径；H_{osc}为试样高度。上式中所给出的参数 $Z(Z_{\mathrm{osc}})$ 由下式给出：

$$Z_{\mathrm{osc}}=\left(1+\frac{R}{4H_{\mathrm{osc}}}\right)c_{\mathrm{osc},0}-\left(\frac{3}{2}+\frac{4R}{\pi H_{\mathrm{osc}}}\right)\frac{1}{p_{\mathrm{osc}}}+\left(\frac{3}{8}+\frac{9R}{4H_{\mathrm{osc}}}\right)\frac{c_{\mathrm{osc},2}}{2p_{\mathrm{osc},2}} \tag{2.22}$$

式中：

$$p_{\mathrm{osc}}=\left(\frac{\pi\rho}{\eta T_{\mathrm{osc}}}\right)^{2}R \tag{2.23}$$

$$c_{\mathrm{osc},0}=1-\frac{3}{2}\left(\frac{\delta}{2\pi}\right)-\frac{3}{8}\left(\frac{\delta}{2\pi}\right)^{2} \tag{2.24}$$

$$c_{\mathrm{osc},2}=1+\frac{1}{2}\left(\frac{\delta}{2\pi}\right)+\frac{1}{8}\left(\frac{\delta}{2\pi}\right)^{2} \tag{2.25}$$

上述方程构成一个自洽系统，黏度可以通过数值求解得到。在过去的几年里，替代分析（alternative analyses）比较流行。Beckwith 和 Newell [63,83-84]，以及 Brockner 的分析法[63, 85]便属于替代分析。

本研究中使用的仪器是由 Kehr 在攻读博士学位期间设计和安装的[86]。文献[80]和[86]中有详细的描述。图 2.12 为仪器的设计方案示意图，大致由两个主要部分组成：加热炉和振荡系统。振荡系统的核心是直径为 0.228 mm 的扭转钢丝，长度大约为 1.3 m，放置于温度恒定在 28 ℃的管壳中。在导线末端固定一带有反射镜的支架，用于检测振荡。镜架连着一个延伸到炉内的钨棒。该钨棒将石墨容器与样品坩埚固定在一起。调整钨棒的长度以使样品正好位于熔炉的中心，因为这里的温度是均匀性最好的。

为了监测振荡，将激光照射在反射镜面上，反射光束再通过位置灵敏探测器(PSD)接收，这样可以测得扭转位移角[80]。

该加热炉的石墨电阻加热器内径为 100 mm，等温加热区长度为 450 mm[80]。加热器的弯曲流线形设计使得样品位置的磁场减少到最小。隔热是通过包裹在加热器周围的石墨毛毡实现的。保温层的整体厚度为 10～15 cm，炉外壁为水冷钢管[80]。使用此装置，可使炉内最高温度达到 2600 K。目前存在的绝大多数黏度计的最高工作温度低于 800 K。

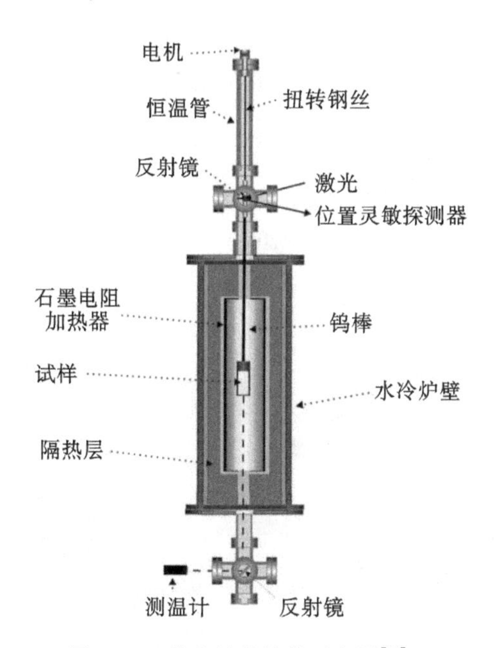

图 2.12　黏度计的结构示意图[80]

操作期间，使用高温计（红外测温仪）来记录炉膛和样品的温度。高温计通过镜子聚焦到坩埚容器的底面。坩埚容器的发射率是使用几种纯金属（Al、Cu、Ni、Co、Fe）的熔点作为参考温度来确定的。

熔炉是高真空系统的一部分。在进行实验之前，真空度抽到低于 10^{-6} mbar，然后填充含量为 99.9999 vol%的高纯 Ar 气回流，以便可以在保护性气氛下进行测量。为避免振荡受气体对流的干扰，将保护气体压力降至 400 mbar。

在实验中，用电动机激发了悬浮坩埚的扭转振动[87]。位置传感器数据由软件[86]读取，并用来求解式(2.21)的 Roscoe 方程，进而计算出黏度。在数据采集过程中，温度以 1 K/min[87]的速度缓慢下降，与严格的等温测量相比，仅仅用几百个数据点就可以在很宽的温度范围内获得一条连续平滑的曲线，如图 2.13 所示。

在文献[80]中，Kehr 指出了黏度计的估算结果不确定度要小于 6%。该值是根据 Roscoe 方程输入参数的预估不确定性计算得出的。然而此文献报道的数据的不确定性较大，会达到 15%，作者认为造成这种差异的主要原因是坩埚。由于化学反应的存在，大多数坩埚在测量过程中其内径会发生改变[80]。此外，由于这些反应导致样品变“脏”,性质也随之改变。在这种情况下,另一个十分严重的问题是其会影响熔体在容器壁上的润湿行为。Roscoe 方程是基于流体力学中液体黏附在壁上,并且在其表面也没有半月形的假设推导的。有些化学反应可能破坏这些先决条件,例如氧化反应,如果形成月牙形,并且在液体和容器之间发生滑动,则剪切体积与实际体积不同,公式(2.21)将不再适用[63]。因此,黏度误差大于 50%的情况都会出现。

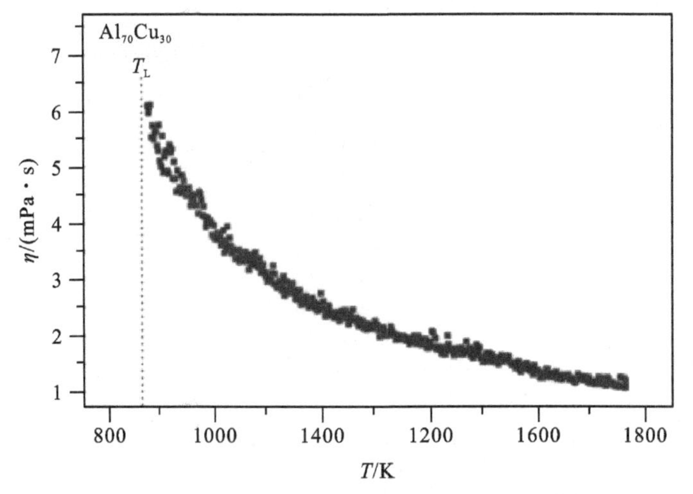

图 2.13　液态 $Al_{70}Cu_{30}$ 的黏度与温度的关系[87]

第3章

密度

在本章中，将对一些液态纯金属、二元和三元合金进行系统的密度测量。测量是在无容器的条件下进行的，使用光学膨胀技术结合电磁悬浮技术。样品材料的复杂程度从单原子体系逐步增加到二元和三元合金。使用过剩体积作为关键混合参数，对测量结果进行讨论。关于过剩体积，不管它是正、是负还是零，目前还没有发现一般的经验规律。然而，进一步研究发现两相不混溶系统呈现出正的过剩体积，而两相强混溶系统呈现出负的过剩体积。对于成分相似的合金，它们的过剩体积几乎为零。

3.1 相关理论公式

在本节中，将简要回顾分析和讨论测量密度数据所使用的数学公式和术语。关于自由能的基本方程[88]为

$$dG = V\mathrm{d}p - S\mathrm{d}T + \sum_i \mu_i \mathrm{d}n_i \tag{3.1}$$

式中，V 代表体积；p 代表压强；S 代表熵；T 代表温度，μ_i 代表混合物中各组分的化学势；n_i 代表各组分的摩尔数。由式(3.1)可以得到体积的基本关系如下：

$$\left(\frac{\partial G}{\partial p}\right)_{T,n_i} = V \tag{3.2}$$

对于混合物中各组分 i 的摩尔分数 $x_i = n_i / \sum_i n_i$，G 可以表达为

$$G = \sum_i x_i G_i^0 + \Delta G \tag{3.3}$$

式中，G_i^0 是纯组分 i 的自由能；ΔG 是混合自由能。相应的过剩性质，过剩自由能 ${}^{\mathrm{E}}G$ 通过理想溶液的混合自由能 ${}^{\mathrm{id}}\Delta G$ 与 ΔG 有关，${}^{\mathrm{id}}\Delta G$ 等于 $RT\sum_i x_i \ln(x_i)$，

于是：

$$^{E}G = \Delta G - ^{id}\Delta G = \Delta G - RT\sum_i x_i \ln(x_i) \tag{3.4}$$

将式(3.2)代入式(3.3)，再由式(3.4)可得混合物的摩尔体积 V 的关系式，V_i 为各组分 i 的摩尔体积，^{E}V 为过剩摩尔体积（等于 ΔV）。那么混合摩尔体积计算如下：

$$V = \sum_i x_i V_i + ^{E}V \tag{3.5}$$

这个公式非常直观地显示出：混合物的总体积由各纯组元的体积按照加权平均加和，再加上一个源于粒子之间相互作用的过剩体积 ^{E}V 而得到。

密度 ρ 通常由质量 M 除以体积 V 得到。由于混合物是由具有摩尔质量 M_i 的 i 原子组成，因此 $\rho_i = M_i/V_i$ 为纯组分的密度，于是从式(3.5)得到密度 ρ 的表达式：

$$\rho = \frac{\sum_i x_i M_i}{\sum_i x_i \dfrac{M_i}{\rho_i} + ^{E}V} \tag{3.6}$$

摩尔体积和密度都与温度有关。摩尔体积的变化可以用体积热膨胀系数 β 表示，它描述了相对一个固定参考点的体积变化。在液态合金中，通常选用液相线温度 T_L 所对应的摩尔体积 V_L 作为参考点。这样 $V(T)$ 的表达式如下：

$$V(T) = V_L(1 + \beta(T - T_L)) \tag{3.7}$$

密度因此可以写成一个幂级数展开式：

$$\rho(T) = \rho_L + \rho_T(T - T_L) + \rho'_T(T - T_L)^2 \tag{3.8}$$

式中，$\rho_L = \rho(T_L)$ 是液相线温度对应的密度；$\rho_T = \partial\rho/\partial T$ 表示线性温度系数。二阶温度系数项 $\rho'_T = \partial^2\rho/\partial T^2$ 表示 ρ 偏离线性关系的可能偏差。有迹象表明，在液态硅中可能存在这种情况。文献[89]讨论了密度的最大值与温度的关系。在大多数其他情况下，特别是在本书讨论的所有情况下，$\rho'_T = 0$ 且密度符合线性定律，于是有

$$\rho(T) = \rho_L + \rho_T(T - T_L) \tag{3.9}$$

只要温度 T 在 T_L 点附近，那么 ρ_L 和 β 之间就存在如下关系：

$$\beta \approx -\frac{\rho_T}{\rho_L} \tag{3.10}$$

将式(3.6)对温度进行微分，得到混合物的温度系数如下：

$$\rho_T = \left[\sum_i x_i M_i\right] \times \left[\sum_i x_i \frac{M_i \rho_{T.i}}{\rho_i^2} - \frac{\partial ^{E}V}{\partial T}\right] V^{-2} \tag{3.11}$$

为了应用这个表达式，需要知道过剩体积及其与温度的关系。

3.1.1 理想溶液模型

对于理想溶液，过剩的性质都为零。特别需要强调的是，对于所有的 P 值，都有 ${}^{E,id}G=0$ ，并且由式(3.2)可以直接得到

$$ {}^{E,id}V={}^{id}\Delta V=0 \tag{3.12} $$

式中，${}^{E,id}V$ 是过剩体积项；${}^{id}\Delta V$ 是理想溶液的混合体积。因此，可以得出如下结论：

$$ 理想溶液 \Rightarrow {}^{E,id}V=0 \tag{3.13} $$

但这个结论反过来是不成立的，因为过剩体积为零或逐渐抵消的混合物并不一定是理想溶液。这可以从式(3.12)对压强的积分看出，会得到积分常数 C 。一般来讲，$C\neq 0$ 。

实际上，即使 ${}^{E}G$ 值为零，也不能直接判定一种合金是否是理想溶液。其困难来自于人们对液态金属和合金中 ${}^{E}G$ 与压力的关系了解不够。对于大气压下 ${}^{E}G=0$ 的系统，它对 P 的偏导数可能不等于 0 。因此，即使系统看起来像理想系统也可能发生 ${}^{E}V\neq 0$ 。以下模型方法可能在一般情况下是不适用的：${}^{E}V\propto{}^{E}G$ 。

结合式(3.12)和(3.5)可以得到理想溶液的摩尔体积 ${}^{id}V$ 的表达式：

$$ {}^{id}V=\sum_i x_iV_i \tag{3.14} $$

式(3.14)是各纯组元摩尔体积的线性组合。在一些书中，它被称为费伽德定律[90]。费伽德定律是基于经验导出的为了描述晶体材料中晶格常数随组分线性变化的规律。在本书中，将式(3.14)称为理想定律，以强调由抵消过剩体积 ${}^{E}V=0$ 的混合物与理想溶液之间的细微差别，见式(3.13)。现在，从式(3.6)也可以相应地得到理想密度 ${}^{id}\rho$ 的对应表达式：

$$ {}^{id}\rho=\frac{\sum_i x_iM_i}{\sum_i x_i\dfrac{M_i}{\rho_i}} \tag{3.15} $$

3.1.2 亚正规溶液模型

在文献中，我们可以区分正规溶液、亚正规溶液和亚(亚)正规溶液模型。由于这些术语之间的差异与本文内容没有直接关系，而且它们的定义有时在不同文献中会混淆，因此在本章中术语“亚正规溶液”的含义更趋向于可以用 Redlich - Kister - Muggianu 多项式描述、且相互作用参数不是零的亚正规溶液[91]。

对于组分 i 和 j 的二元合金，过剩自由能 ^{E}G 由 Redlich－Kister 多项式形式表达为

$$^{E}G_{i,j} = x_i x_j \sum_{v=0}^{N_{i,j}} {}^{v}L_{i,j}(T)(v = 0\cdots N_{i,j})(T)\ (x_i - x_j)^{v} \tag{3.16}$$

二元系统相互作用参数 $^{v}L_{i,j}(T)(v = 0\cdots N_{i,j})$ 是用来描述不同种类粒子之间的相互作用程度的。它们可能与温度有关，但与成分无关。在热力学中一般认为这个多项式的阶数越小越好，典型的如 $N_{i,j} \leqslant 2$①。另外 $^{v}L_{i,j}(T)$ 应该随着指数 v 的增加而减小。对于三元或更多成分的混合物，Redlich－Kister－Muggianu 多项式形式如下[91]：

$$\begin{aligned} ^{E}G_{1,2,3} = & \sum_{i<j} x_i x_j \sum_{v=0}^{N_{i,j}} {}^{v}L_{i,j}(T)(v = 0\cdots N_{i,j})(T)\ (x_i - x_j)^{v} + \\ & {}^{T}G(T, x_1, x_2, x_3) x_1 x_2 x_3 + \cdots \end{aligned} \tag{3.17}$$

参数 $^{v}L_{i,j}(T)$ 与式(3.16)中的相同。另一参数 ^{T}G 用来描述三个组分之间的可能相互作用。^{T}G 与温度 T 有关，常常也与成分有关。但是在理想情况下，成分的影响一般很微弱，三元项对过剩自由能的影响应该相对较小。当 $^{T}G \approx 0$ 时，三元系统的过剩自由能可以用二元子系统的过剩自由能来预测。

利用式(3.2)、(3.16)和(3.17)可以导出与二元系统相互作用参数摩尔体积 $^{v}V_{i,j}(T)$ 类似的三元系统参数表达式 $^{T}V(T)$，这个参数假设与成分无关。首先是对二元系统进行分析，只选取多项式中 $v \leqslant 1$ 的项：

$$^{E}V_{i,j} = x_i x_j [{}^{0}V_{i,j}(T) + {}^{1}V_{i,j}(T)(x_i - x_j)] \tag{3.18}$$

式(3.18)的一般形式是一个扭曲的抛物线。$x_i x_j\ {}^{0}V_{i,j}(T)$ 项描述了该抛物线的形状，括号里的第二项 $^{1}V_{i,j}(T)(x_i - x_j)$ 给出了与抛物线的偏差。在大多数情况下这些偏差都很小，所以在方括号内的 $^{1}V_{i,j}$ 可以忽略不计。因此，二元合金的摩尔体积可以用如下抛物线式近似表示：

$$^{E}V_{i,j} \approx x_i x_j\ {}^{0}V_{i,j}(T) \tag{3.19}$$

对三元系统的推导和二元系统相类似，只是将式(3.17)中关于三元系统的参数 ^{T}G 转换成与体积对应的三元参数 $^{T}V = \partial^{T}G/\partial P$ 。三元混合物中 $^{E}V_{1,2,3}$ 是关于浓度 x_i 的函数，那么等温条件下过剩体积的计算公式如下：

$$^{E}V_{1,2,3} = \overbrace{\sum_{i<j} {}^{E}V_{i,j}(T)}^{\text{二元项}} + \overbrace{x_1 x_2 x_3\ {}^{T}V(T)}^{\text{三元项}} \tag{3.20}$$

式(3.20)右侧共两项，左边一项描述二元相互作用。和前文对式(3.17)讨论

① 这源于一种观点，即模型通常会因为需要更多的自由参数才能与数据达成一致而恶化。另一方面，最大自由度参数 2(即 $N_{i,j}<2$)可能会在涉及热力学因子(定义为 $\Phi=\partial^2 G/\partial x^2$)的某些应用中引起问题。

的一样，$^{E}V_{i,j}(T)$ 是二元子系统中的过剩体积，可以单独测量获得。

关于第 1 章中的问题 **Q:3**，参数 ^{T}V 和式(3.17)中的 ^{T}G 类似，其值都很小。这样的好处是：即使在 $\partial^{T}G/\partial p \neq 0$ 且大气压下 $^{T}G = 0$ 时，三元系统的过剩体积可以从二元系统的过剩体积中预测出来。因此，即使 ^{T}G 几乎为零时，^{T}V 也可能相当大。另一方面，由于积分 $\int^{T} V\mathrm{d}p$ 与积分常数无关，尽管 $^{T}V = 0$，^{T}G 原则上也可以很大。

温度对相互作用参数 $^{v}V_{i,j}(T)$ 和 $^{T}G(T)$ 的影响通常很微弱。因此，在大多数情况下可以假设它们是线性关系，如下所示：

$$
\begin{aligned}
^{v}V_{i,j}(T) &= {}^{v}A_{i,j} + {}^{v}B_{i,j}T \\
^{T}V(T) &= {}^{T}A + {}^{T}BT
\end{aligned}
\tag{3.21}
$$

式中，A 和 B 都是常数。从实际角度来看，通常将体积相互作用参数看作与温度 T 无关将更为方便，即相互作用参数为常量。

3.2　单组元系统

为了计算二元、三元和多组元体系的过剩体积，^{id}V 必须先准确计算出来(其决定于纯组元的值)。因此，确定纯组元的密度时要特别仔细。

图 3.1 列出元素周期表中和本书相关的部分。颜色标记的元素代表其密度已经被测出。这些元素包括主族元素 Al，第一副族的贵金属 Cu、Ag 和 Au，过渡金属 Ni、Co 和 Fe 及第四副族中的 Ti。

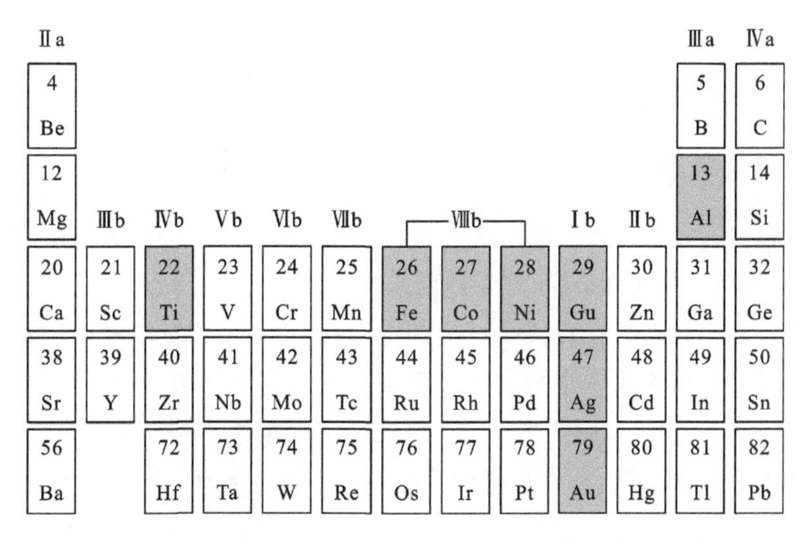

图 3.1　元素周期表中和本书相关的部分。灰色方格中的元素密度是在液态下测量的，下文将对此进行讨论

将实验测得的密度结果与文献数据进行比较，如图 3.2—3.4 所示。然后在表 3.2—3.9 中进行了总结，并再次与文献中的结果进行比较。表中增加了各数据获得的具体方法的缩写。这些方法缩写在表 3.1 中已全部列出。缩写 R 的意思是建议值（recommended），指的是这部分数值是从文献综述中获得的。这些数据中的部分对目前的工作有用（见文献[63,92-95]）。此外，还有一部分数值是从其他论文中选取的，在预选过程中需保证它们的精度误差低于某个特定值。在大多数情况下，这个特定值在±1.0%左右，所以列出的文献数据值并非严格来自于一篇论文。

表 3.1 本章表格中密度测量所用的方法名称及对应的缩写[27]

缩写	方法
A	阿基米德法
BP	气泡压力法
EML	电磁悬浮法
ESL	静电悬浮法
EW	爆炸丝法
G	γ 吸收膨胀法
P	比重瓶法
R	文献综述推荐
SD	座滴法

3.2.1 液态金属 Al

从文献[15,96-97]中获得了液态 Al 在 $T_L \leqslant T \leqslant T+300$ K 范围内的密度与温度的关系数据，这里并不包含过冷状态的数据。

图 3.2 所示的数据包含 Assael[63] 和 Mills[12] 等人的测量结果。文献[96]和[97]中的数据表明密度在所研究的温度范围内呈线性变化，从 T_L 温度下的约 2.35 g·cm^{-3}到 1230 K 时的约 2.3 g·cm^{-3}。该数据与 Assael[63] 的结果一致，总体误差小于 1.0%，Mills[12] 建议的值稍微大一点。文献[15]中的数据比文献[96]和[97]大约小了 2%，但仍在可接受误差范围之内。

用式(3.9)拟合实验数据得到的 ρ_L 和 ρ_T 的值与其他文献的结果都列在表 3.2

中。表中 ρ_L 的误差均在±1.0%以内，而 ρ_T 误差在±19.0%以内。ρ_T 的不确定性比密度值本身一般大得多，这是因为密度的温度系数存在特定的误差源，如蒸发（见第 2 章）。此外，ρ_T 的精度要求很高，难以测量，必须在足够大的温度范围内进行，但是实际测量温度范围无法完全覆盖这个要求范围。

表 3.2　本书测量的液态纯 Al 的密度参数 ρ_L 和 ρ_T[96,15,97]（粗体字）。将数据与文献中的数据进行比较，所使用的实验方法列在第三栏

$\rho_L/(g\cdot cm^{-3})$	$\rho_T/(10^{-4}g\cdot cm^{-3}\cdot K^{-1})$	方法	文献
2.37	−2.6	A	[98]
2.39	−3.9	BP	[99]
2.37	−2.6	SD	[100]
2.38	−3.3	SD	[101]
2.37	−3.1	G	[102]
2.38	−2.3	G	[103]
2.38	−2.3	R	[12]
2.37	−3.1	R	[63]
2.36±0.03	**−3.3±0.03**	**EML**	**[96]**
2.36±0.03	**−3.0±0.03**	**EML**	**[97]**
2.29±0.03	**−2.5±0.03**	**EML**	**[15]**

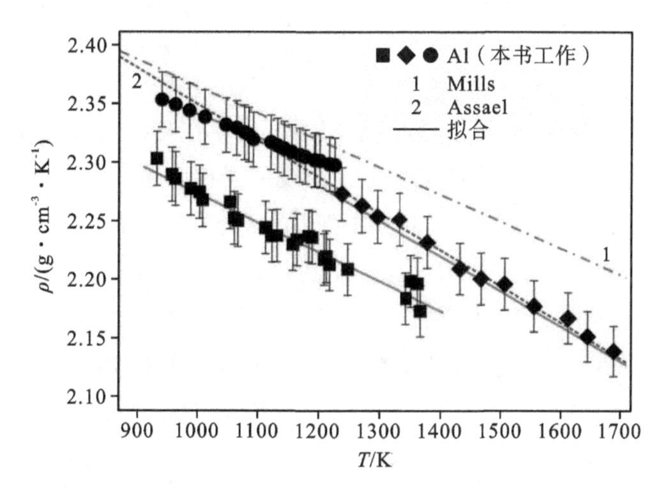

图 3.2　纯 Al 密度与温度的关系[96-97,15]（散点）。为了进行比较，将 Mills[12]（1）和 Assael[63]（2）报道的代表性结果以直线显示

另一方面，和 ρ 相比 ρ_T 比较小，ρ_T 与 ρ 的误差之比达到 10^{-5} 数量级。因此，在几百度范围内，相对于 ρ 的实验精度，ρ_T 的不确定性不会导致密度出现显著误差。

3.2.2　贵金属（Cu、Ag、Au）

测量的纯液态贵金属或半贵金属，Cu[17]、Ag[37]和 Au[104]的密度随温度的变化关系如图 3.3 所示。同样，所有的实验数据都可以用式(3.9)的线性规律来描述。数据里无过冷态的密度。数据测量温度区间对 Cu 超过 400 K，对 Au 超过 450 K。在液态 Ag 中，当温度大约超过 T_L +200 K 时，蒸发很明显，所以质量损失也很严重，测量的数据不可信。

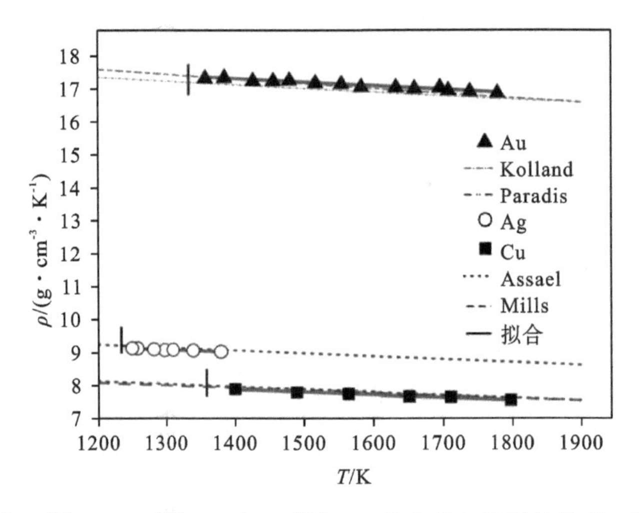

图 3.3　纯金属 Cu[17] (■)、Ag[37] (○) 和 Au[104] (▲) 的密度与温度的关系。为了进行比较，Mills[12] 和 Assael 报道的 Cu[93]、Assael 报道的 Ag[94] 和 Paradis[95] 报道的 Au 的测量结果也以线条显示在图中。(｜)表示相应液相线温度 T_L 的位置

在高温下，除了强烈蒸发外，另一个问题也出现在悬浮的液态纯 Ag 和含 Ag 合金中：一旦样品熔化，就会在样品表面上出现一层扩展的硫膜。即便使用高纯度的原材料，同样也会出现该问题。硫来源于固体物质与气态或溶解的二氧化硫间接在水或空气中接触时发生的化学反应。在悬浮实验的还原性条件下，硫不能被去除①。温度测量是一个特殊的问题，因为它的发射率随时间和温度都在改变。在这种状况下，只有把红外测温仪对准样品表面干净的区域，才有可能进行可靠的

① 正如后期的实验所证明的(见第 4 章)，如果在实际实验之前将银悬浮并在空气中熔化，则可以有效地去除硫层。

温度测量。此外,测温仪示数 $T_{P,L}$ 需要通过熔化和凝固时的液相线温度进行多次检测。只有温度测量数据足够可靠,液滴顶部的硫膜层对密度的影响就不是问题。这种方法测量出来的误差接近于±1.5%,见表 3.4。

由式(3.9)拟合实验数据得到的参数 ρ_L 和 ρ_T 及其误差范围[17,37,104]见表 3.3—3.5。拟合结果与列在表中文献数据的一致性也很好。在所研究实验温度范围内,文献数据与本实验数据之间的总体误差约为±1.0%。将实验数据与相应的 Mills [12]、Assael [93-94]和 Paradis [95]的参考数据一起作图,如图 3.3 所示。相对误差 $\Delta\rho_L/\rho_T$ 约为±10%。

表 3.3　测量获得的液态纯 Cu 的密度参数 ρ_L 和 ρ_T[17](粗体字)。将数据与文献中的数据进行比较,所使用的实验方法列在第三栏

$\rho_L/(g\cdot cm^{-3})$	$\rho_T/(10^{-4}g\cdot cm^{-3}\cdot K^{-1})$	方法	文献
8.03	−7.9	MBP	[105]
8.09	−9.4	EML	[106]
7.92	−8.4	EML	[107]
7.96	−7.6	R	[12]
8.02	−6.1	G	[103]
8.06	−7.8	A	[108]
8.00	−8.2	R	[93]
8.00	−10.0	BP	[109]
8.00	−8.3	A	[110]
8.03	−8.2	BP	[111]
8.05	−10	SD	[112]
8.18	−4.5	EW	[14]
7.98	−15	A	[113]
7.90±0.1	**−7.65±0.5**	**EML**	**[17]**

表 3.4 测量获得的液态纯 Ag 的密度参数 ρ_L 和 ρ_T[37]（粗体字），将数据与文献中的数据进行比较，所使用的实验方法列在第三栏

$\rho_L/(g\cdot cm^{-3})$	$\rho_T/(10^{-4}g\cdot cm^{-3}\cdot K^{-1})$	方法	文献
9.23	−8.8	R	[94]
9.31	−9.7	G	[114]
9.32	−10.5	A	[115]
9.29	−8.3	BP，A	[116]
9.33	−11.1	BP	[111]
9.32	−9.8	A	[117]
9.28	−9.0	A	[118]
9.24	−6.5	A	[113]
9.29	−11.75	SD	[119]
9.15±0.12	**−7.4±0.8**	**EML**	**[37]**

表 3.5 测量获得的液态纯 Au 的密度参数 ρ_L 和 ρ_T[104]（粗体字）。将数据与文献中的数据进行比较，所使用的实验方法列在第三栏

$\rho_L/(g\cdot cm^{-3})$	$\rho_T/(10^{-4}g\cdot cm^{-3}\cdot K^{-1})$	方法	文献
17.3	−12.3	A	[118]
17.3	−13.4	A	[120]
17.2	−14.4	EW	[14]
17.4	−14.4	ESL	[95]
17.2	−12.7	SD	[121]
17.4	−16.1	A	[122]
17.3	−12.0	A	[113]
17.4±01	**−11.0±0.6**	**EML**	**[104]**

3.2.3 过渡金属（Ni、Co、Fe、Ti）

测量的纯液态过渡金属 Ni[17,123]、Co[134]、Fe[61,123]和 Ti[135]的密度随温度变化

关系如图 3.4 所示。所有的实验数据都达到了过冷态。对于金属 Ni,获得的实验数据在大约在 T_L −220 K≤ T ≤ T_L +200 K 的温度范围内。对于金属 Co,获得的实验数据在大约在 T_L −70 K≤ T ≤ T_L +100 K 的温度范围内。对于金属 Fe,获得的实验数据在大约在 T_L −70 K≤ T ≤ T_L +120 K 的温度范围内。对于金属 Ti,获得的实验数据大约在 T_L −90 K≤ T ≤ T_L +50 K 的温度范围内。

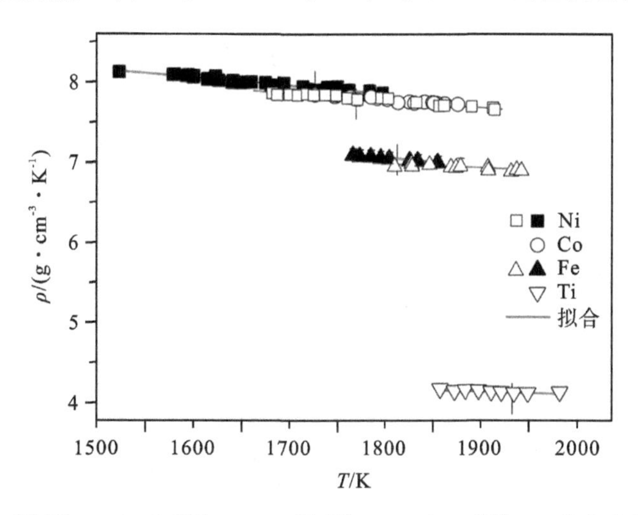

图 3.4　液态 Ni[17,123](□■)、Co[134](○)、Fe[61,123](△▲)和 Ti[135](▽)的密度与温度的关系。(|)表示相应液相线温度 T_L 的位置

在这几种过渡金属中,Ni 的密度最大,Ti 的密度最小。Co 和 Ni 的密度最为接近。实际上,Co 的密度仅仅比 Ni 的密度小 1.0%。

拟合得到的参数 ρ_L 和 ρ_T 及其相应的误差范围分别列在表 3.6—3.9 中。对于 Ni、Co 和 Fe,观察到它们的温度系数 ρ_T 近似相同,约为 −10.0 × 10^{-4} g · cm^{-3} · K^{-1}。

表 3.6—3.9 也给出了文献中数据的参数 ρ_L 和 ρ_T 。对于 Fe、Ni 和 Co,误差都在±1.0%以内。在纯 Ti 数据中,整体吻合较好,现有文献数据的基数小于其他金属。另外,表 3.9 中所有数据的误差接近 10%,与其他金属相比误差较大。

纯 Ti 数据相对误差增大可用三个原因来解释,这三个原因在一定程度上是相互作用的:Ti 的密度低于其他金属的密度;Ti 的实验温度高于其他金属(T_L = 1941 K),因此蒸发影响更为严重;Ti 的化学活性高,其在较高的温度下实验更加具有挑战性。

表 3.6 测量获得的液态纯 Ni 的密度参数 ρ_L 和 ρ_T[17,123]（粗体字）。将数据与文献中的数据进行比较，所使用的实验方法列在第三栏

$\rho_L/(g \cdot cm^{-3})$	$\rho_T/(10^{-4} g \cdot cm^{-3} \cdot K^{-1})$	方法	文献
7.86	−6.7	ESL	[124]
7.89	−6.5	ESL	[125]
7.89	−12.1	EML	[126]
7.91	−11	EML	[107]
7.85	−12	R	[12]
7.68	−12.7	SD	[127]
7.81	−7.3	G	[103]
7.87	−9.9	R	[94]
7.89	−11.9	SD	[128]
7.84	−11.2	P	[62]
7.77	−16.8	A	[129]
7.76	−10.7	A	[130]
7.97	−11.6	A	[131]
7.94	−11.1	EML	[132]
7.91	−11.7	G	[116]
8.02	−12	BP	[133]
7.93±0.1	**−10.1±0.5**	**EML**	**[17]**
7.82±0.1	**−8.6±0.6**	**EML**	**[123]**

表 3.7 测量获得的液态纯 Co 的密度参数 ρ_L 和 ρ_T[134]（粗体字）。将数据与文献中的数据进行比较，所使用的实验方法列在第三栏

$\rho_L/(g \cdot cm^{-3})$	$\rho_T/(10^{-4} g \cdot cm^{-3} \cdot K^{-1})$	方法	文献
7.81	−7.0	G	[136]
7.67	−11.8	A	[129]

续表

$\rho_L/(g\cdot cm^{-3})$	$\rho_T/(10^{-4}g\cdot cm^{-3}\cdot K^{-1})$	方法	文献
7.76	−12.3	BP	[137]
8.02	−10.6	SD	[138]
7.78	−10.2	EML	[132]
7.76	−16.5	BP	[109]
7.75	−11.0	BP	[133]
7.75	−11.0	R	[12]
7.83	−9.4	R	[92]
7.81±0.1	**−8.9±0.1**	**EML**	**[134]**

表 3.8　测量获得的液态纯 Fe 的密度参数 ρ_L 和 ρ_T[61,123](粗体字)。将数据与文献中的数据进行比较,所使用的实验方法列在第三栏

$\rho_L/(g\cdot cm^{-3})$	$\rho_T/(10^{-4}g\cdot cm^{-3}\cdot K^{-1})$	方法	文献
7.04	−8.2	P	[62]
7.18	−16.6	A	[129]
7.02	−8.5	EML	[132]
7.08	−12.3	BP	[109]
7.02	−9.3	A	[139]
6.98	−9.4	A	[130]
7.00	−8.2	EW	[14]
6.98	−5.7	G	[103]
6.98	−9.5	BP	[133]
7.04	−8.6	BP	[140]
7.03	−8.6	R	[12]
7.03	−9.3	R	[63]
6.99±0.1	**−5.6±0.2**	**EML**	**[123]**
7.04±0.07	**−10.8±0.1**	**EML**	**[61]**

表 3.9 测量获得的液态纯 Ti 的密度参数 ρ_L 和 ρ_T[135] (粗体字)。将数据与文献中的数据进行比较,所使用的实验方法列在第三栏

$\rho_L/(g\cdot cm^{-3})$	$\rho_T/(10^{-4}g\cdot cm^{-3}\cdot K^{-1})$	方法	文献
4.17	−2.2	ESL	[141]
4.10	−9.9	ESL	[142]
4.21	−5.1	ESL	[19,143,144]
4.14	−2.25	R	[12]
4.29	−2.3	EW	[14]
4.1±0.4	**−3.3±0.4**	**EML**	**[135]**

3.2.4 综合分析

对以上所测出的各元素的密度参数 ρ_L 和 ρ_T 进行归纳,列在表 3.10 中。另外也给出了各自的液相线温度 T_L。可以发现,ρ_L 与原子序数 Z 之间几乎成单调关系显然是由于密度 ρ 与摩尔质量成正比引起的,这也能够解释各元素之间密度差异巨大的原因。

关于物理性质还需要讨论的是摩尔体积 V_m。表 3.11 中列出了纯液态时各元素的摩尔体积,表中 V_L为液相线温度处的摩尔体积,β 是通过式 (3.10) 计算得到的热膨胀系数。

表 3.10 本书研究的液态金属的密度。对于每组数据,表中给出了元素的名称、原子序数 Z、液相线温度 T_L、密度参数 ρ_L 和 ρ_T,包括它们的误差范围以及参考文献

元素	Z	T_L/K	$\rho_L/(g\cdot cm^{-3})$	$\rho_T/(10^{-4}g\cdot cm^{-3}\cdot K^{-1})$	文献
Al	13	933	2.36±0.03	−3.3±0.03	[96]
			2.29±0.03	−2.5±0.03	[15]
			2.36±0.03	−3.0±0.03	[97]
Cu	29	1358	7.90±0.1	−7.65±0.5	[17]
Ag	47	1233	9.15±0.12	−7.4±0.8	[37]
Au	79	1333	17.4±0.1	−11.0±0.6	[104]

续表

元素	Z	T_L/K	ρ_L/(g·cm^{-3})	ρ_T/(10^{-4}g·cm^{-3}·K^{-1})	文献
Ni	28	1727	7.93±0.1	−10.1±0.5	[17]
			7.82±0.1	−8.56±0.6	[123]
Co	27	1768	7.81±0.1	−8.9±0.1	[134]
Fe	26	1818	7.04±0.07	−10.8±0.1	[61]
			6.99±0.1	−5.6±0.2	[123]
Ti	22	1941	4.1±0.4	−3.3±0.4	[135]

表3.11 本书研究的液态金属的摩尔体积。对于每组数据，表中给出了原子序数Z、T_L处的摩尔体积V_L、热膨胀系数β、Miracle原子半径r_M[145]和Pauling原子半径r_1[146]，以及各自的致密度δ_M和δ_1

元素	Z	V_L/(cm^3·mol^{-1})	β/(10^{-4}K^{-1})	r_M/Å	r_1/Å	δ_M	δ_1
Al	13	11.48	0.40	1.41	1.25	0.616	0.427
		11.79	1.10			0.600	0.416
		11.48	1.27			0.616	0.427
Cu	29	8.04	0.97	1.26	1.17	0.627	0.506
Ag	47	11.79	0.81	1.44	1.34	0.640	0.514
Au	79	11.32	0.63	1.43	1.34	0.652	0.531
Ni	28	7.40	1.27	1.26	1.16	0.682	0.532
		7.51	1.09			0.672	0.525
Co	27	7.55	1.14	1.24	1.16	0.638	0.518
Fe	26	7.93	1.53	1.26	1.17	0.636	0.503
		7.99	0.8			0.632	0.499
Ti	22	11.68	0.8	1.42	1.32	0.618	0.501

对于表3.11中的所有元素，体积热膨胀系数β都在1.0×10^{-4} K^{-1}数量级，并且几乎都为常数。即使是同一元素，不同测量值的分散度也在±50%。

从表3.11可以看出，所列出各元素的摩尔体积可以分为两组：一组的V_L在11.0～12.0 cm^3·mol^{-1}之间，另一组的V_L在7.5 cm^3·mol^{-1}左右。第一组由

Al、Ti、Ag 和 Au 组成，第二组包含 Ni、Fe、Co 和 Cu 等过渡金属。

为了阐明这一观测结果，需要讨论相应的原子半径 r_{at}。原子半径的概念是基于这样一种思想：即在某些情况下，将原子描述为具有定义半径的硬球体。该球体的体积是 $4/3\pi r_{at}^3$，每摩尔原子的总密排体积表示为 $V_{m,c}=4/3\pi r_{at}^3 N_{Av}$，其中，$N_{Av}$ 为阿伏伽德罗常数，$6.023\times10^{23}\ mol^{-1}$。

而这个概念需要有正确的原子半径 r_{at} 才有用武之地。文献[146]中每种元素有两种原子半径 r_1 和 r_{12}。r_{12} 表示配位数为 12 的密排六方(HCP)结构中原子间平均距离的一半长度，Miracle 在文献[145]中重新评估了这些数值，对应的半径 r_M 也列在表 3.11 中。文献[146]中的 r_1 表示配位数为 1 的二聚体中键合的原子半径，且 r_1 比 r_M 与 r_{12} 小 5%左右。在很多情况下，斯托克-爱因斯坦关系可以使用 r_1 的值作为流体动力学半径进行部分验证[147-148]。因此，r_1 更适合用来研究移动的原子体系，该体系包含液态金属温度 $T>T_L$ 时的体系。对于每种元素，表 3.11同样列出了 r_1。

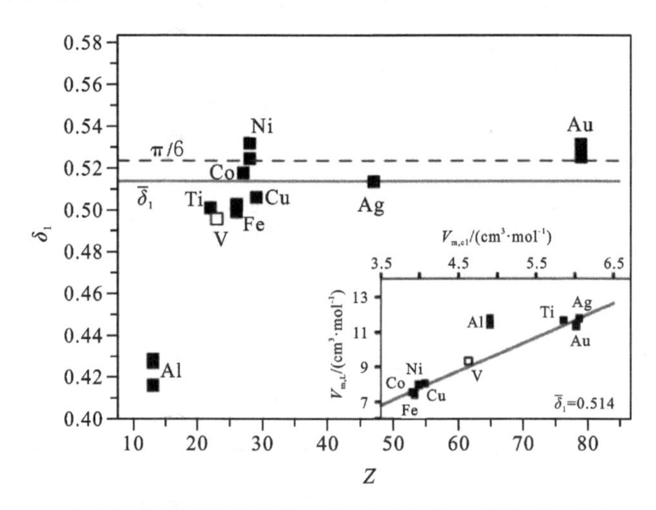

图 3.5 原子在液相线温度的致密度 δ_1 与原子序数 Z 的关系。小插图显示 V_L 与使用 r_1 计算的密集摩尔体积的关系。实线是用式(3.22)进行拟合。图中■为本书工作中测量的实验数据，图中□代表钒[149]

图 3.6 显示出从原子半径 r_M 计算得到的 V_L 随 $V_{m,c}$ 的变化关系。很显然，这两个变量与平均体致密度 $\bar{\delta}$ 存在线性关系：

$$V_{m,c}=\bar{\delta}V_L \tag{3.22}$$

这也解释了在表 3.11 中为什么有两组元素的摩尔体积。因为每种元素有两种半径需要研究，其中较小的在 1.26 Å 左右，而较大的在 1.41 Å 左右。例如，钒

的原子半径 $r_{M,V}=1.35$ Å[145]，介于两者之间。利用 Paradis 发表的密度数据[149]可以明显地看出，摩尔体积也在这两组值之间。如图 3.6 所示，钒非常符合式(3.22)的拟合结果。

如果用式(3.22)拟合图 3.6 中的数据点，得到的 $\bar{\delta}$ 值为 0.633。这和 Bernal[150]采用球体的密集随机混合模型计算出的混合物致密度 $\delta_{stoch}=0.637$ 非常接近。

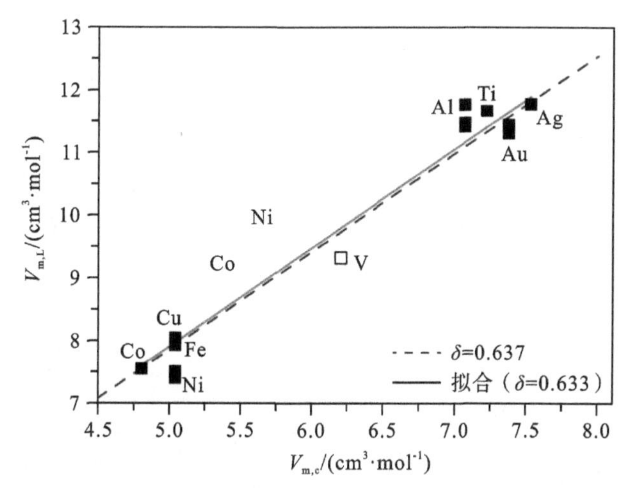

图 3.6　液相线温度的摩尔体积 V_L 与使用 r_M 计算的密集摩尔体积。图中包含本书方法测量的数据(■)和钒(□)[149]。实线表示用式(3.22)的拟合结果。虚线表示采用式(3.22)和密集随机球体模型计算的 $\delta=0.637$ 所构成的直线图

在胶体系统中，玻璃化转变温度的临界致密度为 0.515。硬球模型系统中的玻璃化转变处的致密度约为 0.56。因此，从动力学的角度来看，当液态金属在远高于其玻璃化转变温度 T_g 的温度下，得到的致密度为 0.633，其转变是非物理的。

表 3.11 还列出了由 r_1 计算得到的致密度 δ_1。可以看出，δ_1 的分散度在 0.5 左右，这个值在物理上似乎更真实。从图 3.5δ_1 与原子序数 Z 的关系看，除 Al 外，其他元素的致密度平均值在 $\bar{\delta}_1=0.514$ 左右。这与胶体中发生玻璃化转变的致密度数值0.515非常接近。纯 Al 表现为明显较小的致密度 $\bar{\delta}_1=0.42$。

此外，图 3.5 中的小图与图 3.6 类似，给出了每个元素 V_L 与致密摩尔硬球体积 $V_{m,c}=4/3\pi r_1^3 N_{AV}$ 之间的关系。同样除了 Al 之外，其他元素都符合式(3.22)的规律。

3.3 二组元系统

从单原子系统开始,现在把研究扩展到它们的二元组合系统。本章主要研究了以下二元体系:Cu－Ni[17]、Cu－Fe[61]、Co－Cu[134]、Ag－Cu[37]、Au－Cu[104]、Ag－Au[37]、Fe－Ni[61,123]、Co－Fe[134]、Cr－Ni[123]、Cr－Fe[123]、Cu－Ti[135]、Al－Cu[96]、Al－Au[15]、Ag－Al[96]、Al－Ni[21]、Al－Fe[21]、Cu－Si[151]和Al－Si[97]。

以二元 Al－Cu[96]体系为例进行详细讨论。图 3.7 为纯 Al 和 Cu 以及 Al 浓度在 0～100 %范围内的二元合金的密度随温度变化的数据。由于 Al－Cu 样品具有良好的悬浮稳定性和较低的蒸汽压,即使在 $T_L \leqslant T \leqslant T_L + 1000$ K 的宽温度范围内,也能获得精确的数据。为了分析浓度依赖性,ρ 是由式(3.9)代入相应的参数 ρ_L 和 ρ_T 计算出来的。图中计算的是 1400 K 恒温条件各组分的密度变化。选择这个温度是因为其位于图 3.7 中温度范围的中间位置。计算结果如图 3.8 所示,其展示了恒温下密度与 Al 摩尔分数 x_{Al}的关系。

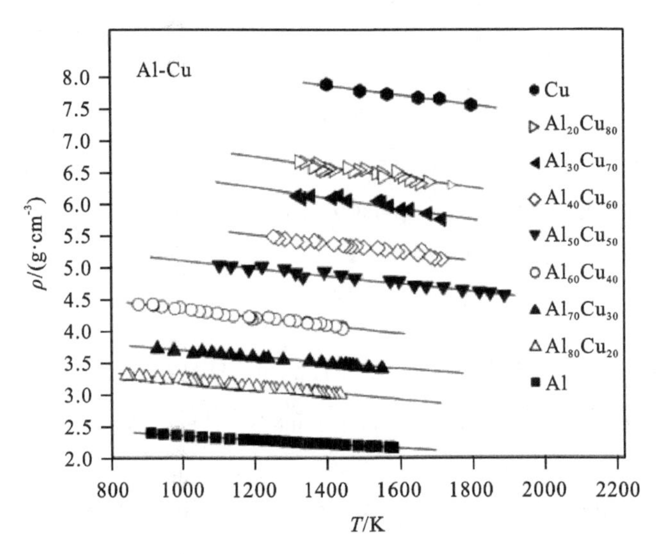

图 3.7 Al－Cu 熔体的密度与温度的关系。不同符号对应于不同成分合金的测量值。直线是式(3.9)的拟合结果

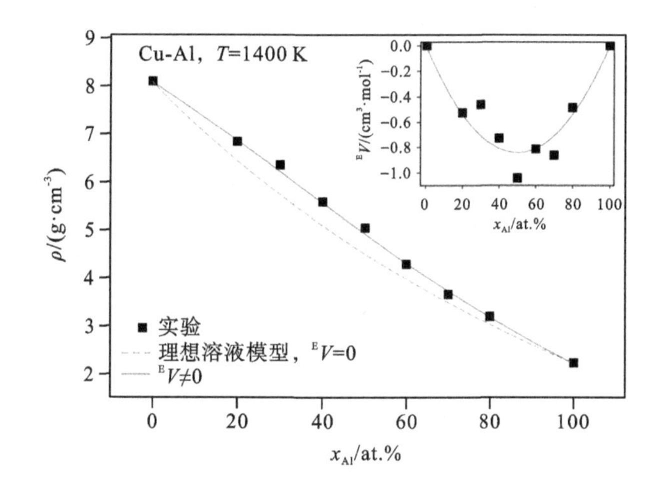

图 3.8 $T=1400$ K 时 Al - Cu 合金的密度与 Al 浓度 x_{Al}(■)的关系。实线表示式(3.6)结合式(3.19)调整过剩体积的计算结果。虚线对应于理想溶液模型式(3.15)的计算结果。小插图显示了测量的过剩体积与 x_{Al}的关系，这可以通过调整公式(3.19)来描述(实线)

从图中可以看出，随着 Al 浓度的增加，密度逐渐减小，从 8.0 $g \cdot cm^{-3}$左右(纯 Cu 的密度)下降到 2.2 $g \cdot cm^{-3}$左右，这是该温度下液态纯 Al 的密度。

图 3.8 中的虚线表示理想规律的密度，即式(3.15)，过剩体积 $^{E}V_{Al,Cu}=0$。测量的密度数据偏离理想规律，向较大值的方向偏移。在图 3.8 中，它相当于近 8%的量级的理想密度，明显大于实验要求的误差(<1.5%)。因此，过剩体积的 $^{E}V_{Al,Cu}$ 在 Al - Cu 系统中是负的。

图 3.8 中的实线为式(3.6)结合式(3.19)拟合而得到的$^{0}V_{Al,Cu}$。可以看出，预估结果与实验数据的一致性远好于理想规律的情况。也可以把实验得到的密度数据带入式(3.6)，计算过剩体积与 Al 的摩尔分数 x_{Al}的函数关系，结果如图 3.8 的小插图所示。其与式(3.19)计算的结果一致，Al - Cu 的过剩体积与 x_{Al}的关系可以用抛物线表达式来描述。目前的研究工作中发现，式(3.19)几乎适用于所有二元合金体系。只有两个例外：Cu - Ti 和 Cu - Si。下文将进一步讨论它们的情况。但是，它们仍然对应于式(3.18)，而适合式(3.19)只是一个特例。

一般来说，过剩体积可以是零、正或负。负的过剩体积通常与较小的原子填补较大原子之间的间隙空位有关。例如，这种过程已经通过轴承滚珠混合实验进行了验证研究[152]，并且在所有情况下都发现了负过剩体积。然而，这种简单的实验现象是否可以直接转化为液态金属，还是非常值得怀疑的[153]。对于本书所研究的合金，过剩体积的所有假设情况都观察到了。过剩体积为零或几乎为零的二元系统有 Fe－Ni、Co－Fe、Au－Cu、Ag－Cu、Ag－Au 和 Al－Si。过剩体积为负的二元合金体系有 Cu－Ni、Al－Cu、Ag－Al、Al－Au、Al－Ni、Al－Fe 和 Cu－Si。过剩体积为正的合金体系有 Cr－Ni、Cr－Fe、Cu－Fe、Co－Cu 和 Cu－Ti。表 3.12 根据式(3.18)列出了所研究的每组二元系统对应的交互参数 ${}^{0}V(T)_{i,j}$ 和 ${}^{1}V(T)_{i,j}$。此处假定它们与温度无关。只有对 Cu－Ti 合金，这两个参数都与温度有微弱的线性关系。

表 3.12　用于计算二元液态合金过剩体积的式(3.18)中的参数 ${}^{0}V_{i,j}$ 和 ${}^{1}V_{i,j}$。此外，还显示了过剩体积 ${}^{E}V$ 与理想体积 ${}^{id}V$ 的比值最大值的绝对值

组元体系	${}^{0}V_{i,j}$ ($cm^3 \cdot mol^{-1}$)	${}^{1}V_{i,j}$ ($cm^3 \cdot mol^{-1}$)	$\lvert {}^{E}V/{}^{id}V \rvert_{max}$	文献
Ag,Au	0		0	[37]
Ag,Cu	0		0	[37]
Al,Si	0		0	[97]
Au,Cu	0		0	[104]
Co,Fe	0		0	[134]
Fe,Ni	0		0	[61]
Ag,Al	−2.68		3.2%	[96]
Al,Au	−2.24		5.0%	[15]
Al,Cu	−3.37		7.7%	[96]
Al,Fe	−1.7		14%	[21]
Al,Ni	−5.0		22%	[21]
Cu,Ni	−0.85		2.9%	[17]
Cu,Si	0	−5.45	6.5%	[151]
Co,Cu	0.45		1.5%	[134]
Cu,Fe	0.65		2.0%	[61]
Cu,Ti	$1.97+1.15\times10^{-3}T$	$6.81-2.65\times10^{-3}T$	16%	[135]
Cr,Fe	0.28		1.0%	[123]
Cr,Ni	0.74		2.0%	[123]
Fe,Ni	0.51		1.5%	[123]

为了讨论所研究合金的非理想性，过剩体积与理想体积比的绝对值 $\alpha = {}^{E}V/{}^{id}V_{max}$ 列于表3.12中。α 值的范围从Co-Cu的1.5%增加到Al-Ni的22%。除Cu-Ti体系外，α 的最大值出现在具有负过剩体积的体系中。α 由大到小的排列顺序为：Al-Ni > Cu-Ti > Al-Fe > Al-Cu > Al-Au > Ag-Al > Cu-Ni > Cu-Fe > Cr-Ni > Co-Cu > Fe-Ni > Cr-Fe。因此，从摩尔体积角度而言，在所研究的二元非理想体系合金中，Al-Ni是与非理想体系偏离最多的，Cr-Fe是偏离最少的。

表3.12中的Cu-Ti和Cu-Si体系属于例外情况。与其他合金不同的是，它们的过剩体积不能在式(3.19)中用唯一参数 ${}^{0}V(T)_{i,j}$ 表示。对于Cu-Ti体系，式(3.18)中需要用 ${}^{0}V(T)_{Cu,Ti}$ 和 ${}^{1}V(T)_{Cu,Ti}$ 这两个参数来解释过剩体积变化与抛物线的偏差[135]。在第3.1节中已经指出，这种情况在理论上也是可能的。比如，它实际上就发生在液态金属体系中。

如果混合物中颗粒的大小彼此相差很大，则可能需要在式(3.18)中包含高阶项。在有机化学中，这一点早已为人所知[88]。事实上，Cu和Ti的原子半径（r_M 或 r_1，见表3.11）的不匹配度高达12%左右[135]，这是本书所研究体系中最大的不匹配体系。在Al基的体系中，原子半径之间的差异也相当大。一个小的一阶项 ${}^{1}V(T)_{i,j}$，原则上也可以调整到其他体系的过剩体积。${}^{E}V$ 与抛物线形状有明显的偏差，这在每个体系中都很明显。为了使式(3.18)中自由参数的个数最小化，只要这个偏差很小，就可以忽略，即认为 ${}^{1}V_{i,j}(T) \approx 0$。另一方面，${}^{0}V(T)_{i,j} = 0$ 和 ${}^{1}V(T)_{i,j} \neq 0$ 的情况无需特别讨论。它对应的情况是，过剩体积作为浓度的函数，其符号存在正在改变的情况。Cu-Si[151]似乎就是这类合金体系的一个例子。在Adachi[151]的研究中，Si含量高达40 at.%。对于较高的Si浓度，样品悬浮变得困难。特别是样品旋转变得太强烈，液滴也不再完全可见。目前得到的数据中，在 $x_{Cu}=80$ at.%处有一个最小的负过剩体积，如图3.9所示。文献[151]认为，这个最小值的位置与金属间化合物相 Cu_3Si 的形成有关。虽然金属间化合物相在较低的温度下是稳定的且为固态，但有时人们认为，如果温度接近或甚至小于 T_L，则熔体中已经存在前驱体。对于Cu-Si，这种解释很可能是错误的：用式(3.18)拟合图3.9中的过剩体积，得到 ${}^{0}V(T)_{Cu,Si} \approx 0$ 和 ${}^{1}V(T)_{Cu,Si} = -5.46\ cm^3 \cdot mol^{-1}$，见表3.12。利用这些参数，将式(3.18)的计算结果绘制在图3.9中。可以看出，这条曲线预测了过剩体积符号的变化与成分的函数关系：当 $x_{Cu} > 50$ at.%时，${}^{E}V_{Cu,Si}$ 是负的。在 $x_{Cu}=80$ at.%处，${}^{E}V_{Cu,Si}$ 取最小值。此外，当 x_{Cu}<50 at. %时，${}^{E}V_{Cu,Si}$ 为正值。可以预测出最大值点在 x_{Cu} =20 at. %处。对于这个合金体系，很明显在相图中没有金属间化合物相[154]。即使在 x_{Cu}=50 at. % 时，${}^{E}V$ 等于零，Cu-Si 也绝不是理想系统（这里呼应前文所述的过剩体积等于零而不能判定为理想溶液的情况）。

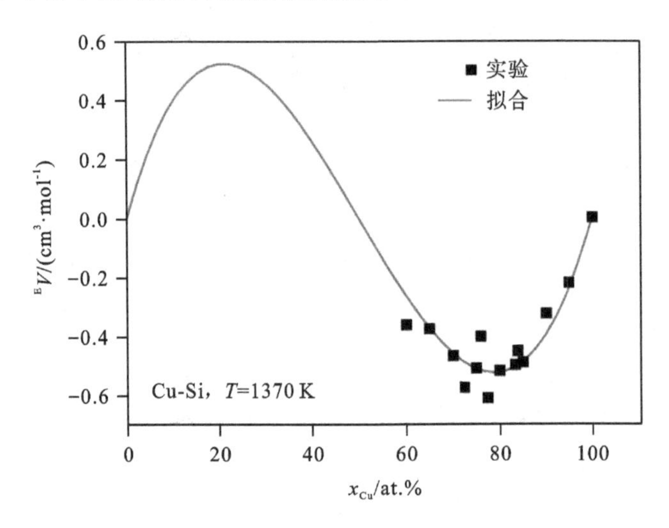

图 3.9　二元 Cu-Si 在 1370 K 下的过剩体积。实线是式(3.18)的拟合结果，拟合参数 ${}^{0}V_{Cu,Si}=0$，${}^{1}V_{Cu,Si}\neq0$

回到 Al-Cu 的例子[96]，图 3.10 绘出了温度系数 $\rho_T = \partial\rho/\partial T$ 与 x_{Al}的关系。随着铝浓度的增加，ρ_T 总体上有增大的趋势。在 $x_{Al}\approx30$ at. %时，ρ_T 存在微弱的极小值。然而，数据的误差范围在这里忽略不计[155]。图 3.10 中的虚线表示将过剩体积设为零时通过式(3.11)计算的 ρ_T ，即在理想规律情况下的密度变化。此外，过剩体积的温度导数 $\partial^{E}V/\partial T$ 通常很小[15,17,37,96]，因此它也被忽视了。尽管实验数据与这条曲线有系统的偏差，但就实验误差而言，这种一致性可被认为是积极的。如果在式(3.11)中不忽略过剩体积，则可以得到更一致性的结果。在这种情况下，即使在最小值处 $x_{Al}\approx30$ at. %的数据也会被校正。

设 $\partial^{E}V/\partial T = 0$ ，式(3.11)可转变为

$$\rho_T = \frac{\left[\sum_i x_i M_i\right]\times\left[\sum_i x_i \frac{M_i \rho_{T,i}}{\rho_i^2}\right]}{({}^{id}V + {}^{E}V)^2} \tag{3.23}$$

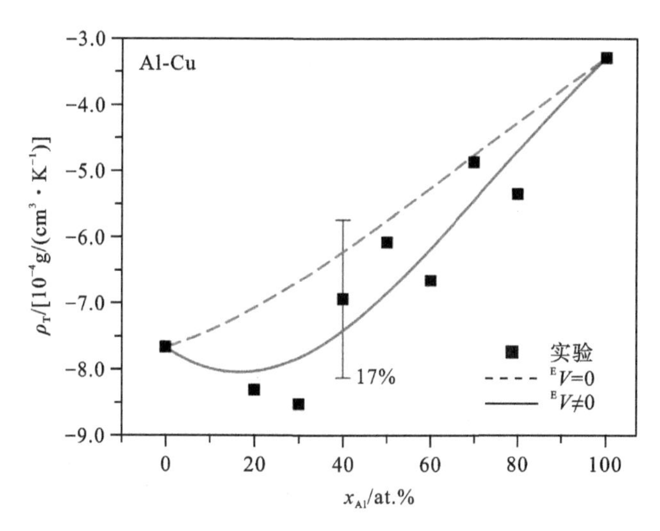

图 3.10 液态 Al-Cu 的温度系数 ρ_T 与 x_{Al} 的关系。由式(3.24)计算得出的为虚线，由式(3.23)计算得出的为实线

值得强调的是，除了过剩体积外，这个公式其他参数只取决于纯元素的性质。因此，预测合金热膨胀系数的问题可以简化为过剩体积的求解问题。如果忽略了过剩体积，则可以得到一个仅从纯元素估算合金密度的热膨胀系数的简单公式：

$$\rho_T \approx \frac{\left[\sum_i x_i M_i\right] \times \left[\sum_i x_i \frac{M_i \rho_{T,i}}{\rho_i^2}\right]}{({}^{id}V)^2} \tag{3.24}$$

式(3.23)和(3.24)适用于本书中研究的所有合金体系，包括二元和三元体系。

3.4 三组元系统

二元体系的研究可以扩展到三元体系。这里的重点是二元合金的结果是否可转移到三元体系，即三元项是否包含在式(3.20)中(**Q:3**)。例如，图 3.11 为通过三元 Co-Cu-Fe 体系的等温密度与铜浓度 x_{Cu} 的关系截面图，其对应温度为 $T=1756$ K[134]。在这个截面图中，x_{Cu} 的取值范围从 0 到 100 at.%，x_{Co} 与 x_{Fe} 的比率为 1∶1。所涉及的二元子系统分别为 Co-Cu[134]、Cu-Fe[61] 和 Co-Fe[134]，见表 3.12。

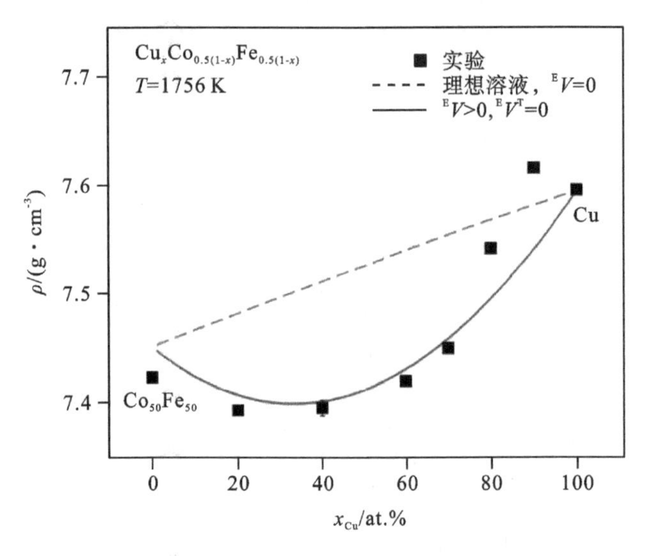

图 3.11 沿 $Co_{50}Fe_{50}$ 至纯铜的截面绘制 $T=1756$ K 时液态 Co - Cu - Fe 合金的等温密度与 x_{Cu} 的关系。图中曲线代表式(3.20)在$^EV=0$(虚线)和$^EV_{i,j}\neq 0$(■)的计算结果。这两种情况中三元体积相互作用参数^TV 都等于零

实验测得的密度均在 7.4～7.6 g・cm^{-3}之间。当 $x_{Cu}>80$ at. %时，密度与理想规律一致，当 $x_{Cu}<$ at. 80%时，密度均显著降低。在这个浓度范围内，过剩体积是正的，实验数据与使用式(3.20)计算的非常吻合。计算中三元相互作用参数 ^TV 设为 0，二元体积相互作用参数$^vV_{i,j}$从表 3.12 中得到。同理，沿三元系统的第二个切口测得的密度也可以从二元边界系统推导出来[134]。因此，在这种特殊情况下，三元系统密度可以使用式(3.20)[156]从二元子系统的密度来预测。

对 Cr - Fe - Ni 体系[160]和 Ag - Al - Cu 体系[157]的测量也得到了类似的结果。然而，^TV 一般不为零。通过 Cu - Fe - Ni 三元体系的两个截面分别如图 3.12 和 3.13 所示[161]。在这两幅图中，测量的三元密度数据明显小于仅从二元相预测的曲线，此处 $^TV=0$。如果考虑代入一个正的三元参数，即 $^TV=11.5$ cm^3 • mol^{-1}，则两幅图的实验数据可以被计算出来。Co - Cu - Ni[159]和 Al - Cu - Si[158]是另外两个体系，需要三元体积相互作用参数。在 Co - Cu - Ni 中，过剩体积为负，三元相互作用参数 $^TV=-12.0$ cm^3 • mol^{-1}。

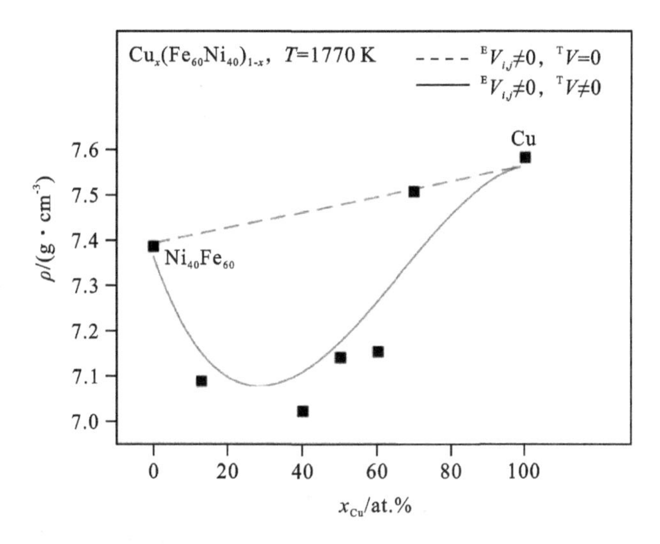

图 3.12　沿 $Ni_{40}Fe_{60}$ 至纯铜的截面绘制 $T=1770$ K 时液态 Cu－Fe－Ni 合金的等温密度与 x_{Cu} 的关系图。图中曲线代表式(3.20) 在 $^{E}V\neq0$ 和 $^{T}V=0$(虚线)以及 $^{E}V_{i,j}\neq0$ 和 $^{T}V\neq0$ (实线)的计算结果

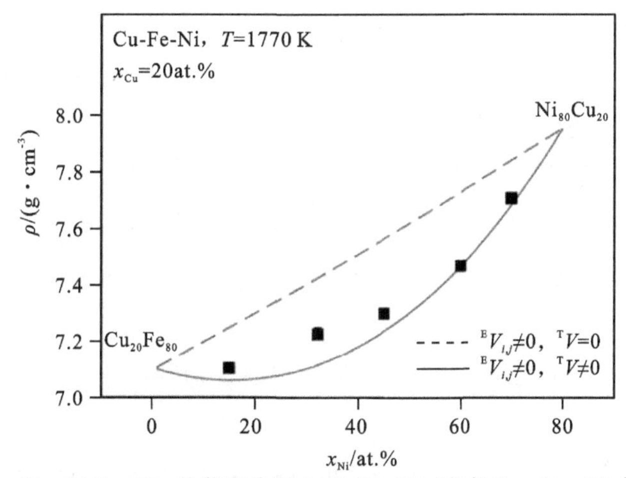

图 3.13　沿 $Cu_{20}Fe_{80}$ 至 $Cu_{20}Ni_{80}$ 的截面绘制 $T=1770$ K 时液态 Cu－Fe－Ni 合金的等温密度与 x_{Ni} 的关系图。图中曲线代表式(3.20) 在 $^{E}V\neq0$ 和 $^{T}V\neq0$(虚线)以及 $^{E}V_{i,j}\neq0$ 和 $^{T}V\neq0$(实线)的计算结果

这些例子表明，三元参数 ^{T}V 对密度的影响很大。在 Cu－Fe－Ni 和 Co－Cu－Ni 中，^{T}V 实际上主导着密度的大小。

通过三元体积相互作用参数 ^{T}V，所研究的三元系统的密度结果都总结在表 3.13 中。

表 3.13　所研究三元合金的三元体积相互作用参数^{T}V

系统	$^{T}V/(cm^3 \cdot mol^{-1})$	参考文献
Ag-Al-Cu	0	[157]
Al-Cu-Si	19.7	[158]
Co-Cu-Fe	0	[134]
Co-Cu-Ni	−12.0	[159]
Cr-Fe-Ni	0	[160]
Cu-Fe-Ni	11.5	[161]

3.5　趋势分析

对于是否有任何经验法则可以预测多组分体系的过剩体积和密度的问题(**Q:1**)，对所有研究的合金在 1773 K 时的摩尔体积 V_m 与致密摩尔体积 $V_{m,cM}$ 作图，得到一副与图 3.6 所示的纯组元相似的图，如图 3.14 所示。这里 $V_{m,cM}$ 由 $r_{M,Alloy}$ 计算得到，而 $r_{M,Alloy}$ 是从原子半径 $r_{M,i}$[145](i 是元素)根据 $r_{M,Alloy}=\sum_i x_i r_{M,i}$ 计算得出。图 3.14 中的数据点分散在式(3.22)计算的直线附近，误差为 $\delta=0.623$。同样，该值接近于硬球混合物随机堆放的致密度 0.637[150]。所研究的合金可以大致分为三个不同的类别，如表 3.14 所示：

第Ⅰ类：具有正过剩自由能的体系，即 $^{E}G>0$，其中一种元素为 Cu，其他元素为过渡金属。

第Ⅱ类：包含各元素电子配置相似的合金，即要么属于元素周期表的同一主族，要么都是过渡金属。Al 和 Si 在元素周期表中不属于同一主族。而且，Al 是金属，Si 是半导体①。

① Si 在高温下变为金属，其电子构型[Ne]$2s^2 3p^2$类似于 Al 的电子构型[Ne]$2s^2 3p^1$。它们形成共晶体系，在$^{E}G\approx 0$ 的液态下相互作用较弱，因此 Al-Si 也被归为第 II 类。

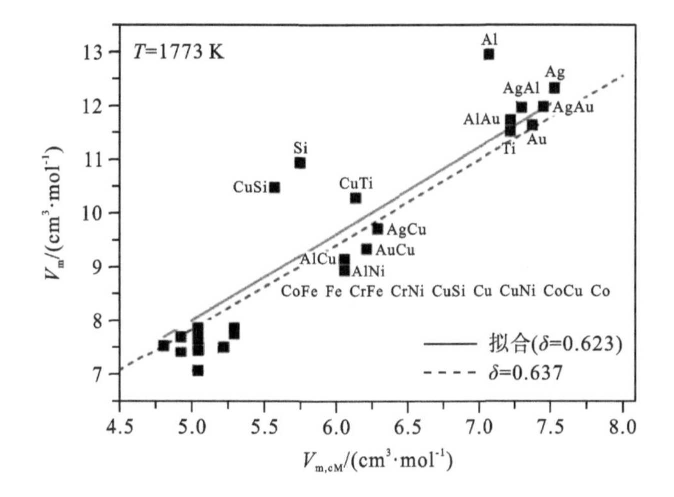

图 3.14 所研究合金和纯组元在 1773 K 时的摩尔体积 V_m 与致密摩尔体积 $V_{m,cM}$ 的关系。实线表示式(3.22)的拟合结果。虚线为式(3.22)的计算结果,平均致密度 δ 为 0.637,对应于不规则排列的致密硬球混合体[150]

第Ⅲ类:包含元素间具有强烈交互作用的体系,即 $^EG \ll 0$ 。这种体系是除 Al-Si 外的铝基合金。此外,Cu-Si 和 Cu-Ti 体系由于 $^EG \ll 0$,也被归到第Ⅲ类。由于 Ti 是一种过渡金属,Cu-Ti 体系也可以被归为第Ⅰ类,但其强烈的负过剩自由能也是典型的第Ⅲ类合金。

表 3.14 所研究合金体系的过剩体积变化趋势观察

组别	体系	^EV 的符号	文献
Ⅰ	Cu-Fe	+	[61]
	Co-Cu		[134]
	Cu-Co-Fe		[134]
	Cu-Fe-Ni		[161]
	Cu-Ni	−	[17]
	Co-Cu-Ni		[159]

续表

组别	体系	^{E}V 的符号	文献
Ⅱ	Ag - Au	≈0	[37]
	Ag - Cu		[37]
	Al - Si		[97]
	Au - Cu		[104]
	Co - Fe		[134]
	Fe - Ni		[61]
	Cr - Fe - Ni	+	[160]
	Fe - Ni		[123]
	Cr - Ni		[123]
	Cr - Fe		[123]
Ⅲ	Ag - Al	−	[96]
	Al - Au		[15]
	Al - Cu		[96]
	Al - Fe		[21]
	Al - Ni		[21]
	Cu - Ti	+	[135]
	Cu - Si	+/−	[151]
	Al - Cu - Si	≈0	[158]
	Ag - Al - Cu		[157]

很显然，第Ⅰ类体系过剩体积为正。在表中列出的六个体系中，Cu - Ni 和 Co - Cu- Ni 是例外的情况，表现为负的过剩体积。

在第Ⅱ类中，体系的过剩体积近似为零。这是三类体系中最大的一个，包含 10 个合金体系。文献[61]认为 Fe - Ni 是一个理想的体系，其过剩体积可以忽略不计。Kobatake[123]最近使用同样的仪器对其进行测量表明，$^{E}V_{Fe,Ni}$ 的值可能确实略微大于零。这类合金中，除了 Fe - Ni，还有 Cr - Fe 和 Cr - Ni 体系的 $^{E}V_{i,j} > 0$[123]。

第Ⅲ类体系表现为负的过剩体积。这里要把 Cu - Ti 除外，其过剩体积为正，Cu - Si 的过剩体积随成分变化而变化，Ag - Al - Cu 和 Al - Cu - Si 也要除外。对于 Ag－Al－Cu 和 Al－Cu－Si 体系，其外缘二元体系均为高度非理想体系 Al－Cu、Ag－Al 和 Cu－Si。因此，预想三元体系也会表现出明显的过剩体积。然而，事实并非如此。三元体积相互作用参数 ^{T}V 补偿了二元体系的影响。对于这一类中的其他合金，与相应的理想体积相比，过剩体积要大得多(表 3.12)。因此，这些合金是高度非理想的，不仅就其自由能 G 而言，而且就其摩尔体积而言。

表 3.14 总结的变化趋势可以粗略地解释相关规律，即具有正过剩自由能的合金也具有正过剩体积，而具有负过剩自由能的合金表现出负过剩体积。然而，这并不是一个严格的规则。后者从第Ⅰ类的 Cu－Ni 和 Co－Cu－Ni 的例外，以及第Ⅲ类 Cu－Ti 和 Cu－Si 的例外中就可以证明。对于 Cu－Ni 和 Co－Cu－Ni 体系，虽然 $^{E}G>0$，但过剩体积为负。而对于 Cu－Ti 体系，$^{E}G\ll 0$，但 $^{E}V\gg 0$。最后对于 Cu－Si 体系，$^{E}G\ll 0$，过剩体积却可正可负。

因此，过剩体积的趋势是明显的，但过剩量 ^{E}V 与 ^{E}G 之间并没有严格的相关性。这一发现与 Amore 和 Horbach[162] 的对称二元改性 Lennard－Jones 混合物进行的模拟研究结果一致。这里的"对称"指的是用同一相互作用势来描述同一种粒子(A－A 和 B－B)之间的相互作用。对于不同种类的粒子(A－B)，使用不同的电位计算了过剩体积和混合能量与成分的关系，并研究了 A－B 电位深度及其远程相互吸引对二者的影响。研究主要结果是，过剩体积的符号是由原子间的长程和短程之间微弱相互作用势决定的。对于混合和分离体系，都发现了负的、零、或正的过剩体积。

3.6　综合讨论

为了理解造成过剩体积的物理机理，并因此尝试理解表 3.14 显示的趋势，仅在宏观水平上研究体系远远不够。事实上，需要使用其他的方法，如 X 射线或相干中子衍射分析，以获得关于原子的近程有序信息。

另一种方法是通过分子动力学(MD)模拟法研究。假定存在合适的相互作用势，则可以计算出密度和过剩体积，并与实验数据进行比较。此外，通过提供的近程有序信息可以确定径向分布函数(RDF) $g_{i,j}(r)$。

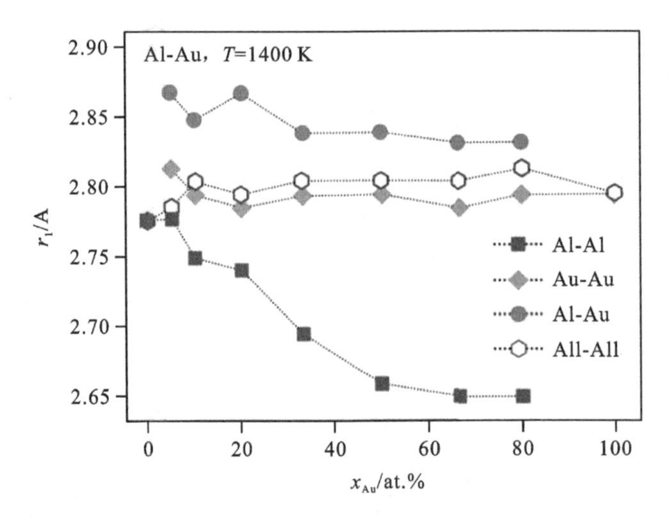

图 3.15　局部径向分布函数 $g_{i,j}(r)$ 的第一极大值 $r^{(1)}$ 与 x_{Au} 的关系。这里，i 和 j 为元素标记，总径向分布函数为 $g(r)$（标记为“All”）

采用这种方法对 Al－Au[15] 体系进行研究。为此，开发了一个嵌入式原子模型(embedded atom model,EAM)势函数，并根据获得的实验数据(附录中表 B.4)进行调整。根据文献[15]中描述的程序计算。用这种方法开发的势函数能正确地预测实验密度、热膨胀、过剩体积和黏度等性质。

正如文献[15]中进一步描述的，当 $x_{Au} \geqslant 10$ at.% 时，不同原子的径向偏分布函数 $g_{Al,Au}(r)$ 不随成分变化。这表明在这些合金中，当 x_{Au} 增加时多原子混合的主要影响是 Au 原子有效取代了 Al 原子。此外，径向分布函数 $g_{Al,Au}(r)$ 在此最大值处(约为原子半径的 20%)出现了明显的分裂。因此排除了纯粹几何堆积参数作为潜在原因的可能性，相反可以得出这样的结论：在液态 Al－Au 合金中，通过化学相互作用产生了密集排列的单元[15]，这些单元导致了整体体积的减少。

在对 Al－Cu 和 Al－Ni 体系进行 X 射线衍射实验中也观察到了这种特性[163]。在 1400 K 时，不同的径向分布函数(RDF)的第一最大值 $r^{(1)}$ 与成分 x_{Au} 的关系如图 3.15 所示。

对于 Al－Au 键和 Au－Au 键，$r^{(1)}$ 随成分变化较弱。Al－Al 最近邻距离随 x_{Au} [15] 的增大而单调减小。这一观察结果与任何可以用硬球来描述原子排列的理论截然相反。实际上，在第二种密度更大的物质存在时，Al 会被压缩。观察到的行为表明，Al－Al 相互作用在描述上比 Au－Au“软”。因此，Al 原子可以通过减小原子间的距离来适应 Au 主导结构。

这一点,再加上 Al－Au 的混合主要是通过将外来原子替换到密度较大的结构中来实现的,解释了这个特殊体系[15]存在较大的负过剩体积的原因。

在表 3.14 的方案中,Al－Au 属于第Ⅲ类。意料之外的是,这一类的成员大多是铝基合金,它们都表现出极大的负过剩体积。Al－Au 的基本机制可能对所有第Ⅲ类合金也是一样的,这将在未来证实。今后将对第Ⅰ类和第Ⅱ类的代表性体系进行类似的 MD 研究。

3.7　小结

本章系统地研究了几种液态金属体系,即纯元素、二元和三元合金的密度。从本章给出的结果和第 1 章中表述的问题 **Q:1** 和 **Q:2** 可以得出结论:暂时没有一般规律或模型来预测过剩体积或其符号的正负。在三元合金中,只有在一些特殊情况下,才能从二元相的过剩体积中确定三元过剩体积。然而,通常需要考虑三元体积相互作用参数 ^{T}V (问题 **Q:3**)。

尽管如此,我们还是可以发现过剩体积的以下趋势(**Q:1**):

- 由电子结构相似的元素组成的合金没有或只有很小的过剩体积。
- 含一种或多种过渡金属的铜基合金具有正过剩自由能时,倾向于表现出正过剩体积。
- 具有放热混合行为的铝基合金表现出强烈的负过剩体积。
- 以上三种情况都有例外。

这还需要进一步的研究去证明这种方法是否可以推广,包括元素周期表中尚未被关注的元素。然而,在除了密度测量之外还需采用其他分析技术,才能获得对观察结果行为的理解。这在 Al－Au 体系中已得到了证明。利用模拟和散射技术进行的系统的结构研究在未来将发挥更重要的作用。

第 4 章

表面张力

结合无容器振荡液滴原理和电磁悬浮技术测得了纯组元、二元合金和三元合金的表面张力数据。实验样品材料按照组元的复杂程度顺序，从单组元系统到二组元系统再到三组元系统，成分依次递增。所测得表面张力数据是关于温度的函数，但如果样品是合金，还会是它们组分的函数。用热力学模型对测量结果进行讨论，并对不同模型的性能进行比较。发现一般情况下，具有负过剩自由能的系统表现出弱表面偏析，而具有正过剩自由能的系统表现出强表面偏析。

4.1 公式和模型

4.1.1 定义

表面张力作为一种宏观性质能够方便地与界面的微观结构相联系，同时可以理解为作用于表面的机械张力[164]。随着表面积的增加，一个力作用于表面轮廓位置并与其轮廓长度成正比。表面张力 γ 也与曲面两侧之间的压强差 ΔP 有关[165]。曲面上任何一点的曲率可由两个相互垂直的半径 r_1 和 r_2 来表征，关系如下：

$$\Delta P = \gamma\left(\frac{1}{r_1} + \frac{1}{r_2}\right) \tag{4.1}$$

式(4.1)称为拉普拉斯方程。它为描述表面和界面的平衡奠定了基础[70]。与熔体内部的原子相比，表面的原子通常处于更高的能级[165]。因此，形成一个表面会消耗能量。对于熔体，表面张力等于单位表面积 A 上的能量大小[164]。如果单位表面积 A 增加 $\mathrm{d}A$，则需要能量为 $\mathrm{d}w = \gamma \mathrm{d}A$ 。因此，也可以通过单位面积的自由能 G [165]来表示表面张力：

$$\gamma = \left.\frac{\partial G}{\partial A}\right|_{P,V,T} \tag{4.2}$$

最后，表面张力是由界面附近原子分布的变化和由此产生的净结合能差异所引起[20]。因此，表面张力可以从压力张量的法线方向 $p_{\perp}$ 和平行方向 $p_{\parallel}$ 进行合成。靠近表面时，$p_{\perp} > p_{\parallel}$ [20,70]，γ 等于：

$$\gamma = \int_{-\infty}^{+\infty} (p_{\perp} - p_{\parallel})\mathrm{d}z \tag{4.3}$$

一般说来，压力 P 可以写成 $PV = E_K - \langle \sum \boldsymbol{R} \cdot \boldsymbol{F} \rangle$，$E_K$ 表示平均动能，$\boldsymbol{R}$ 表示受到施加力 $\boldsymbol{F}$ 距离每个粒子的位置，$\langle \cdots \rangle$ 表示热场均值[166]。将此式代入式(4.3)得到[41]：

$$\gamma = \frac{1}{2}\int_{-\infty}^{\infty} \mathrm{d}z \int \frac{X^2 - Z^2}{R} \boldsymbol{F}(R) g(z,\boldsymbol{R}) \mathrm{d}\boldsymbol{R} \tag{4.4}$$

式中，$\boldsymbol{R} = (X, Y, Z)$ 是空间相对向量；z 是垂直于界面的位置；$\boldsymbol{F}$ 是距离为 R 的两个相邻粒子之间的作用力；$g(z,\boldsymbol{R})$ 是与 z 有关的对关联函数。$g(z,\boldsymbol{R})$ 可以用乘积形式 $g_z(z) \cdot g(R)$ 来近似，$g_z(z)$ 取决于 z，而 $g(R)$ 取决于 R [20]。此外，如果用阶跃函数来对 g_z 近似，则可以求解该积分并得到以下结果，常称为 Fowlers 公式[20]：

$$\gamma \approx \frac{\pi n^2}{8} \int_0^{+\infty} \mathrm{d}R R^4 F(R) g(R) \tag{4.5}$$

这个方程忽略了电子的贡献，电子在液态金属中可能起着重要的作用。此外，还需要精确地知道对关联函数 $g(R)$ 以及原子间电势。式(4.5)在少数情况下已经得到验证[20]。

4.1.2 吉布斯形式

根据吉布斯[165]理论，熔体的表面(S)可以描述为体相(B)与气相(G)的边界，两相在其界面之前都被视为均质的。因此，i 类粒子的数密度 $\hat{\rho}_i^B$ 和 $\hat{\rho}_i^G$ 被视为常数。此外，该界面还与一个平面有关，也就是将两相分开的吉布斯划分面(S)。在划分面(S)上任意选择一点，数密度会由 $\hat{\rho}_i^B$ 突变为 $\hat{\rho}_i^G$。如果 V^B 是熔体体相的体积，V^G 是气相的体积，粒子的摩尔数由 n 表示，则 $n_i^B = \hat{\rho}_i^B V^B$ 表示熔体体相的摩尔数，$n_i^G = \hat{\rho}_i^G V^G$ 表示气相的摩尔数[165]。

然而，实际上数密度并不会突然改变。相反，它在包括界面在内的有限区域内连续变化。这个区域的厚度 $\Delta\delta$ 通常是几 Å 的大小，对应于几个原子直径，如图4.1所示[165]。界面处的数密度 $\hat{\rho}$ 的平稳转变导致界面的摩尔数总和 $n_i^B + n_i^S$ 与整个系

统中的总摩尔数 n_i 存在偏差 Δn_i^{S} 。图 4.1 中的阴影区域说明了这一点。Δn_i^{S} 是多余的摩尔数，可以是正、负或者零，其取决于划分面的位置[165]。系统的总热力学势可以被写成是表面相、体相和气相的总和。利用表面张力 γ 的热力学定义式(4.2)，得到表面自由能的基本方程，对有 N 个组分的混合物($i=1,\cdots,N$)[165]，G^{S} 可以写成：

$$\mathrm{d}G^{\mathrm{S}}=-S^{\mathrm{S}}\mathrm{d}T+V^{\mathrm{S}}\mathrm{d}P-A\mathrm{d}\gamma+\sum_i^N\mu_i\mathrm{d}\Delta x_i^{\mathrm{S}} \tag{4.6}$$

式中，S^{S} 是表面相的摩尔熵；V^{S} 是其摩尔体积；P 是压力；A 是摩尔表面积；$\Delta x_i^{\mathrm{S}}=\Delta n_i^{\mathrm{S}}/\sum_i^N n_i^{\mathrm{S}}$ 是过剩的表面摩尔分数。在式(4.6)中，$A\gamma$ 表示为形成一个面积为 μ_i^{B} 的新表面所需的机械功，将式(4.6)中 P 、T 和 γ 看作常数进行积分后得

$$G^{\mathrm{S}}=\sum_i^N\mu_i\Delta x_i^{\mathrm{S}} \tag{4.7}$$

对式(4.7)进行微分并与式(4.6)进行比较，得到[165]

$$S^{\mathrm{S}}\mathrm{d}T-V^{\mathrm{S}}\mathrm{d}P+A\mathrm{d}\gamma+\sum_i^N\Delta x_i^{\mathrm{S}}\mathrm{d}\mu_i=0 \tag{4.8}$$

这个方程称为表面的吉布斯-杜安关系式。它可以被用来推导一些有用的关系，例如表面张力的温度系数 $\gamma_T=\mathrm{d}\gamma/\mathrm{d}T$ ：

$$\gamma_T=-\left(\frac{S^{\mathrm{S}}-S^{\mathrm{B}}}{A}\right) \tag{4.9}$$

显然，γ_T 可以理解为创建一个表面所需的熵变化。对于纯金属，γ_T 通常为负[20]；对于合金，γ_T 在某些条件下也可能为正[155]。

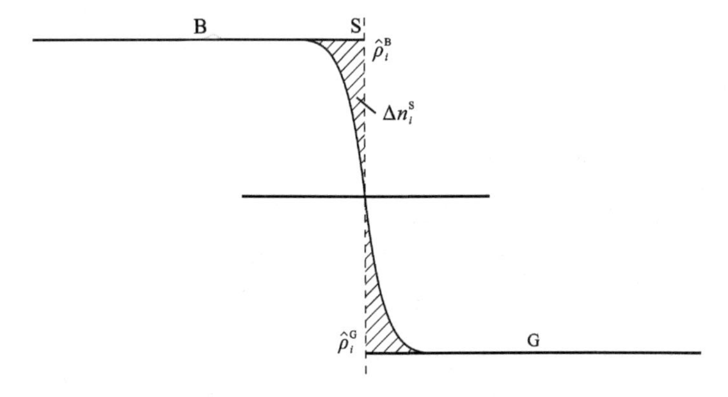

图 4.1　界面的吉布斯图：熔体体相(B)和气相(G)都被认为是均匀的，它们都具有恒定的密度$\hat{\rho}_i$直到在划分面(S)(虚线)的位置发生突变。然而，实际密度偏离了这种理想化的情况，在界面产生了多出来的粒子区域 Δn_i^{S}(阴影区)

在临界点 $T = T_C$ 温度处，不再可能区分熔体和气体，此时表面张力等于零。在接近临界点 T_C 附近，根据幂律 γ 衰变为 T 的函数[165]：

$$\gamma \propto \left(1-\frac{T}{T_C}\right)^{\upsilon} \tag{4.10}$$

上式临界指数为 $\upsilon \approx \frac{11}{9}$ 。在高温条件下，γ_T 总是为负；当温度小于 T_C 时，γ 与 T 成线性关系：

$$\gamma(T) = \gamma_L + \gamma_T(T - T_L) \tag{4.11}$$

式中，γ_L 表示 $T = T_L$ 处的表面张力。

表面的吉布斯-杜安关系式的另一个推论为吉布斯等温吸附方程，如式(4.8)。在恒温恒压状态下，式(4.8)可转化为吉布斯方程：

$$\mathrm{d}\gamma + \sum_i^N \Gamma_i \mathrm{d}\mu_i = 0 \tag{4.12}$$

式中，$\Gamma_i = \Delta x_i^S / A$ 表示组分 N 的吸附系数，也可以理解为过剩表面密度。

式(4.12)可以与下列表达式组合得到与溶液成分有关的化学势 μ_i ：

$$\mu_i = \mu_i^0 + RT\ln(\alpha_i) \tag{4.13}$$

式中，R 是气体摩尔常数；μ_i^0 是标准(熔体)状态下的化学势，与组分无关；α_i 是活度。于是，吉布斯等温吸附方程变成[165]：

$$-\mathrm{d}\gamma = \sum_i^N RT\Gamma_i \mathrm{d}\ \ln(\alpha_i) \tag{4.14}$$

式(4.14)描述了恒温状态下表面张力与合金成分的关系。根据不同的研究目的，式(4.14)可能会有不同的形式[165]。例如，在二元合金 $x_1^S + \cdots + x_N^S = 1$ 的情况下，划分面的位置可以调整为 $\Gamma_2 = 0$ 。这种情况下，式(4.14)表达如下：

$$\mathrm{d}\gamma = -RT\Gamma_1 \mathrm{d}\ \ln(\alpha_i) \tag{4.15}$$

式(4.15)在研究表面活性气相原子吸附在熔体表面的过程中起着重要作用。一个常见的例子是在大气中氧的影响下液态金属的表面张力降低[167-168]；在技术操作过程中，例如焊接工艺的合理性对产品的最终质量会产生巨大影响[169-170]。

4.1.3　混合项

根据吉布斯等温吸附方程，即式(4.14)，可以由混合行为和过剩行为推导出表面张力的表达式。为此，将吉布斯等温吸附方程表达式写成微分形式，随后积分得出下面的表达式，其中 x_i^B 表示组分 A 在熔体体相中的摩尔分数：

$$\gamma = \sum_i^N x_i^B \gamma_i - \sum_i^N RT\Gamma_i \ln(\alpha_i) \tag{4.16}$$

不失一般性，积分常数写成 $\sum_i x_i^B \gamma_i$；活度项用 $RT\ln(\alpha_i) = RT\ln(x_i^B) + {}^E G_i$ 表示；其中 ${}^E G_i$ 是部分过剩自由能。则式(4.16)变形为

$$\gamma = \overbrace{\sum_i^N x_i^B \gamma_i - \underbrace{\sum_i^N RT\Gamma_i \ln(x_i^B)}_{\Delta^{id}\gamma}}^{{}^{id}\gamma} - \underbrace{\sum_i^N \Gamma_i {}^E G_i}_{{}^E\gamma} \tag{4.17}$$

在式(4.17)中，右边由三项组成：第一项是 x_i^B 中各个组分表面张力的线性组合；第二项表示理想溶液中混合表面张力 $\Delta^{id}\gamma$；最后一项称为过剩表面张力 ${}^E\gamma$。此外，理想表面张力 ${}^{id}\gamma$ 等于前两项之和。在实际情况下，后两项之和为混合表面张力 $\Delta\gamma$。使用这种命名法，式(4.17)可以写成它的广义形式：

$$\gamma = {}^{id}\gamma + {}^E\gamma \tag{4.18}$$

式(4.17)和式(4.18)提供了一种类似于 3.1 节中提到的过剩体积的形式。因此，过剩表面张力也可以写成 Redlich-Kister 形式，对具有组分 i 和 j 的二元系统有以下形式：

$${}^E\gamma_{i,j} = x_i^B x_j^B [{}^0u_{i,j} + {}^1\mu_{i,j}(x_i^B - x_j^B)] \tag{4.19}$$

其中，系数 ${}^0u_{i,j}$ 和 ${}^1u_{i,j}$ 常取决于温度。

吉布斯模型的预测能力很低，这个问题根本上是由于 Γ_i[165]难以确定而引起的，在实验和理论上都存在。吉布斯形式提供了表面和界面的基本热力学理论。事实上，普遍认为吉布斯等温吸附方程是热力学上精确的理论。为了从数值上准确预测表面张力，还存在一些其他更为实用的模型。

4.1.4　Butler 模型

Butler 模型是最早预测表面张力的解析模型之一[171]。在描述表面时，此模型与吉布斯模型形式不同。Butler 模型将表面视为与熔体内部平衡的单独热力学相。在合金系统中，表面相各组分的摩尔分数 x_i^S 与熔体内部各组分的摩尔分数 x_i^B 有差异。此外，如图 4.2 所示，Butler 模型中认为表面是单层原子。这样假设是为了进行数学求和：如果表面是单层原子，可以得到表达式 $1 = \sum_i \Gamma_i A_i$，其中 A_i 为一摩尔 i 类原子所占的面积[20]。另外，这里完全忽略了气相。

接下来的概念推导采用与液-液界面模型类似的推导方法[172]：如果 G^{tot} 是整个系统的自由能，表面张力随表面积变化而变化。因此，利用定义，即式(4.2)，表面张力 γ 可以写为

$$\gamma = \frac{\mathrm{d}G^{\mathrm{tot}}}{\mathrm{d}A} = \frac{\partial G^{\mathrm{tot}}}{\partial A}\frac{\mathrm{d}n_i^{\mathrm{S}}}{\mathrm{d}n_i^{\mathrm{S}}} = \sum_i \frac{\mathrm{d}G^{\mathrm{tot}}}{\mathrm{d}n_i^{\mathrm{S}}}\frac{\partial n_i^{\mathrm{S}}}{\partial A} \tag{4.20}$$

式中，n_i^{S} 为表层中 i 类粒子的摩尔数；如果表面积 A 改变 ∂A，n_i^{S} 将改变 $\partial n_i^{\mathrm{S}}$。因此，式(4.20)中表面张力 γ 可以理解为：将粒子从熔体体相(B)移动到表面相(S)时单位面积所需的能量。如果 n_i^{S} 是熔体内部粒子的摩尔数，那么

$$\frac{\mathrm{d}G^{\mathrm{tot}}(n_i^{\mathrm{S}}, n_i^{\mathrm{B}})}{\mathrm{d}n_i^{\mathrm{S}}} = \frac{\partial G^{\mathrm{tot}}}{\partial n_i^{\mathrm{S}}} - \frac{\partial G^{\mathrm{tot}}}{\partial n_i^{\mathrm{B}}} \tag{4.21}$$

引入偏摩尔表面积 $A_i = \partial A / \partial n_i^{\mathrm{S}}$，则式(4.20)可以用式(4.21)转换为下式：

$$\gamma = (u_i^{\mathrm{S}} - \mu_i^{\mathrm{B}})A_i^{-1} \tag{4.22}$$

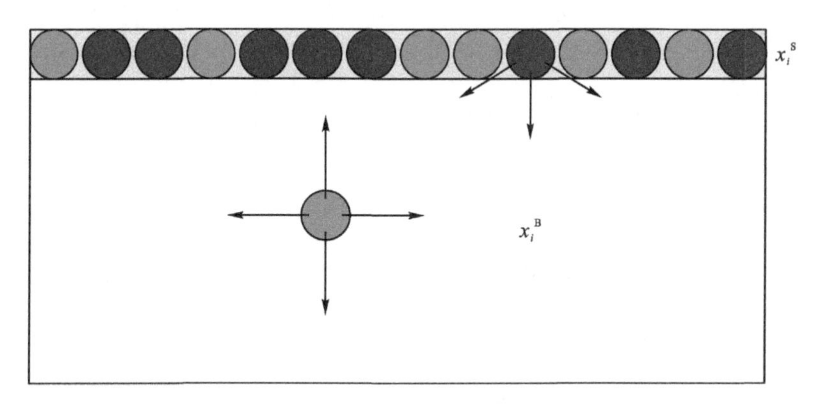

图 4.2　熔体表面的 Butler 模型。该表面被假设为单原子层表面具有独立的热力学势和成分 x_i^{S}，x_i^{B} 等于组分 i 在熔体体相中的摩尔分数

式(4.21)中的 $\partial G^{\mathrm{tot}}/\partial n_i^{\mathrm{S}}$ 和 $\partial G^{\mathrm{tot}}/\partial n_i^{\mathrm{B}}$ 可简写为 u_i^{S} 和 μ_i^{B}。μ_i^{B} 是 i 类粒子在熔体体相中的化学势。表面相的化学势 μ_i^{S} 包含了界面能。因此，μ_i^{S} 一部分由 γA_i 组成，与界面能和偏摩尔面积有关，另一个部分 u_i^{S} 包含了剩余部分：

$$\mu_i^{\mathrm{S}} = u_i^{\mathrm{S}} - \gamma A_i \tag{4.23}$$

在式(4.22)和式(4.23)中，u_i^{S} 可以解释为不在表面的 i 类粒子的化学势，这类粒子存在于熔体体相中，成分却与表面相相同[172]。

在热力学平衡情况下，式(4.23)实际上在不违反式(4.22)的情况下允许化学势 μ_i^{S} 和 μ_i^{B} 相等。结合式(4.23)、(4.13)和(4.22)，可以确定纯组元 i 的表面张力 $\gamma_i = (\mu_i^{0,\mathrm{S}} - \mu_i^{0,\mathrm{B}})/A_i$，于是得到以下关系：

$$\gamma = \gamma_i + \frac{RT}{A_i}\ln\left(\frac{\alpha_i^{\mathrm{S}}}{\alpha_i^{\mathrm{B}}}\right) \tag{4.24}$$

式中，α_i^{S} 为组分 i 在表面相中的活度；α_i^{B} 为组分 i 在熔体体相中的活度。对于不同组分 i，式(4.24)必须获得相同的结果，因此可以从式(4.24)中消除表面张力 γ

(通过改变组分)。式(4.24)称为 Butler 方程,且是最普遍的表达形式。

4.1.5 理想溶液模型

在非常详细地讨论 Butler 方程之前,先着重讨论它的一个特殊情况,即理想溶液。对于理想溶液模型,$RT\ln(\alpha_i) = RT\ln(x_i)$,这里 x_i 是组分 i 在某相中的摩尔分数,于是 Butler 方程,即式(4.24)变为

$$^{\mathrm{id}}\gamma = \gamma_i + \frac{RT}{A_i}\ln\left(\frac{x_i^{\mathrm{S}}}{x_i^{\mathrm{B}}}\right) \tag{4.25}$$

对于含有 N 个组分的合金中 $i = 1,\cdots,N$,用式(4.25)将得到 N 个方程和 N 个未知数,即 γ 和 $N-1$ 个独立的表面浓度 $x_1^{\mathrm{S}},\cdots,x_{N-1}^{\mathrm{S}}$,对于这些表面浓度,$x_1^{\mathrm{S}} + \cdots + x_N^{\mathrm{S}} = 1$。于是,该系统可以求解。

对于组分为 A 和 B 的二元合金,用近似法获得解析解,则从式(4.25)可以得到 $A_{\mathrm{A}} \approx A_{\mathrm{B}} \approx A$。那么组分 A 的表面浓度 $x_{\mathrm{A}}^{\mathrm{S}}$ 变为

$$x_{\mathrm{A}}^{\mathrm{S}} = \frac{x_{\mathrm{A}}^{\mathrm{B}}}{x_{\mathrm{A}}^{\mathrm{B}} + x_{\mathrm{B}}^{\mathrm{B}}S_{\mathrm{e}}(T)} \tag{4.26}$$

对于组分 B:

$$x_{\mathrm{B}}^{\mathrm{S}} = \frac{x_{\mathrm{B}}^{\mathrm{B}}}{x_{\mathrm{B}}^{\mathrm{B}} + x_{\mathrm{A}}^{\mathrm{B}}/S_{\mathrm{e}}(T)} \tag{4.27}$$

其中 $S_{\mathrm{e}}(T)$ 是偏析因子,可以表示为

$$S_{\mathrm{e}}(T) = \exp\left(\frac{(\gamma_{\mathrm{A}} - \gamma_{\mathrm{B}})A}{RT}\right) \tag{4.28}$$

式(4.26)的图像如图 4.3 所示,负的 $\ln(S_{\mathrm{e}})$ 值等价于 $\gamma_{\mathrm{A}} < \gamma_{\mathrm{B}}$。当 $x_{\mathrm{A}}^{\mathrm{S}} > x_{\mathrm{B}}^{\mathrm{S}}$ 时,图 4.3 中的曲线呈凸状,这一效应称为偏析或表面偏析。如果纯组分的表面张力差别增大,$x_{\mathrm{A}}^{\mathrm{S}}$ 与 $x_{\mathrm{B}}^{\mathrm{S}}$ 之差则会更显著。表面偏析可以理解为一种能量趋于最小化的过程:为了使体系总能量 G^{tot} 趋于最小,表面张力较小的组分会在表层中富集。图 4.3 中还可以看出,偏析已经包含在理想溶液模型中了。

$x_{\mathrm{A}}^{\mathrm{S}}$ 和 $x_{\mathrm{B}}^{\mathrm{S}}$ 可从式(4.26)和(4.27)中得出,理想溶液的表面张力可以由表面浓度和表面张力 γ_i 的线性组合进行计算:

$$^{\mathrm{id}}\gamma(T) = x_{\mathrm{A}}^{\mathrm{S}}\gamma_{\mathrm{A}}(T) + x_{\mathrm{B}}^{\mathrm{S}}\gamma_{\mathrm{B}}(T) \tag{4.29}$$

这个方程甚至可用于 N 个组分的系统:

$$^{\mathrm{id}}\gamma(T) = \sum_{i}^{N} x_i^{\mathrm{S}}\gamma_i(T) \tag{4.30}$$

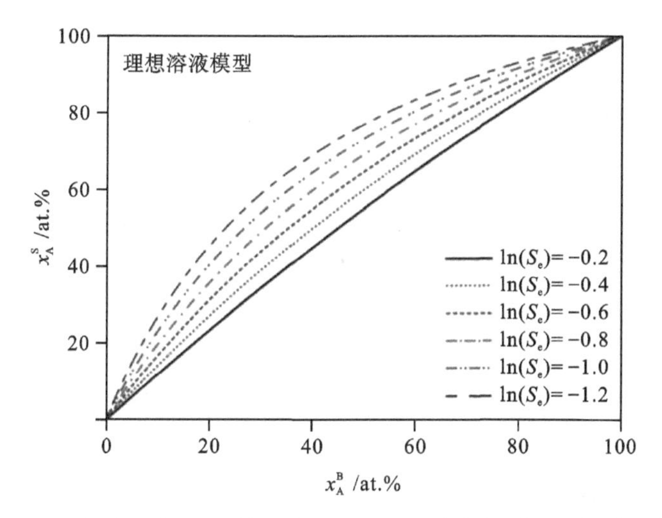

图 4.3　对理想溶液模型，根据不同偏析因子 S_e 绘制的 x_A^B 与 x_A^S 关系曲线图

为了计算本书研究二元和三元的合金体系中的 ${}^{id}\gamma$，采用数值法对式(4.25)进行求解。为此，需要精确地知道偏摩尔表面积。按照此思路，A_i 必须从摩尔体积中计算出。然而，A_i 通常并不知道，且 ${}^{E}V$ 对表面张力的影响很小，可以忽略不计。因此，A_i 通常由纯组分的摩尔体积 V_i 根据下式近似计算得到[173]：

$$A_i \approx f \times (N_A)^{1/3} V_i^{2/3} \tag{4.31}$$

式中，$N_A = 6.023 \times 10^{23}$，是阿伏加德罗数；$V_i$ 是液态纯元素的摩尔体积；$f = 1.091$，是几何因子[174-175]。这个值相当于假定表面层原子排列与 fcc 结构的(111)面相似，其配位数为 $z = 12$ [176]。

4.1.6　亚正规溶液模型

理想溶液模型通常不能准确地预测实验数据，因为在实际中，大多数系统的 ${}^{E}G \neq 0$。而对于非理想系统，Butler 方程可以分别用偏过剩自由能 ${}^{E}G_i^S$ 和 ${}^{E}G_i^B$ 来表示，分别对应表面相和熔体体相：

$$\gamma = \gamma_i + \frac{RT}{A_i}\ln\left(\frac{x_i^S}{x_i^B}\right) + \frac{1}{A_i}\left[{}^{E}G_i^S(T, x_1^S, \cdots, x_N^S) - {}^{E}G_i^B(T, x_1^B, \cdots, x_N^B)\right] \tag{4.32}$$

式(4.32)的问题很明显：虽然熔体内 ${}^{E}G_i^B$ 可以从热力学数据库中得知，但表面相的热力学势 ${}^{E}G_i^B$ 在一般情况下是未知的，甚至不清楚它们的函数形式。

为了克服这一困难，Hoar 和 Melford 建议 ${}^{E}G_i^B$ 应具有与熔体体相相同的函数形式，除了增加一个因子 ξ，这个因子解释为表层原子相对于熔体体相其配位数被降低了[177]：

$$^{E}G_{i}^{S}(T,x_{1}^{S},\cdots,x_{N}^{S})\approx\xi^{E}G_{i}^{B}(T,x_{1}^{S},\cdots,x_{N}^{S}) \tag{4.33}$$

根据液体中原子的短程有序，ξ 取值范围为 0.5～1.0[175,177-179]。Tanaka 和 Iida[175]最初建议将 0.75 默认为结构未知液体的 ξ 值。后来，通过对文献[180]进行更详细的分析，将这个数值替换为 0.83，所以在本书中使用 $\xi=0.83$。偏过剩自由能 $^{E}G_{i}^{B}$ 是由过剩自由能 $^{E}G^{B}$ 对浓度进行求偏导而获得。

对于 N 个组分系统，式(4.32)变为含有 N 个未知数的 N 个方程，未知数里包含了 γ 和 $(N-1)$ 个相互独立的表面浓度。在 $N=3$ 之前，式(4.32)可以用数值法求解。对于组分更多的系统，精确求解式(4.32)变得更困难，解的范围随着组分的增加而变大。对于更多组分的系统，需要采用基于吉布斯能最小原理的不同模型[181]。

4.1.7　Chatain 模型

Butler 方程经常受到质疑，例如，式(4.33)的假设太随意，使得 Butler 模型变为半经验方法，并且单层原子的假设并不合理。实际上，在表面附近垂直方向上有浓度梯度的变化[182]，在温度接近分解的临界温度时[182]，相关的表面厚度甚至是发散的。最后但很重要的是，由于 Butler 模型与吉布斯等温吸附方程不一致，为此，Butler 模型曾经被认为没有意义，不符合物理规律。

后一个问题至少可以通过考虑表面不是单层原子，而是多层堆叠(每层都有自己的组分)来解决，如图 4.4 所示。多层模型的理念并不新奇[20]。这种概念可以追溯到 1950 年 Defay、Prigogine 的研究[183]和 Taylor 在 1956 年的研究[184]以及其他更多人的研究中[185-186]。

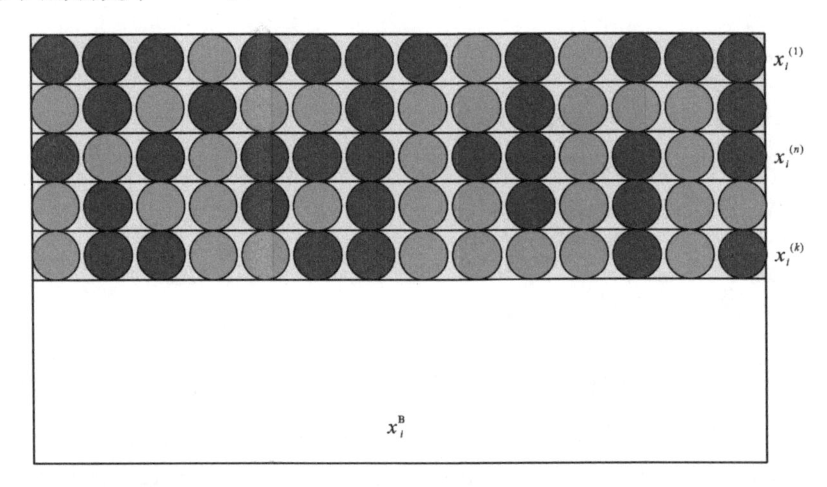

图 4.4　熔体表面的 Chatain 模型：该表面是 k 个原子堆叠而成，对每一层 $n,n=1,\cdots,k$ 有各自的成分 $x_i^{(n)}$

Wynblatt 和 Chatain 提出了一个最新的重要的多原子层模型[187]。目前的模型仅仅是为研究二元系统定义的。它是基于规则溶液或次规则溶液模型的[188]。目前还有在此基础上修正的模型,进一步描述了铜熔体表面的氧吸附情况[189]。

在 Chatain 模型[187]中,假设熔体的原子位于立方晶格上,体配位数为 $z=12$,侧向配位数为 $z_1=6$,相邻原子层中相邻原子的数量为 $z_v=3$。原子之间的相互作用只发生在最近邻原子之间,而 $\Phi_{i,j}$ 表示 i 和 j 类原子之间的键能。

如果在式(4.7)中,G^S 用内能 U^S 表示,$-A\gamma$ 包含在机械功的表达式中,则表面张力变为

$$\gamma=\frac{U^S}{A}-T\frac{S^S}{A}-\sum_i \mu_i \Gamma_i \tag{4.34}$$

为了确定 γ,需要单独计算三个项:即内能、熵和吸附功。这是一层一层进行的。指数 $(k+1)$ 指的是熔体内部项,即:$x_i^{(k+1)}=x_i^B$。另外,还需假定两种组分的每个原子在每层中所占面积都相同。

此外,假定二元溶液的熵 S^S 等于理想溶液的混合熵,则二元规则溶液中各组分的化学势可以写成:

$$\mu_i=\frac{z}{2}[2x_i^B\omega+\Phi_{i,i}]+RT\ln(1-x_i^B) \tag{4.35}$$

式中,ω 为规则溶液常数:$\omega=(\Phi_{A,B})-(\Phi_{B,B}+\Phi_{A,A})/2$。再进一步假设 $\gamma_i=-z_v\Phi_{i,i}/2A$,得到二元合金的表面张力表达式如下:

$$\begin{aligned}A\gamma=&A\gamma_B x_B^{(1)}+A\gamma_A x_A^{(1)}-\\&z_v\omega(x_B^{(1)}-2x_B^Bx_B^{(1)}+(x_B^B)^2-2z_v\omega\sum_{n=1}^{k}(x_B^{(n)}-x_B^B)\times(x_A^{(n)}-x_A^B)-\\&nz_1\omega\sum_{n=1}^{k}(x_B^{(n)}-x_B^B)^2+\\&RT\sum_{n=1}^{k}[x_B^{(n)}\ln(\frac{x_B^{(n)}}{x_B^B})+x_A^{(n)}\ln(\frac{x_A^{(n)}}{x_A^B})]\end{aligned} \tag{4.36}$$

式(4.36)可以求出 γ 的最小值。通常使用随机抽样的蒙特卡罗算法来计算。参数 $\Phi_{i,i}$ 和 ω 与标准热力学势的关系如下[187,190]:

$$\Phi_{i,i}\approx A\cdot\gamma_i\,,\quad \omega\approx\frac{{}^0L(T=0)}{z} \tag{4.37}$$

Chatain 模型与吉布斯等温吸附方程一致[187]。该模型能够预测表面附近区域的成分及其与层数的关系[190-191]。作为一种特殊的强度,它可以用来研究表面相变[187]。例如,在液态 Co-Cu 中的亚稳态分解证明了这一点[188]。

然而,Chatain 模型也有其缺点。第一,在数学上的不一致性。虽然式(4.35)

中的 ω 和 $\Phi_{i,i}$ 最初被看作常数，后来与式(4.37)中的 γ_i 进行联系时，又默认与温度有关。第二，原子在晶格上排列假设并不能反映熔体的真实情况，而理想混合熵提供了改进空间。该模型更严重的缺点是：式(4.37)中 ω 与第一个 Redlich – Kister 系数 $^0L(T=0)$ 有关。由于大多数系统含有至少 2～3 个参数，Chatain 模型的应用范围被大大地缩小。为了克服此问题，开发了较新的模型[188]，其中的相互作用参数采用与温度相关的二次函数关系。这与现有的热力学数据不符，因为大多数相互作用参数与温度呈线性或对数关系。

对于某些系统，Chatain 模型可以正确地预测表面张力[190-191]。采用 Chatain 模型对本书的研究工作进行系统比较，此模型仍然很出色。

4.1.8　Egry 模型

另一个关于表面张力测量的有趣话题与液态金属在某些特定条件下形成所谓的化合物结构的想法有关，这种化合物存在于具有一致熔化的金属间相的系统中[192]。假设温度略高于 T_L 时，熔体中优先形成部分称为化合物的金属间相或者类似的组态结构，如图 4.5 所示。

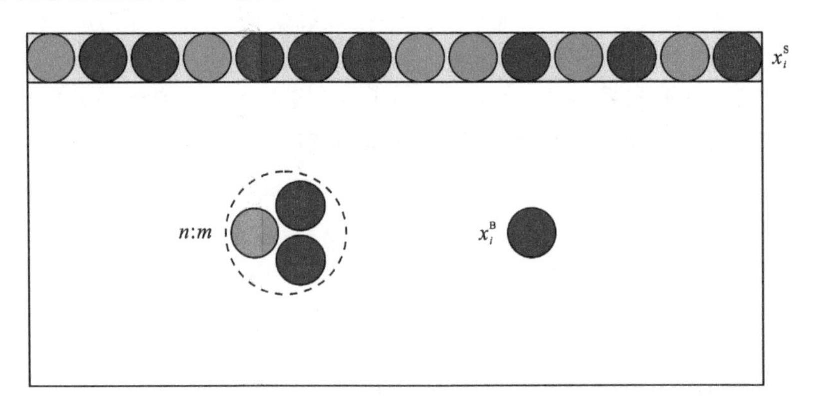

图 4.5　合金熔体表面张力 Egry 模型[193]：认为表面是单层的。在 $n:m$ 化学计量比中形成的化合物不能偏析到表面(环形)

为了阐明化合物的形成对表面张力的影响，Egry 基于第 4.1.5 节中描述的理想溶液近似模型，提出了一个简单且易于应用的模型[193]。

该模型的主要假设是化合物不在表面偏析。在二元合金 A – B 系统中存在含有 A_nB_m 的化合物，其偏析因子 f_{se} 随指数的变化而变化，$f_{se}\cdot(n+m)(x_A^B)^n(x_B^B)^m$。其中，偏析因子与化合物中单个键能有关：

$$S_e(T)=\exp\left(\frac{A(\gamma_A-\gamma_B)-f_{se}\cdot(n+m)(x_A^B)^n(x_B^B)^m}{RT}\right)\tag{4.38}$$

f_{se} 是一个可调因子[193]。

4.1.9 经验模型

还有一些经验模型，例如 Allen[194]模型，它将液态金属在其液相线温度 T_L 处的表面张力 γ_L 以及摩尔质量 M 联系起来：

$$\gamma_L = 3.6 T_L \left(\frac{M}{\rho_L}\right)^{-2/3} \tag{4.39}$$

该模型被 Kaptay[195]进行了改进，而基本的理论框架很早之前就有了[179]。在他的模型中，提出了一个概念，即表面自由能与内聚能及内聚能在熔体体相和表面相的差异有关。此外，经验表明，内聚能与液相线温度成正比：

$$\gamma_L (N_A)^{1/3} V_{L,i}^{2/3} \cong \alpha_K T_L \tag{4.40}$$

在文献[195]中，Kaptay 也给出了经验参数的值 $\alpha_K = 38(\pm 10)\ \mathrm{J \cdot K^{-1}}$ 。同样在文献[195]中，按照已有数据对式(4.40)进行了优化，新的式(4.40)如下：

$$\gamma_L (N_A)^{1/3} V_{L,i}^{2/3} \cong \alpha_K T_L + \beta_K T_L{}^2 \tag{4.41}$$

式中，$\alpha_K = 41\ \mathrm{J \cdot K^{-1}}$ ；$\beta_K = -3.3 \times 10^{-3}\ \mathrm{J \cdot K^{-2}}$ 。

对式(4.41)按温度进行微分，得到估算温度系数 γ_T 的方程[195]：

$$\gamma_T \cdot A \cong 0.182 C_p - 1.2 - \frac{2}{3} \beta \gamma_L \cdot A \tag{4.42}$$

式中，C_p 为摩尔热容；β 为热膨胀系数。

4.2 单组元系统

为了讨论二元和三元液态合金的表面张力，首先需要确定其纯组元的表面张力。Al、Ti 等元素，由于它们化学活性很高，因此其测定比较困难。对液态 Al[197]和(或)液态 Si[16,168,198]的测定，截止到现在仍在不断讨论。

图 4.6 展示出元素周期表中与本书相关的部分。本书测量了图中灰色区元素的表面张力，包括 Al 元素，第一副族的贵金属 Cu、Ag 和 Au 元素，来自第四周期的过渡金属 Ni 和 Fe，以及第四副族中的 Ti。此外，也讨论了液态 Co 的表面张力，其值在之前已经确定[196]。

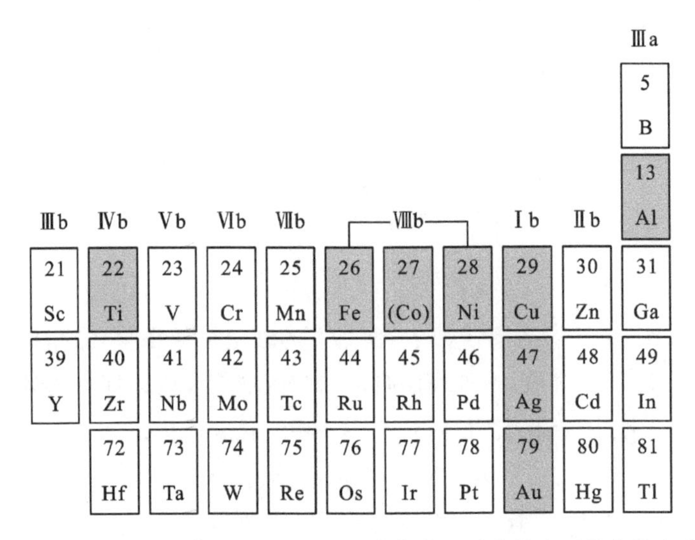

图 4.6 元素周期表中与本书相关的部分。表中灰色区元素的表面张力是在液态下测量的，下文将对此进行讨论。对于 Co，将讨论 Eichel[196] 测量的数据

纯组分表面张力的实验测试结果，以及与文献发表的结果的比较，见表 4.2—4.9。相应的实验方法在这些表中给出对应的大写字母，对应关系见表 4.1。R 表示推荐值(recommended)，特指列出的数值是从文献综述中获得的。在这些结果中，一些被引用的原始数据也被列在其中。因此，参考数据并非严格相互独立。结果如图 4.7—4.10 所示。

表 4.1 后文表格用到的表面张力测试方法名称及对应的缩写[27]

缩写	方法
CR	毛细管上升法
DC	排空坩埚法
DW	滴重法
EML	电磁悬浮法
μg - EML	微重力电磁悬浮法
ESL	静电悬浮法
R	文献综述推荐
SD	座滴法及其变型

4.2.1 Al

液态 Al 的表面张力[199]随温度变化的曲线如图 4.7 所示。温度从 T_L+100 K 到 T_L+650 K,范围超过 500 K,未包含过冷状态。

得到的 γ 值在研究温度范围(1050～1550 K)呈线性变化,在 1050 K 时 $\gamma \approx 0.85\ \mathrm{N\cdot m^{-1}}$,而在约 1550 K 时 $\gamma \approx 0.78\ \mathrm{N\cdot m^{-1}}$,如图 4.7 所示。实验数据可用式(4.11)拟合,拟合参数 γ_L、γ_T 及对应的文献数据见表 4.2。本书工作与文献[164,200－202]和[12]的结果吻合很好,然而与 Tanaka[175]报道的值有一个不一致的地方,即 $\gamma_L=0.914\ \mathrm{N\cdot m^{-1}}$,$\gamma_T=-3.5\times10^{-4}\ \mathrm{N\cdot m^{-1}\cdot K^{-1}}$。

表 4.2　本书工作中测量的液态纯 Al 表面张力参数 γ_L 和 γ_T[199](粗体字)。将测量数据与文献中的数据进行比较,使用的实验方法列在第三栏中

$\gamma_L/(\mathrm{N\cdot m^{-1}})$	$\gamma_T/(10^{-4}\mathrm{N\cdot m^{-1}\cdot K^{-1}})$	方法	文献
0.865	−1.2	SD	[200]
0.873	−1.2	SD	[201]
0.865	−1.5	SD	[202]
0.867	−1.5	SD	[164]
0.871	−1.55	R	[12]
0.914	−3.5	R	[175]
0.866±0.04	**−1.46±0.1**	**EML**	**[199]**

图 4.7 中也可以看到这一点,其中除了本书工作的实验数据[199]外,还给出了 Mills[12]、Tanaka[175]和 Eustathopoulos[164]的参考数据的线性拟合系数。同时,本研究成果与文献[12]和[164]近乎完美吻合,但与文献[175]报道的表面张力数据的斜率偏差较大。

另一方面,Al 对氧亲和力的增加也不容忽视。在文献[12]中提到,Garcia－Cordovilla[203]、Goumiri[204]和 Pamies[201]等人利用气泡压力法报道了在无氧条件下测得 γ 的值在 $1.0\ \mathrm{N\cdot m^{-1}}$左右。因此,正如本研究和表 4.2 中引用的大多数研究结果所发现的,表面张力值在 $0.86\ \mathrm{N\cdot m^{-1}}$左右,主要与氧在 Al 表面溶解情况有关[12,205]。Molina[197]在最近的一项工作中指出,如果这种解释是正确的,那么可用的实验数据的分散度应该增加。然而如表 4.2 所示,情况并非如此。事实上,现有数据彼此之间的偏差并不比其他金属的数据大多少。这些研究者都讨论了氧对液态 Al 表面张力的影响，得出的结论是：$\gamma \approx 0.85\ \mathrm{N \cdot m^{-1}}$，数值应该对应于一个几乎无氧的表面。这与本书的结果吻合①。

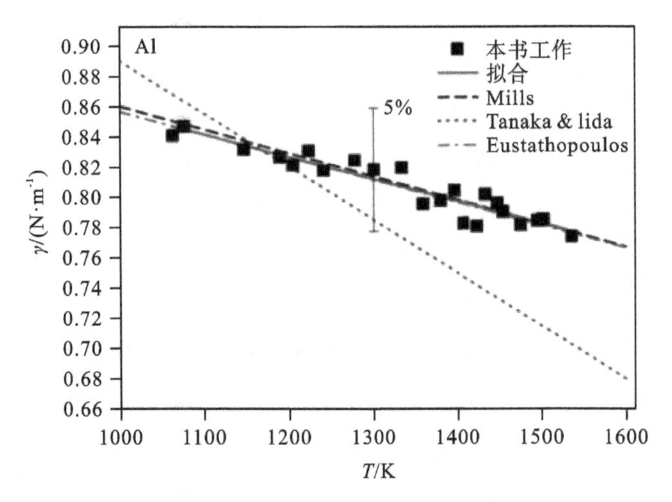

图 4.7　纯 Al 表面张力与温度的关系[199]（■）。为了进行比较，Mills[12]、Tanaka[175]和 Eustathopoulos[164]的代表性结果以不同线条显示

4.2.2　贵金属(Cu、Ag、Au)

Cu[67,191,206]、Ag[67]和 Au[199]的表面张力数据随温度的变化如图 4.8 所示。对于纯 Cu 和 Ag，表面张力的测量温度范围超过近 300 K。对于这两个系统，测试最高温度受蒸发的限制。而对于液态 Au，得到数据包含了 $T_L \leqslant T \leqslant T_L + 600$ K 的宽温度范围情况，但未包含过冷状态的数据。

同样，数据可以用式(4.11)来拟合，拟合参数 γ_L 和 γ_T 如表 4.3—4.5 所示。在三种金属中，Au 的表面张力相对分散度最小。对 Ag 的测量，数据分散度稍大一些。然而，数据中发现分散度最大的却是 Cu 的测量值。不仅每次测试工作得到的曲线彼此偏差高达 10%，而且单次测试数据的相对分散度也接近±5%。在图 4.8 中，文献[191]的数据明显比文献[67,206]小 3%左右，原因尚不清楚。

总的来说，本书工作与表 4.3—4.5 所列文献数据的一致性较好。若忽略表4.4 中 Hibiya[208]的结果，Ag 的表面张力测量值与文献值系统偏差 3%，趋于降低。对于 Au，不同数据集之间的一致性较好，包括本书工作的结果，离散度也在±3%以内。

① 然而，必须指出的是，Kobatake 最近在控制气氛下使用电磁悬浮进行的测量似乎与参考文献[175]的数据吻合相当好。

表 4.3　本书工作中测量的液态纯 Cu 表面张力的参数 γ_L 和 γ_T[67,191,206]（粗体字）。将数据与文献中选定的数据进行比较，使用的实验方法在第三栏中详细说明

$\gamma_L/(N \cdot m^{-1})$	$\gamma_T/(10^{-4} N \cdot m^{-1} \cdot K^{-1})$	方法	文献
1.33	−2.6	EML	[196]
1.30	−2.3	EML	[107]
1.33	−2.3	R	[12]
1.30	−2.9	R	[207]
1.30	−2.5	SD	[212]
1.29	−1.6	SD	[202]
1.34	−1.8	SD	[213]
1.31	−1.1	SD	[214]
1.30	−2.1	SD	[215]
1.30±0.07	**−2.64±0.1**	EML	**[191]**
1.33±0.07	**−2.6±0.1**	EML	**[67]**
1.33±0.07	**−2.3±0.1**	EML	**[206]**

表 4.4　本书工作中测量的液态纯 Ag 表面张力的参数 γ_L 和 γ_T[67]（粗体字）。将数据与文献中选定的数据进行比较。使用的实验方法在第三栏中详细说明

$\gamma_L/(N \cdot m^{-1})$	$\gamma_T/(10^{-4} N \cdot m^{-1} \cdot K^{-1})$	方法	文献
0.966	−2.5	EML	[208]
0.91	−1.8	EML	[209]
0.925	−2.1	R	[216,205]
0.916	−2.28	SD	[215]
0.914	−1.5	SD	[213]
0.912	−2.0	SD	[217]
0.919	−1.76	SD	[119]
0.911	−1.53	SD	[214]
0.894±0.05	**−1.9±0.1**	**EML**	**[67]**

表 4.5 本书工作中测量的液态纯 Au 表面张力的参数 γ_L 和 γ_T[199]（粗体字）。将数据与文献中选定的数据进行比较。使用的实验方法在第三栏中详细说明

$\gamma_L/(N \cdot m^{-1})$	$\gamma_T/(10^{-4} N \cdot m^{-1} \cdot K^{-1})$	方法	文献
1.143	−1.4	SD	[218]
1.121	−0.9	EML	[41]
1.138	−1.9	SD	[210]
1.15	−1.4	EML	[211]
1.140±0.06	**−1.83±0.11**	**EML**	**[199]**

图 4.8 显示了一些文献数据结果。这些是综合 Cu 的数据文献[12,205,207]、Ag 的一些代表性研究[208-209]和 Au 的数据文献[210-211]的结果。对于 Au 系统，似乎查不到专门的数据结果。在第 3.2 节中已经提到过，液态 Ag 及其合金的悬浮熔炼会出现一个特殊的问题，即一旦熔化成液滴，其表面就会出现一层明显光亮且伸展的杂质膜。从 EDX 分析可以明显看出，该薄膜是化学反应形成的硫化物，其源于测量之前固体样品与空气接触形成的某种杂质。就表面张力测量而言，硫元素及化合物的影响可能是最致命的。硫和氧一样，只要百分之一就能大幅度降低铜合金样品的表面张力 γ，甚至可能逆转其温度系数 γ_T 的符号。因此，为了获得可靠的表面张力数据，必须原位去除杂质，即在悬浮实验过程中去除这些杂质。

在文献[67]中，是通过将液态样品在高温下暴露于氧分压超过 10^3 Pa 的气氛中来实现的。这样可以形成挥发性 SO_2 并在几分钟内有效地清洁表面。

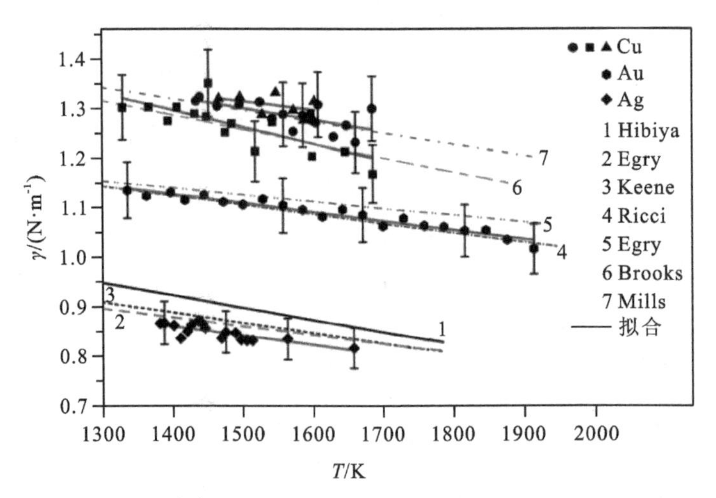

图 4.8 Cu[67,191,206]、Ag[67] 和 Au[199] 的表面张力数据随温度的变化关系（分散符号点）。为了比较，列出相应元素的代表性数据。Ag 的数据来自 1：文献[208]、2：文献[209]、3：文献[205]。Au 的数据来自 4：文献[210]、5：文献[211]。Cu 的数据来自 6：文献[207]、7：文献[12]

4.2.3 过渡金属(Ni、Co、Fe、Ti)

图 4.9 为液态过渡金属 Ni[68]、Fe[68]和 Ti[206]的表面张力随温度的变化规律，还包括 Eichel[196]得到的液态 Co 的结果。后者是在与本工作的 Ni 和 Fe 数据相同的条件下，用相同的电磁悬浮炉进行测量的。为了去除表面残留的氧化物，在 Ni、Co、Fe 的测量中使用了添加氢气(≤8 vol%)的控制气体。如图 4.9 所示，每种材料都得到过冷状态的数据。对于 Ni，温度范围为 $T_L-320\ K\leqslant T\leqslant T_L+220\ K$；对于 Fe，温度范围为 $T_L-100\ K\leqslant T\leqslant T_L+230\ K$；对于 Ti，温度范围为 $T_L\leqslant T\leqslant T_L+110\ K$。Fe 的表面张力最大，Ti 的表面张力最小。Co 和 Fe 的结果比较接近，误差范围在±3%内。

采用氢气气氛及其还原作用曾经被 Ozawa 讨论过[223]。事实上，还原动力学与温度有关：在低温时，平衡可能向还原一侧移动；相反，在高温下，氧化占主导地位；在中等温度的情况下，氧的吸附可能变得重要，这与 γ_T 的符号逆转有关。根据这一论点，Ozawa 在文献[223]中发现了当前工作中测量液态 Fe[68]数据中的一个小问题。他通过增加氢的作用来解释这个问题。这在图 4.9 中用箭头标出，显然，该数据仍超出±5%的误差范围。

表 4.6、4.8 和 4.9 分别列出了 Ni、Fe 和 Ti 的拟合参数 γ_L 和 γ_T 及其相应的误差范围。Co 熔体的拟合参数如表 4.7 所示。

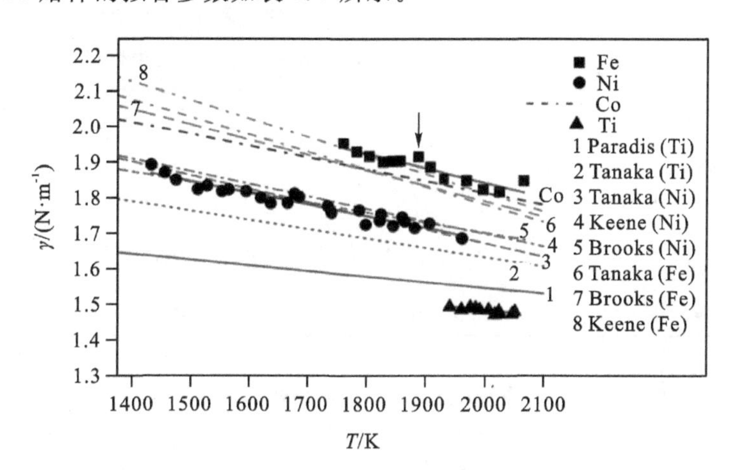

图 4.9　纯 Ni[68]、Fe[68]和 Ti[206]的表面张力与温度的关系(散点)。数据与文献结果一起显示。1：文献[220]；2，3，6：文献[175]；4，8：文献[205]；5：文献[207]

表 4.6　本书工作中测量的液态纯 Ni 表面张力的参数 γ_L 和 γ_T[68]（粗体字）。将数据与文献中选定的数据进行比较，使用的实验方法在第三栏中详细说明

$\gamma_L/(N \cdot m^{-1})$	$\gamma_T/(10^{-4} N \cdot m^{-1} \cdot K^{-1})$	方法	文献
1.778	−3.8	R	[175]
1.770	−3.3	EML	[107]
1.770	−3.3	EML	[41]
1.796	−3.5	R	[205]
1.781	−2.85	R	[12,207]
1.77	**−3.30**	**EML**	**[68]**

表 4.7　本书工作中测量的液态纯 Co 表面张力的参数 γ_L 和 γ_T[196]。将数据与文献中选定的数据进行比较，使用的实验方法在第三栏中详细说明

$\gamma_L/(N \cdot m^{-1})$	$\gamma_T/(10^{-4} N \cdot m^{-1} \cdot K^{-1})$	方法	文献
1.873	−4.9	R	[175]
1.944	−6.666	SD	[214]
1.89	**−3.30**	**EML**	**[196]**

表 4.8　本书工作中测量的液态纯 Fe 表面张力的参数 γ_L 和 γ_T[68]（粗体字）。将数据与文献中选定的数据进行比较。使用的实验方法在第三栏中详细说明

$\gamma_L/(N \cdot m^{-1})$	$\gamma_T/(10^{-4} N \cdot m^{-1} \cdot K^{-1})$	方法	文献
1.896	−9.5	SD	[219]
1.872	−4.9	R	[175]
1.843	−1.86	SD	[214]
1.92	**−3.97**	**EML**	**[68]**

表 4.9　本书工作中测量的液态纯 Ti 表面张力的参数 γ_L 和 γ_T[206]（粗体字）。将数据与文献中选定的数据进行比较，使用的实验方法在第三栏中详细说明

$\gamma_L/(N \cdot m^{-1})$	$\gamma_T/(10^{-4} N \cdot m^{-1} \cdot K^{-1})$	T_{ref}/K	$\gamma(T_{ref})/(N \cdot m^{-1})$	方法	文献
		1953	1.65	SD	[221]
		1953	1.588	DW	[224]
		1941	1.41	DC	[225]

续表

$\gamma_L/(N\cdot m^{-1})$	$\gamma_T/(10^{-4}N\cdot m^{-1}\cdot K^{-1})$	T_{ref}/K	$\gamma(T_{ref})/(N\cdot m^{-1})$	方法	文献
		1953	1.39	DW	[226]
		1940	1.51	CR	[227]
		1943	1.525	PD/DW	[228]
		1953	1.675	μg - EML	[229]
		1943	1.475	SD	[222]
1.650	−2.6			R	[175]
1.557	−1.6			ESL	[220]
1.49±0.08	**−1.7±0.1**			**EML**	**[206]**

表中还展现了现有的文献数据。对于纯 Ti 来说，发表的数据之间有很大的分散度。当温度接近 T_L 时，表面张力从 1.39 N·m^{-1}[226] 变化到 1.675 N·m^{-1}[229]。图 4.10 进一步说明了这一点。γ 与温度的关系仅在三个数据文献上被测量过：其中之一发表在文献[175]上，来自 Keene 的综述文章[205]；另一个是由 Paradis 测量的[220]；剩下一个就是 Amore 使用静电悬浮测量的数据和本书的工作内容测试结果[206]。数据之间的较大差异是由于钛的化学活性高和熔点高造成的。

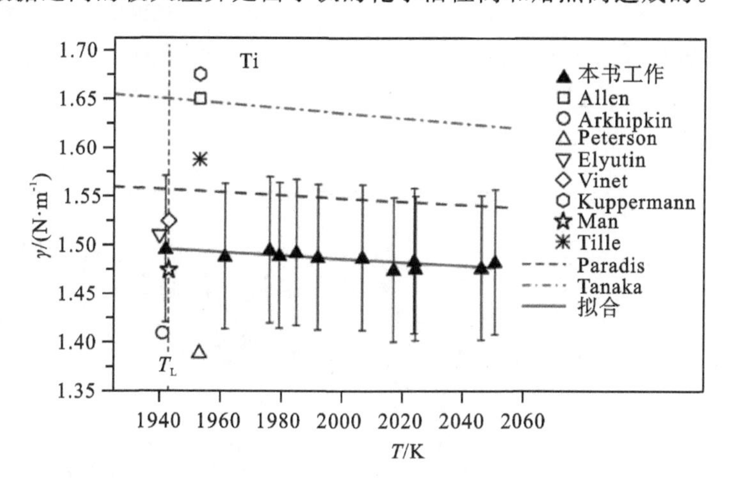

图 4.10　纯 Ti 的表面张力与温度的关系[206]（实心符号）。文献[175]（"Tanaka"）和[220]（"Paradis"）中发布的 $\gamma-T$ 数据也一起绘于图中。此外，还包括了通过各种有容器的方法测量的数据[221-222]（空心符号）

对于表面张力的测量，样品及其表面的纯度是至关重要的。因此，不能使用有容器的熔炼方法测量。在无容器技术测量的数据中，Paradis[220]的数据与本书的数据最为接近。但在静电悬浮中，表面电荷对表面张力测量的影响还不清楚[19]。本书的研究数据是目前关于纯钛表面张力的可靠数据[206]。这一事实令人非常意外，特别是考虑到钛和钛基合金数据在工业中的巨大技术重要性。

4.2.4 小结

表 4.11 总结了上述讨论的每个元素的表面张力参数 γ_L 和 γ_T，以及它们相应的液相线温度 T_L。显然，表面张力大致有随着液相线温度单调增加的趋势。然而，金属 Ti 不符合这个趋势：它有最高的液相线温度，但表面张力大致介于其他金属之间。

如第 4.1.9 节所述，还必须考虑摩尔表面积 A，它由摩尔体积通过式(4.26)和式(4.40)计算得出。因此，表 4.11 还列出了从表 3.11 中选出的摩尔体积。

图 4.11 也显示了 Kaptay 优化公式(4.41)的曲线图，采用其建议的自由可调参数 α_K 和 β_K 的值，即 $\alpha_K=41$，$\beta_K=-3.3\times10^{-3}$[195]。显然，式(4.41)与实验数据的一致性也很好，但均方差比线性化、未优化的关系式(4.40)结果小。另一方面，在文献[195]中，将式(4.41)调整为更大的数据集，涵盖了 T_L 从 1728 K 变到 3600 K的变化范围。因此，有理由假设式(4.41)可以较好地提供整体一致性结果。

图 4.11 显示了每个元素的 $\gamma_L(N_A)^{1/3}V_{L,i}{}^{2/3}$ 与 T_L的关系。显然，式(4.40)的线性关系可以很好拟合这些点。由图 4.11 得到可调自由参数 $\alpha_K=33.98$。这与 Kaptay 给出的取值范围 $\alpha_K=38\pm10$ 一致，见 4.1.9 节。

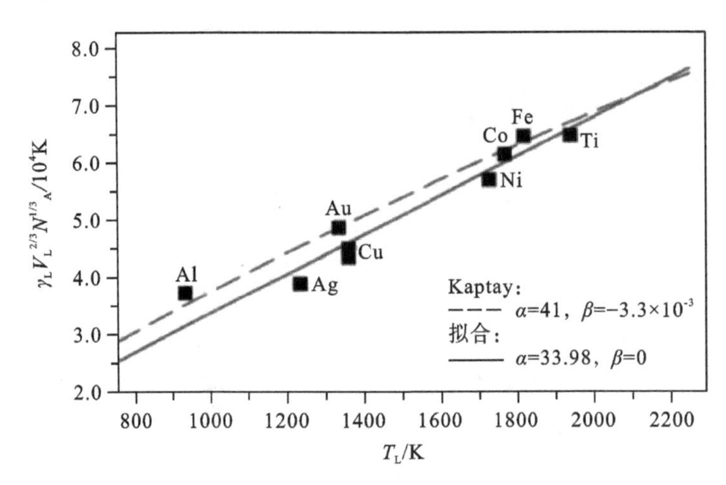

图 4.11 根据测量数据与 T_L的关系(■)计算得 $\gamma_L V_L^{2/3} N_A^{1/3}$。此外，这里也显示了式(4.40)(实线)和式(4.41)(虚线)的计算结果

关于 γ_T 的关系式(4.42)也可以用同样的方法验证。式(4.12)中所需参数如表 4.10 所示。恒压摩尔热容 C_p 取自文献[230]，热膨胀系数 β 取自表 3.11。最后，γ_L 取自表 4.11。结果如图 4.12 所示，其中，由式(4.12)计算出的 $\gamma_T A$ 与测量的值相对应。可以看出，实验散点分布在对角线周围，这验证了式(4.12)。

表 4.10　用于计算 γ_T 的式(4.42)中的输入参数。对于每个元素，表中给出了液相线温度 T_L、摩尔体积 V_L、热膨胀系数 β 和恒压摩尔热容 C_p。参数 V_L 和 β 取自表 3.11。C_p 的数据取自文献[230]。(* 代表平均摩尔体积)

元素	T_L/K	V_L/($cm^3 \cdot mol^{-1}$)	β/($10^{-4}K^{-1}$)	C_p/($J \cdot mol^{-1}$)
Al	933	11.6*	1.116*	31.78
Cu	1358	8.04	0.97*	32.66
Ag	1233	11.79	0.81	33.49
Au	1333	11.4*	0.64	33.38
Ni	1727	7.45*	1.18	43.12
(Co)	1768	7.55	1.14	40.53
Fe	1818	7.96*	1.16*	45.05
Ti	1941	11.68	0.8	37.68

表 4.11　所研究元素的表面张力。对于每组数据，表中给出参数 T_L、γ_L、γ_T、V_L 以及相应的文献来源。摩尔体积 V_L 引自表 3.11(* 代表平均摩尔体积)

元素	T_L/K	γ_L/($N \cdot m^{-1}$)	γ_T/($10^{-4}N \cdot m^{-1} \cdot K^{-1}$)	V_L/($cm^3 \cdot mol^{-1}$)	文献
Al	933	0.866	−1.46	11.6*	[199]
Cu	1358	1.30	−2.64	8.04	[191]
		1.33	−2.6	8.04*	[67]
		1.33	−2.3	8.04*	[206]
Ag	1233	0.894	−1.9	11.79	[67]
Au	1333	1.140	−1.83	11.4	[199]
Ni	1727	1.77	−3.30	7.45*	[68]
(Co)	1768	(1.89)	(−3.30)	7.55	[196]
Fe	1818	1.92	−3.97	7.96*	[68]
Ti	1941	1.49	−1.7	11.68	[206]

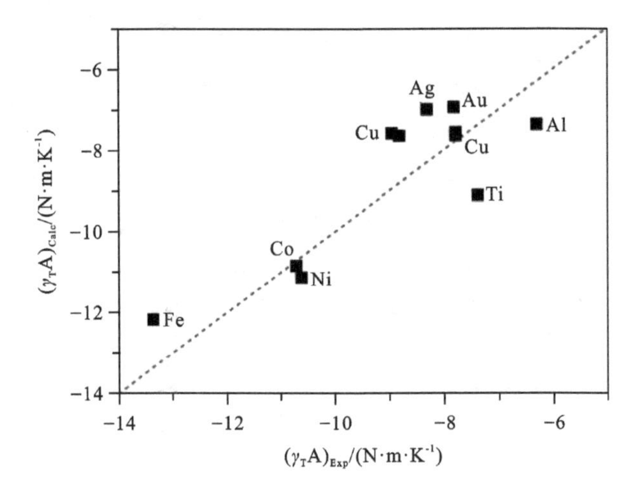

图 4.12　对式(4.12)的验证。$\gamma_T A$ 的预测值与实验值(符号)。这些点沿对角线(虚线)分布

除了通过 T_L将表面张力与内聚能联系起来，还可以尝试将元素 i 的表面张力 γ_i 与其标准状态的自由能 $G_i^0(T)$进行比较。从式(4.22)可以得出，$\gamma_i \cdot A = G_i^S - G_i^B$。如果采用一个与式(4.33)相似的方法，把 G_i^S 用 ζG_i^B 表示，可以得到以下简单关系：

$$\gamma \cdot A = (\zeta - 1) G_i^0(T) \tag{4.43}$$

为了检验式(4.43)，绘制出每个元素的 $G_{Surf} = \gamma_L \cdot A$ 与 $G_i^0(T_L)$ 的图。标准状态的相应函数值来自于文献[231]中提供的 SGTE 数据库，结果显示在图 4.13 的插图中。数据结果围绕在一条斜率为−0.577 的直线周围，对应的 $\zeta = 0.423$。这里 Al 元素的数据是一个例外，对应的数据点沿横轴移动了约 20 kJ·mol^{-1}。

也可以分别计算每个元素的参数 ζ。如图 4.13 所示，把 ζ 与原子序号作图，可以看出 ζ 分散在 $\zeta = 0.377$ 的平均值附近，这个平均值与线性拟合得到的 0.423 值非常接近。

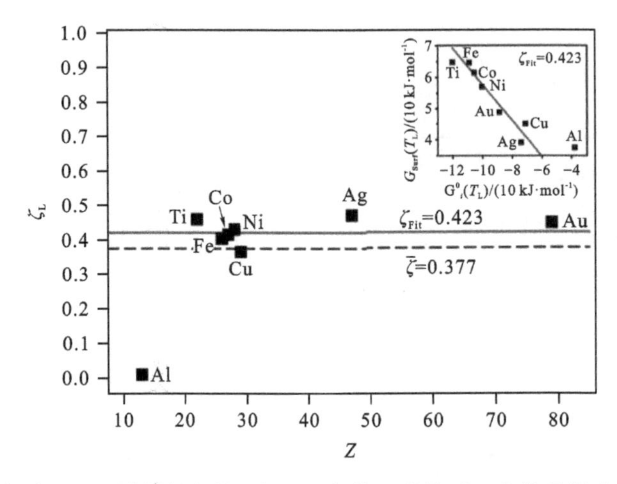

图 4.13　根据式(4.43)计算得出的 ζ 与原子序数 Z 的关系。虚线是算术平均值，实线是小插图中所示的 $G_{Surf} = \gamma_L \cdot A$ 与 G_i^0 的斜率

4.3　二组元系统

与第 3 章中研究密度的方法相同,表面张力也是从纯组元逐步到二组元系统再到三组元系统进行扩展。对于二元系统,获得了 Ag－Cu、Al－Au、Al－Cu、Al－Fe、Al－Ni、Cu－Fe、Cu－Ni、Cu－Ti、Cu－Si 和 Fe－Ni 等系统的表面张力。它们在固定温度 T_{fix} 下的过剩表面张力是通过式(4.18)和(4.19)计算得出的。其结果(参数 ${}^{0}u_{i,j}$ 和 ${}^{1}u_{i,j}$)汇总在表 4.12 中,此表允许就过剩表面张力的符号和大小进行定性的讨论。另外,还对每个系统的偏析行为进行了大致描述。

具有负过剩表面张力(${}^{E}\gamma<0$)的系统为 Cu－Ni[68]、Cu－Fe[68,155]、Ag－Cu[67]和 Cu－Si[151]。其中,Cu－Fe 是一种典型的代表性材料,需要进行更详细的讨论:Cu－Fe 由两种结构不同的组分组成,一种为第一副族的贵金属,另一种为过渡金属。${}^{E}G$ 为强正值,在过冷状态下存在亚稳态混溶性间隙[233]。

表 4.12　所研究的二元体系和通过式(4.19)在 $T=T_{fix}$ 下拟合 ${}^{E}\gamma$ 得到的参数 ${}^{0}u_{i,j}$ 和 ${}^{1}u_{i,j}$。第 5 列给出了偏析组元,最后一列给出了表面张力数据的参考文献

二组元体系	T_{fix}/K	${}^{0}u_{i,j}$/(N·m^{-1}·K^{-1})	${}^{1}u_{i,j}$/(N·m^{-1}·K^{-1})	分属种类	文献
Cu,Ni	1400	−0.399	0.793	Cu	[68]
Cu,Fe	1900	−1.124	1.127	Cu	[68]
Cu,Ti	1400	0.118	−0.273	Cu	[206]
Ni,Fe	1800	0.221	0.007	Ni	[68]
Cu,Ag	1400	0.257	0.307	Ag	[67]
Al,Cu	1400	0.475	−0.754	Al	[191]
Al,Fe	1600	1.508	−1.341	Al	[232]
Al,Ni	1600	2.095	−1.624	Al	[232]
Al,Au	1400	0.247	−0.391	Al	[199]
Cu,Si	1400	−1.030	−3.267	Si	[151]

测量了 Cu 浓度范围为 20～80 at.%的液态 Cu－Fe 合金的表面张力与温度关系,如图 4.14 所示。温度范围为 1300～2100 K,表面张力值为 1.2～1.4 N·m^{-1}。即使是铁浓度较高的 $Cu_{20}Fe_{80}$,其表面张力也接近于纯铜。为了研究表面张力与浓度的关系,在图 4.15 中外推出 $T=T_{ref}=2000$ K 下的 $\gamma(T)$。选择该温度的原因

如下：第一，模型计算所需的温度应在远高于分层（不混溶）的临界温度 T_{demix} 的条件下。在 Cu－Fe 合金中，通过实验测定 T_{demix} 约为 1673 K[234]，与用 Redlich－Kister 描述的过剩自由能参数 ^{E}G[235] 进行 Calphad 计算的结果一致。第二，若和 Chatain 模型[187]一样仅使用一个系数 $^{0}L(T=0)$ 计算，T_{demix} 的结果变成约 2100 K。然而，该温度远高于能通过实验获得表面张力数据的最高温度。因此，作为参照，本书在讨论 $T_{\mathrm{ref}}=2000$ K 时的实验数据时，在式（4.37）中乘以系数 $\alpha_{\mathrm{demix}}=0.9$ 来对 $^{0}L(T=0)$ 值进行修正：

$$\alpha_{\mathrm{demix}} \cdot {}^{0}L(T=0) \to {}^{0}L(T=0) \tag{4.44}$$

这将使临界温度 T_{demix} 回到大约 1700 K[190]。

如图 4.15 所示，在铜的熔体浓度前 30 at.％范围内，γ 从对应于纯铁的初始值约为 1.85 N·m^{-1} 急剧下降至接近纯铜的表面张力约 1.15 N·m^{-1}。再进一步增大 $x_{\mathrm{Cu}}^{\mathrm{B}}$，$\gamma$ 的值在此高浓度范围内几乎保持不变。

实验数据与图 4.15 中模型计算的比较结果表明，理想溶液模型解决方案明显高估了实验数据，因此无法准确地描述它。这完全在意料之中，因为 Cu－Fe 合金是一种高度非理想的体系[235]。Butler 方程（4.32）的计算结果与实验具有更好的一致性。当 $x_{\mathrm{Cu}}^{\mathrm{B}}>40$ at.％时，实验数据被高估了 2％～5％。当温度 T_{ref} 变得太高时，γ 的线性表达式（4.11）变得不准确。因此，图 4.15 显示了 $T=1823$ K 时参照温度相同的结果比较。这样显然吻合度更好了。

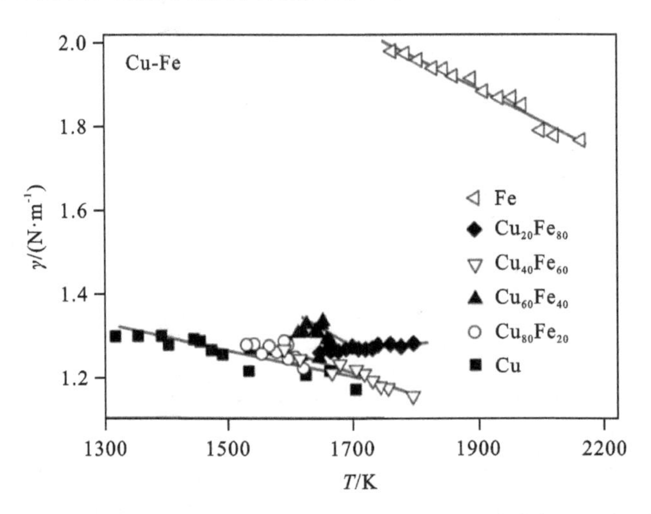

图 4.14　不同成分的液态 Cu－Fe 合金表面张力 γ 随温度 T 变化的测量值（符号）。实线表示式（4.11）的拟合结果

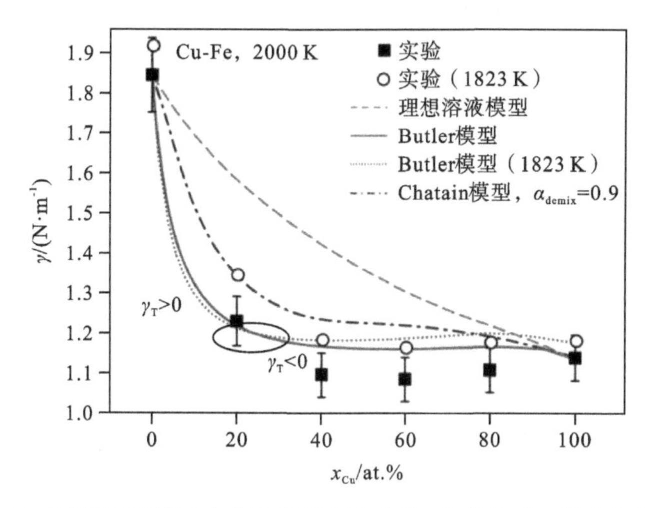

图 4.15　Cu－Fe 的等温表面张力与铜的体积摩尔分数 x_{Cu}^{B} 的关系。图中为 T＝2000 K(■)和 T＝1823 K(○)的数据。另外，还显示了理想溶液模型(虚线)方程(4.29)、Butler 方程(4.32)在 2000 K(实线)和 1823 K(点虚线)以及 Chatain 模型方程(4.36)(点画线)的计算结果。椭圆圈出了 γ_T从正到负的过渡点

在图 4.15 中，Butler 方程预测在浓度 $x_{Cu}^{B}>20$ at. %时，T＝2000 K 时的表面张力比 1823 K 时的小。对于较小浓度 $x_{Cu}^{B}<20$ at. %，预测得 $\gamma_{2000\,K}>\gamma_{1823\,K}$。曲线的交叉点在图 4.15 圈出。这与图 4.14 中观察到的 $Cu_{20}Fe_{80}$ 的 γ_T 数据是一致的[68,155,190]。

图 4.15 中还显示了 Chatain 模型即式(4.36)的计算结果。与实验数据趋势具有很好一致性。表面张力与浓度关系的预测具有一定的正确性，但实验数据被高估了至少 10%。这是由于式(4.44)中忽略了上述$^{0}L(T=0)$的向下修正步骤。

根据 Butler 模型，在图 4.16 中熔体表层铜的浓度 x_{Cu}^{S}较大，约大于 60 at. %。即使铜在熔体内部浓度很小，如 $x_{Cu}^{B}\approx 15$ at. %，也是如此。当熔体内部 x_{Cu}^{B}低于此限值时，表层 x_{Cu}^{S}值显著下降。如图 4.16 所示，通过 Chatain 模型预测，顶部单层铜偏析程度会更强。据模型计算，若 $x_{Cu}^{B}>10$ at. %，则 $x_{Cu}^{S}>95$ at. %。图 4.16 中显示了从最顶部到第 10 层的各层组成计算结果。可以看出，随着层数 n 的增加，各层组成与 x_{Cu}^{B}的偏差逐渐消失。在这些条件下，表面层的有效厚度约为 5～9 层[190]。虽然 Butler 方程和 Chatain 模型都可以很好地估计表面张力，如图 4.16 所示，但它们对表面成分的描述存在明显差异[190]。由于 Butler 模型局限于单层，它有效地平均了表面成分[190]。

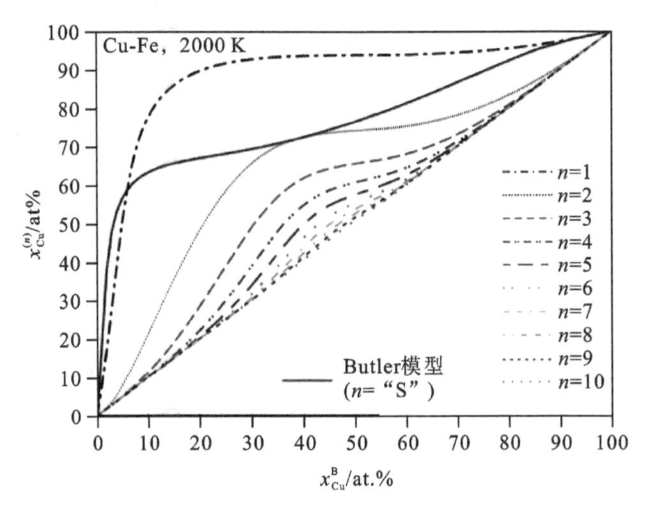

图 4.16 计算得 Cu－Fe 系统在 2000 K 时的近表面层 n 的 Cu 摩尔分数 $x_{Cu}^{(n)}$ 与熔体内部摩尔分数 x_{Cu}^{B} 的变化关系。实线表示用 Butler 模型对顶部表层 n="S"位置的计算结果。虚线和/或点状线对应于 Chatain 模型计算结果

对于 Cu－Ni 系统[68]，定性地获得了与 Cu－Fe 系统相同的等温表面张力曲线，其中 Cu 的表面偏析也占主导地位。在 Ag－Cu 系统中，也得到了类似的表面张力曲线，只是 Ag 取代 Cu 成为主要偏析元素。

如上所述，偏析过程是表面能降低到最小化的结果。因此，表面张力较小的元素富集在表面并决定着合金的表面张力。对于 Cu－Fe 系统，若$^{E}G>0$ 时，偏析会增强，而对于$^{E}G<0$ 的合金会表现出不同的行为。这类合金有 Fe－Ni、Cu－Ti、Cu－Si、Al－Cu、Al－Ni、Al－Fe 和 Al－Au。例如，Fe－Ni 是一个相对比较简单的系统，它由两种结构相似的元素 Fe 和 Ni 组成。

对于该系统，$T=1800$ K 时，其等温表面张力与镍浓度的关系如图 4.17 所示。随着镍在熔体内部浓度 x_{Ni}^{B} 的增加，γ 从对应于液态纯铁表面张力的 1.92 N・m^{-1} 下降到对应于液态纯镍表面张力的 1.75 N・m^{-1}。因此，在整个成分范围内，γ 的变化量约为 10％。

图 4.17 显示了实验数据和理想溶液模型低估值的差异，约为 2％。该差异超出了实验测试方法的估算误差(±5％)。对于 Fe－Ni 系统，理论上理想溶液模型足以预测表面张力。在应用 Butler 模型和 Chatain 模型[190]时，与实验结果具有较好的一致性。显然，图 4.17 中的两个模型计算结果之间没有显著差异。

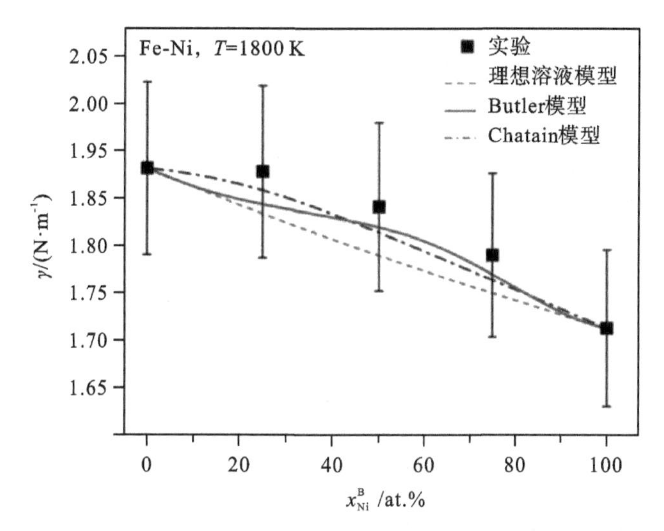

图 4.17 Fe－Ni 系统的等温表面张力 γ 与 x_{Ni}^{B} 的关系。图中所示为温度在 1800 K 时的曲线图。为了进行比较，还给出了理想溶液模型式(4.29)(虚线)、Butler 模型式(4.32)(■)和 Chatain 模型式(4.36)(点划线)的计算结果。模型和数据之间的一致性同样良好，在±5%的误差范围内

与 Cu－Fe、Cu－Ni 和 Ag－Cu 相比，图 4.17 中的 $\gamma(x_{Ni}^{B})$ 曲线呈凹形。在 Fe－Ni合金中，过剩自由能为负值，于是偏析下降。这一点从图 4.18 计算的偏析曲线可以很明显地看出。而且，对于顶部单层原子，两个模型的计算结果具有很好的一致性。根据两个模型预测，表面层中的镍浓度相对于熔体内部的浓度 x_{Ni}^{B} 适度增加，即增加了 10%。此外，Chatain 模型预测第二层镍的耗损，在第三层完全没有偏析的迹象。该图给出最重要的信息是表面浓度也可以通过理想溶液模型进行预测。因此，该系统中超过理想溶液模型预测的偏析实际上是被抑制了。Al－Ni、Al－Fe、Al－Cu 和 Al－Au 体系不仅表现出 $^{E}G \ll 0$，而且它们的组成在结构上也是不同的。此外，它们的相图显示金属间相达到相应的液相线温度。因此，化合物的形成可能会影响表面张力。

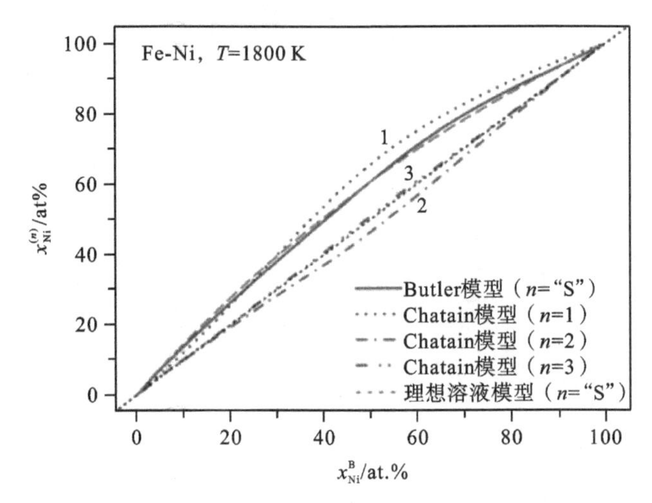

图 4.18 Fe－Ni 系统在 1800 K 下近表面层的 Ni 摩尔分数 $x_{Ni}^{(n)}$ 与熔体内部摩尔分数 x_{Ni}^{B} 的关系。实线表示 Butler 模型计算顶部表面层 n＝"S"的结果。虚线和/或点状线对应于 Chatain 模型计算的第 1～3 层的结果

图 4.19 显示了 Al－Ni 系统在 1673 K 的等温表面张力与 Al 在熔体中的摩尔分数 x_{Al}^{B}的关系[190]。在 $x_{Al}^{B}=50$ at.％附近时，数据显示有一个宽范围的最大值，在大约 25 at.％时开始下跌[190]。这种特征被认为是由于熔体中有化合物的形成，在某成分下由不同的原子之间存在明显的相互吸引作用所引起的，这种相互作用也会导致金属间相的形成[190,192]。在 Al－Ni 中，金属间相在 50 at.％存在，并导致该成分的液相线出现一个占主导地位的最大值，见图 4.19 中的小插图。

图 4.19 还显示了模型的计算结果。Butler 和 Chatain 模型的结果仅在 $x_{Al}^{B}>$ 40 at.％时与实验数据定性地一致。特别是两个模型都没有再次观测到最大值和下跌点。这并不奇怪，因为热力学势^{E}G 是用亚规则溶液模型近似的。有些过程例如化合物形成等没有被考虑[190]。

图 4.19 还显示了 Egry 的化合物形成模型式(4.38)的计算结果。可以看出，该模型与数据的一致性很好：偏差在误差范围内，最大值和下跌点正确再现。

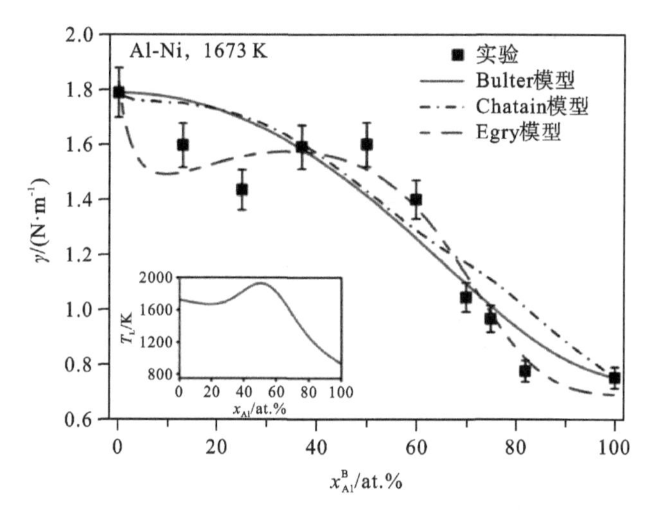

图 4.19 Al－Ni 系统在 1673 K 的等温表面张力与 x_{Al}^{B} 的关系(■)。这些线对应于 Butler 模型式(4.32)(实线)、Chatain 模型式(4.36)(点划线)和 Egry 模型式(4.38)(长短交替线)的模型计算。小插图对应于 Al－Ni 系统的相图[154]

在本书研究的其他系统中,化合物形成也可能起作用,在等温表面张力曲线中可以看到最大值或局部极值点,例如 Al－Fe[232] 和 Cu－Si[151] 系统。对于 Al－Ni 系统,Butler 和 Chatain 模型都未能正确描述这些特征,而 Egry 模型可以。

对化合物形成的现象及其对表面张力的影响理解还不完全。文献中有许多例子主要针对焊接材料,其中表面张力曲线已通过化合物形成模型成功描述[236-238]。然而,事实上在相图中有明显的金属间相的系统,不一定能在其表面张力曲线中体现出化合物的形成特征。这样的系统如 Al－Au,其主要金属间相位于 $x_{Al}=63.3$ at.%,如图 4.20 中的小插图。它有时被称为“紫斑”或“紫色害虫”。

在表面张力中,在相应的成分处没有看到最大值。在微重力条件下航天飞机飞行期间获得的表面张力数据也证实了这一点(图 4.20 中的实心圆)。显然,Butler 模型使用亚规则溶液模型数据近似正确地预测了实验数据。因此,对于这种特殊系统,不需要考虑涉及化合物形成的模型。Al－Cu[191] 是另一种含有金属间相的系统,其表面张力曲线可以在不使用任何化合物形成模型的情况下被充分描述。

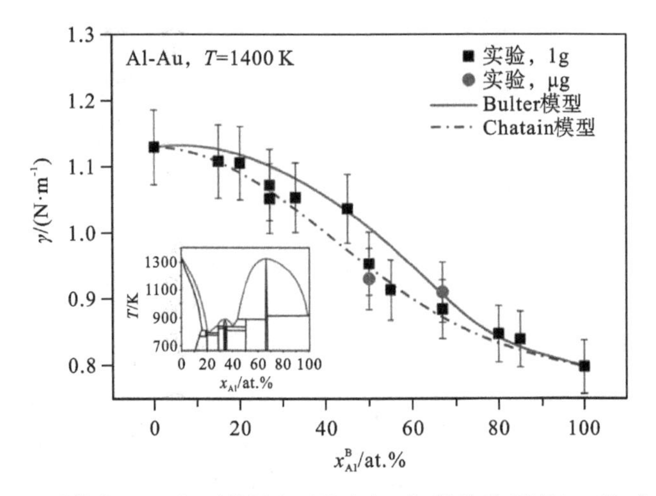

图 4.20 Al－Au 系统在 1400 K 下等温表面张力与 x_{Al}^{B} 的关系(符号)。当 x_{Al}^{B} ＝63.3 at.％时，γ 不显示为最大值。微重力数据(●)也证实了这一点。实线对应于 Butler 模型式(4.32)的结果，虚线对应于 Chatain 模型式(4.36)的计算结果。小插图给出了 Al－Au 的相图[154]

图 4.20 还显示了 Chatain 模型式(4.36)的计算结果，与实验数据也是相当的一致。同样，Chatain 模型没有考虑任何关于化合物形成的理论，亚规则溶液模型足以满足近似描述表面张力。

Chatain 模型可被应用于 Al－Au 表面偏析的定性讨论，因其可以表征混溶和不混溶系统的一般特征。为此，图 4.21 显示了各层的浓度 $x_i^{(n)}$ 与层数(n)的关系。对于 $Al_{50}Au_{50}$，表面附近区域的 Al 浓度围绕其熔体内部浓度上下波动[199]。这种波动明显出现在 Al－Cu[191] 和 Al－Ni[190] 系统，在 Fe－Ni[190] 系统不太明显，如图 4.18 所示。这种效应也被认为是化学分层。当一个组分偏析到表面时，由于产生负过剩自由能，第二层中另一组分的过剩自由能将趋于增加[190]。在具有正过剩自由能的系统中未观察到此类波动，例如图 4.21 中的 Cu－Fe[190] 合金系统。

表 4.13 总结了当前工作中不同合金系统实验结果与所讨论模型的比较。如果被讨论模型与实验数据误差范围在±5％以内，则被评定为“OK(合格)”。如果模型结果与部分实验数据在误差范围内一致，则该模型被评为“RS(合理)”。如果模型既不合格也不合理，则被评定为“F(失效)”。

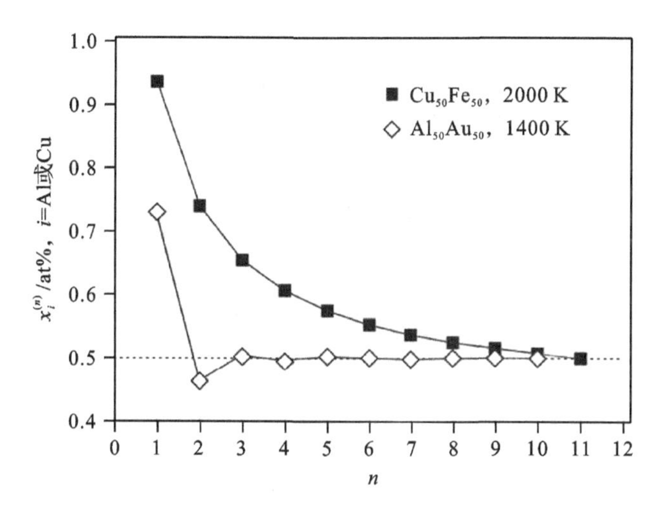

图 4.21 根据 Chatain 模型式(4.36)计算得到的各层成分 $x_i^{(n)}$ 与层数 n 的关系。(■)代表2000 K 时的 $Cu_{50}Fe_{50}$(这里 i=Cu)，(◇)代表 1400 K 时的 $Al_{50}Au_{50}$ 的数据(这里 i=Al)

Butler 模型能够正确预测大多数情况的表面张力 γ(=OK)，但对 Al－Fe[232]、Al－Ni[232]、Cu－Si[232]等合金系统例外。在这些系统中，表面张力受化合物形成的影响。Butler 模型仅给出表面张力的预估值(=RS)。Chatain 模型在 Cu－Fe[190]、Fe－Ni[190]、Al－Cu[191]、Al－Au[199]、Al－Fe[232]和 Al－Ni[190]系统中进行了测试，发现 Fe－Ni、Al－Cu 和 Al－Au 的计算和实验结果是一致的。Egry 模型在 Al－Ni、Al－Fe 和 Cu－Si 系统中得到成功验证。就实验精度而言，Fe－Ni 合金的表面张力也可以用理想溶液模型直接描述。

表 4.13 二元系统的表面张力与不同模型计算的比较：OK＝合格(即在误差范围内)，RS＝合理(部分在误差范围内)，F＝失效。最后一列给出了相应的文献来源，文献中详细讨论了每对模型的实验比较

二组元体系	模型检测		文献
Ag－Cu	Butler	OK	[67]
Al，Au	Butler	OK	[199]
	Chatain	OK	
Al，Cu	Butler	OK	[191]
	Chatain	OK	
Al，Fe	Butler	RS	[232]

续表

二组元体系	模型检测		文献
	Chatain	RS	
	Egry	OK	
Al,Ni	Butler	RS	[190]
	Chatain	RS	
	Egry	OK	
Cu,Fe	Butler	OK	[68]
	Chatain	RS	[190]
Cu,Ni	Butler	OK	[68]
Cu,Si	Butler	RS	[151]
	Egry	OK	
Cu,Ti	Butler	OK	
Fe,Ni	Butler	OK	[68]
	Chatain	OK	[190]
	ideal	OK	[190]

4.4 三组元系统

4.4.1 概述

为了进一步把当前研究方法推广到三元合金,我们对表 4.14 中的三元系统展开研究。其中包含三元偏晶系统 Cu-Fe-Ni[239]、Co-Cu-Fe[240] 以及 Co-Cu-Ni[159],以及 Ag-Al-Cu 三元共晶系统[176]。研究是通过对相应浓度三角形的不同横截面进行测量来进行的。

表 4.14 有关三元体系表面张力的研究

体系	文献
Ag-Al-Cu	[176]
Co-Cu-Fe	[240]

续表

体系	文献
Co - Cu - Ni	[159]
Cu - Fe - Ni	[239]

4.4.2　偏晶系统

作为一个复杂研究体现的示例，Cu - Fe - Ni 系统在 $T=1800$ K 时的表面张力如图 4.22 所示。在该图中，γ 与 x_{Cu}^{B} 的关系是按照从二元系统 $Fe_{60}Ni_{40}$ 到纯 Cu 的截面绘制的，即 $Cu_xNi_{0.4(1-x)}Fe_{0.6(1-x)}$，$0\leqslant x\leqslant 1$ [155,239]。一般情况下，曲线的形状与图 4.15 中 Cu - Fe 的形状相同，即表面张力 γ 强烈依赖于 Cu 在熔体中的浓度。同样，铜是主要的偏析物质[239]。图 4.22 中绘制了实验数据，以及在过剩自由能 ^{E}G 中分别包含和不包含三元项 ^{T}G 的 Butler 模型计算结果，见式(3.17)。

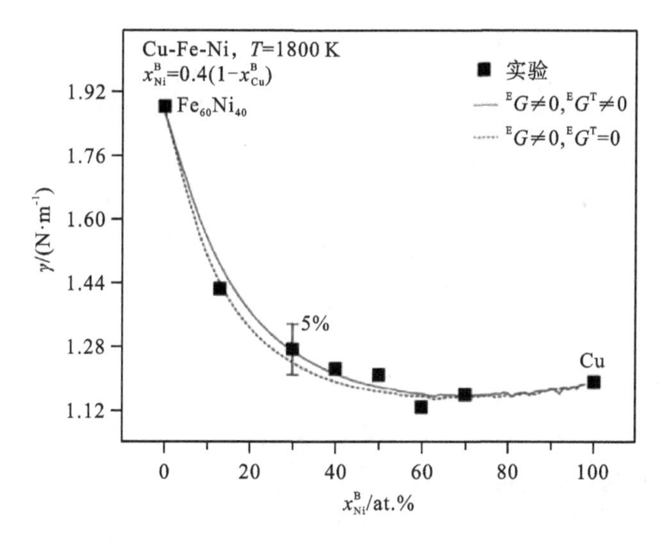

图 4.22　Cu - Fe - Ni 系统在 1800 K 的等温表面张力沿 $Cu_xNi_{0.4(1-x)}Fe_{0.6(1-x)}$，$0\leqslant x\leqslant 1$(■)的测量结果。图中的线对应于 Butler 模型式(4.32)的计算结果，计算中考虑过剩自由能 ^{T}G 的用实线，未考虑过剩自由能的用虚线

显然，就实验数据的误差而言，这两种情况无法判断谁更准确[239]。因此，用式(3.17)描述表面张力可以忽略三元项。该结果也在沿另一个贯穿系统的横截面浓度分布得到验证，即 x_{Cu}^{B} 恒定在 20 at. %，而 x_{Ni}^{B} 与 x_{Fe}^{B} 的比率变化的横截面[239]如图 4.23 所示。我们发现 γ 随浓度的变化非常小，因此可以认为 γ 实际

上是常数[155,239]。同样，不管三元项^{T}G是不是被考虑，Butler 模型计算结果都与实验结果接近。

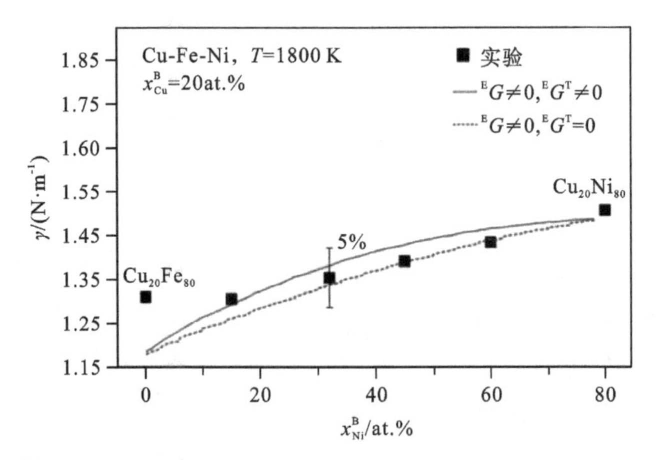

图 4.23 Cu－Fe－Ni 系统在 1800 K 下沿 x_{Cu}^{B} =20 at.%的截面测得的等温表面张力与成分的关系(■)。线条对应于 Butler 模型式(4.32)的计算结果，考虑(实线)和不考虑(虚线)三元项过剩自由能 ^{T}G 都包含在图中

就表面张力而言，Cu－Co－Fe[240]和 Cu－Co－Ni[159]系统与 Cu－Fe－Ni 类似。在所有三种系统中，表面张力强烈依赖于铜的浓度，并且它们几乎不随其他过渡金属的相互替换而改变[159,240]。这与二元合金 Cu－Fe[68]、Cu－Ni[68]和 Co－Cu[196]的表面张力存在明显相似性，意味着可以将 Co－Cu－Fe、Cu－Fe－Ni 和 Co－Cu－Ni 解释为准二元系统“Cu－TM”，其中“TM”表示“过渡金属”[155]。这样，采用简单的模型，如文献[240－241]中提出的，可以证明就表面张力而言，这确实是一种有效的方法[155]。

上面讨论的偏晶系统可以通过它们在过冷状态下亚稳态分层的能力来表征，因为它们具有正的过剩自由能。

4.4.3 Ag－Al－Cu

Ag－Al－Cu 三元共晶系统可以通过其组分之间的相互吸引作用来表征。其相图上出现金属间相以及共晶点和包晶点[242-243]。如上所述，Ag－Al－Cu 是高度非理想的系统，即$^{E}G\ll0$。此外，其二元组成系统 Al－Cu[191,96]、Ag－Al[96]和 Ag－Cu[67]也可以被标记为“非理想”。因此，人们可以预测就其表面张力而言，Ag－Al－Cu也将表现出高度的非理想性。

然而，实际并非如此，如图 4.24 所示，沿着 $Ag_{10}Al_{x}Cu_{(0.9-x)}$ 方向切割，也就是银的浓度保持在 10 at. %不变，x_{Al}^{B} 的变化为 0～90 at. %[176]。图 4.24 中绘制了 1273 K 时的表面张力 $\gamma(x_{Al}^{B})$的凹曲线，该曲线与 Butler 方程结合亚正规溶液模型的计算结果一致，至少对于 $x_{Al} \geqslant 20$ at. %的绝大部分情况是如此。在数据点位于 $x_{Al}=0$ at. %处，对应于 $Ag_{10}Cu_{90}$，测量的表面张力与计算结果之间的偏差大于 10%。事实上，文献[67]获得了和此处 $Ag_{10}Cu_{90}$ 相同的 γ 值，因此对比表附录 A.7 和表 A.9，可以假设该值是正确的。其出现偏差的原因需要用热力学理论进一步确定，参见文献[242-243]和附录表 B.3。

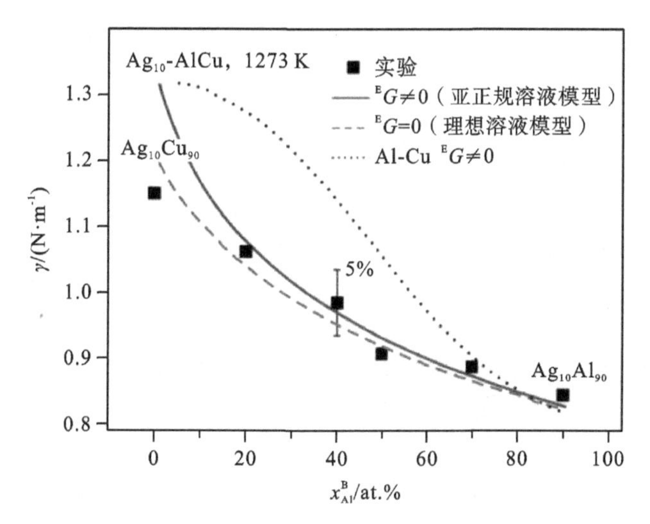

图 4.24　Al-Cu-Ag 系统在 1273 K 下沿截面 $Ag_{0.1}Al_{x}Cu_{(0.9-x)}$，$0 \leqslant x \leqslant 0.9$ 的表面张力与 x_{Al}^{B} 的关系(■)。也给出了理想溶液模型(虚线)和亚正规溶液模型(实线)与 Butler 方程式(4.32)的计算结果的比较。虚线对应于 Al-Cu 亚规则溶液模型的结果[191](摘自文献[176])

令人惊讶的是，如果使用如图 4.24 所示的理想溶液模型而不是亚正规溶液模型，则在图中显示出计算与实验数据会有更好的一致性。事实上，理想溶液模型计算结果与通过该系统沿其他两个截面测试的表面张力结果也非常接近[176]。

将实验与高度非理想系统 Al-Cu 的计算结果进行比较[176]，可以发现定性和定量差异，如图 4.24 所示。获得的表面张力并非凹曲线，而是凸曲线，与实验值差异高达 30%。显然，添加少量的 Al 到 10 at. %，足以将 Al-Cu 系统从高度非理想状态转变为理想状态[176]。

为了解释这一现象，需要进一步讨论表面层成分。为此，图 4.25 显示了沿 $Ag_{0.1}Al_{x}Cu_{0.9-x}$ 面计算的表面成分。显然，表面的主要成分是 Al，其次为 Ag，含量最小的组分为 Cu。随着熔体中 x_{Al}^{B} 的增加，表面上 Al 的浓度增加，而其他两种组分的浓度随之减小。更详细的分析揭示了 Al 和 Ag 偏析的竞争特征，见文献[176]。由于 Ag 和 Al 的表面张力大小相似，即 $\gamma_{Al} \approx \gamma_{Ag}$，而 γ_{Cu} 明显较大，故 Cu 在表面受到抑制，Al 和 Ag 成为表面的主要化学物质[176]。

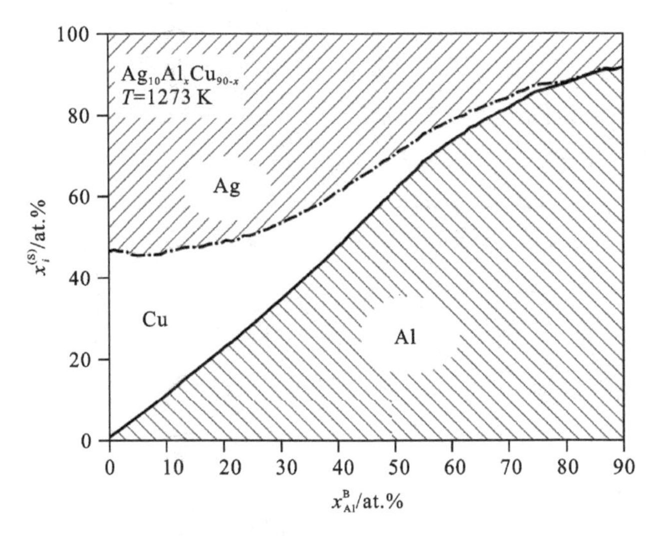

图 4.25　Ag、Al 和 Cu 在 1273 K 下的表面浓度在 $Ag_{0.1}Al_xCu_{(0.9-x)}$，$0 \leqslant x \leqslant 0.9$ 时截面与 x_{Al}^{B} 的关系，实线显示 x_{Al}^{S}，点划线对应于 $x_{Al}^{S} + x_{Cu}^{S} = 1 - x_{Ag}^{S}$ [176]

一旦知道了表面成分，就有可能理解为什么大部分成分范围内合金的 γ 与理想溶液模型一致。为此，按照下式定义一个张力系数 $^*\gamma$，即焓与式(4.32)中理想混合熵项的比率[176]：

$$^*\gamma = \frac{\sum_i x_i^{B}[{}^{E}G_i^{(S)}(T, x_i^{S}) - {}^{E}G_i^{(B)}(T, x_i^{(B)})]}{RT\sum_i x_i^{B}\ln\left(\frac{x_i^{(S)}}{x_i^{(B)}}\right)} \tag{4.45}$$

式(4.45)中的焓和熵项采用积分形式。参数 $^*\gamma$ 用来描述非理想系统的张力情况。对于理想系统，$^*\gamma=0$，而对于非理想系统，$^*\gamma$ 不为零。图 4.26 中绘制了 $^*\gamma$ 与 x_{Ag}^{B} 的关系曲线，Al 保持恒定在 60 at.%，Ag 的浓度在 0～40 at.%之间变化，对应 $Ag_xAl_{0.4}Cu_{(0.6-x)}$，$0 \leqslant x \leqslant 0.6$。在 15 at.% $\leqslant x_{Ag}^{B} \leqslant$ 45 at.%范围内，$^*\gamma(x_{Ag}^{B})$ 曲线平缓，$^*\gamma \approx -0.5$，这接近零了。在此范围内，表面张力计算实际是由理想溶液模型近似得到，因为过剩自由能项在 Butler 方程[176]中被抵消了。

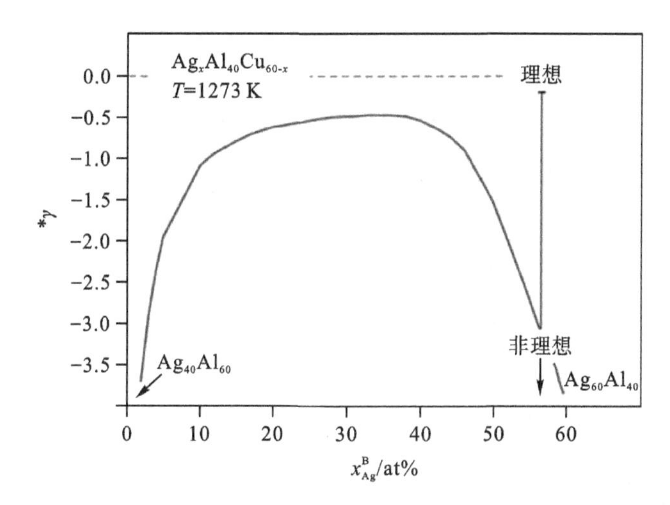

图 4.26　参数$^*\gamma$沿 $Ag_xAl_{0.4}Cu_{(0.6-x)}$截面 $0\leqslant x\leqslant 0.6$ 与 x^B_{Ag} 的关系。与零的显著偏差表明系统在相应浓度下的非理想性[176]

4.4.4　小结

总结上述三元系统的结果,可以得出以下结论:"Cu－TM"形式的三元铜基偏晶合金的表面张力由铜的偏析决定。相应的系统可以解释为准二元系统[155]。这与$^EG<0$ 的合金不同。这些类型的系统可以在很宽的成分范围内用理想溶液模型来描述。

对于本书研究的所有三元合金,表面张力符合 Butler 方程。此外,用于预测表面张力的方程式(3.17)中的三元项^TG可被忽略。因此,可以直接从二元系统的热力学势计算三元合金的 γ。不一定需要对整个三元体系进行热力学评估[155]。这与第 3.4 节中测量的密度结果相反。原因是,摩尔体积可能由较大的三元项^TV控制,而在应用 Butler 方程时仍可以忽略^TG,这是由于式(3.17)中的三元项 $x_1x_2x_3{}^TG$ 通常远比二元项小:$x_1x_2x_3{}^TG \ll \sum_{i<j}x_ix_j\sum_{\nu=0}^{N_{i,j}}{}^{\nu}L_{i,j}(T)(x_i-x_j)^{\nu}$。

4.5　趋势分析

就其表面张力而言,当前工作所研究的系统大致可分为两组:倾向于不混溶的系统和倾向于混溶的系统。第一组系统具有正的过剩自由能,$^EG>0$;第二组系统具有负的过剩自由能,$^EG<0$。

属于第一组系统的有 Cu－Fe－Ni、Cu－Fe、Cu－Ni、Co－Cu－Fe、Co－Cu－

Ni、Co - Cu 和 Ag - Cu。根据 Butler 模型(式(4.32))计算得出的偏析曲线如图 4.27所示。在该图中，绘制了不混溶物质 A 的表面浓度 x_A^S 与其熔体内部浓度 x_A^B 的关系图。就 Ag - Cu 而言，偏析元素为 Ag。Cu 是其他系统中的偏析元素。尽管每次计算都是在不同的温度下进行的，但图 4.27 中的曲线都显示出类似的特征：所有曲线均为凸形，并且在每条曲线中，x_A^S 在 x_A^B 的前 20 at.%内已急剧增加。对于较大的体积摩尔分数，即 x_A^B >20 at.%时，曲线在相应的 x_A^B 值约为 70～90 at.%时变平缓。因此，${}^EG>0$ 的系统表现出强烈的偏析。

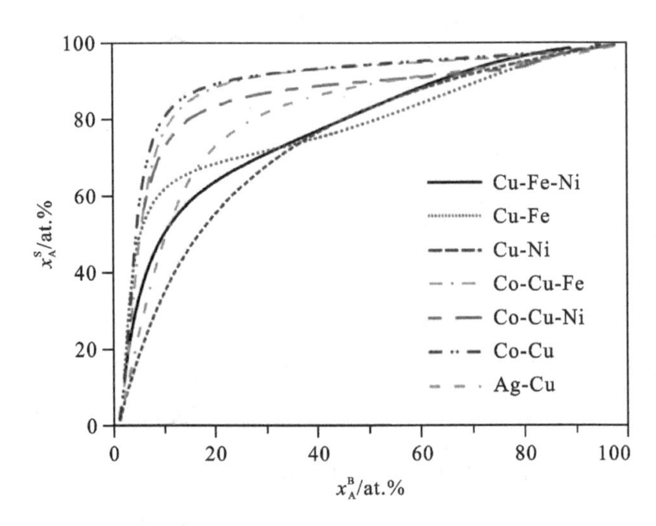

图 4.27 计算得${}^EG>0$ 的二元和三元合金熔体的偏析曲线。该图显示了偏析物 A 的表面浓度 x_A^S 与其在熔体内部浓度 x_A^B 的关系，物质 A 在 Ag - Cu 中对应于 Ag，在其他系统中则对应于 Cu。对每个系统进行计算的温度有所不同

以下所研究的体系属于第二类：Al - Cu、Al - Au、Ag - Al - Cu、Al - Fe、Al - Ni、Cu - Ti 和 Fe - Ni。在这些系统中，${}^EG<0$，因此它们倾向于混合。用与图 4.27 相同的方式计算其偏析曲线，如图 4.28 所示。Fe - Ni 中的偏析物质为 Ni，Cu - Ti 中的偏析物质为 Cu，其余为 Al。同样，这些曲线彼此相似。然而，它们与图 4.27 有很大不同。x_A^S 不是在最初急剧增加，而是随着 x_A^B 的增加呈线性增加。斜率 dx_A^S/dx_A^B 仅略大于 1。当 x_A^B 已经很大时，例如 x_A^B >60 at.%，偏析曲线会变平。因此，${}^EG<0$ 的系统表现出弱偏析。

为了将这些发现与第 3.5 节中介绍的分类方案进行比较。被研究的系统列在表 4.15 中。该表还显示了${}^EG$、${}^E\gamma$ 的相应符号，并给出系统表现出弱偏析还是强偏析。

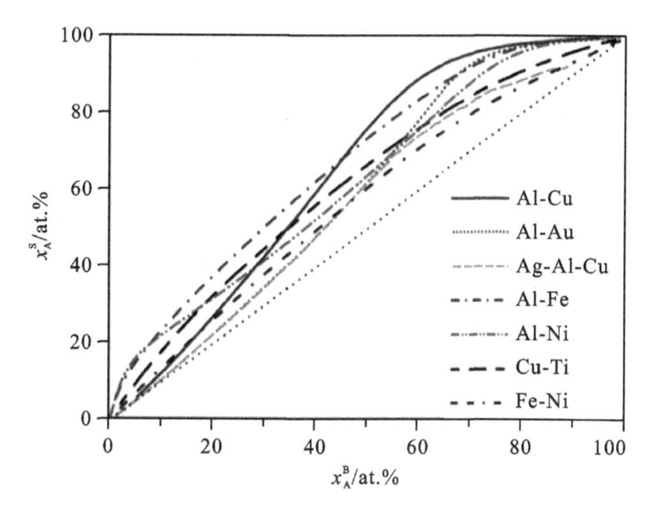

图 4.28　计算得$^E G>0$的二元和三元合金熔体的偏析曲线。该图显示了偏析组分 A 的表面浓度 x_A^S 与其体积浓度 x_A^B 的关系。组分 A 对应于 Cu－Ti 中的 Cu、Fe－Ni 中的 Ni,其余对应于 Al。对每个系统进行计算的温度不同

显然,属于第 3.5 节第 I 类的系统表现出强烈的不混溶。它们的过剩自由能为正,过剩表面张力为负。此类系统包括 Cu－Fe[68]、Cu－Ni[68]、Co－Cu－Fe[240]、Cu－Fe－Ni[161]和 Co－Cu－Ni[159]。除 Cu－Ni 外,这些体系也倾向于在熔体中偏析,并在过冷温度范围中表现出亚稳混溶间隙。

所有属于第 3.5 节中的第Ⅲ级系统,都表现出弱偏析行为。这些体系为 Al－Au、Al－Cu、Al－Fe、Al－Ni、Cu－Ti 和 Cu－Si。它们的过剩自由能是强负性的,$^E G \ll 0$,$^E\gamma$ 是微正的。化合物的形成会影响 Al－Fe[232]、Al－Ni[232]和 Cu－Si[151]系统的表面张力。

第 3.5 节中第 II 类体系的偏析行为不一致。如表 4.15 所示,Ag－Cu 表现出强烈的 Ag 偏析。其过剩自由能略为正,$^E\gamma<0$。对于 Ag－Al－Cu 和 Fe－Ni 这两种体系,$^E G<0$,仅发生弱偏析。Fe－Ni 仅表现出较小的正过剩表面张力,Ag－Al－Cu体系中的$^E\gamma\approx 0$。这两种体系都与理想溶液模型相当吻合。

表 4.15　所研究合金表面张力的趋势分析

<table>
<tr><th>分类</th><th>合金系统</th><th>过剩自由能
^{E}G 符号</th><th>过剩表面张力
$^{E}\gamma$ 符号</th><th>偏析</th><th>文献</th></tr>
<tr><td rowspan="5">Ⅰ</td><td>Cu - Fe</td><td rowspan="6">+</td><td rowspan="6">−</td><td rowspan="6">强</td><td>[68]</td></tr>
<tr><td>Cu - Ni</td><td>[68]</td></tr>
<tr><td>Co - Cu - Fe</td><td>[240]</td></tr>
<tr><td>Co - Cu - Ni</td><td>[159]</td></tr>
<tr><td>Cu - Fe - Ni</td><td>[161]</td></tr>
<tr><td rowspan="2">Ⅱ</td><td>Ag - Cu</td><td>[67]</td></tr>
<tr><td>Fe - Ni</td><td rowspan="8">−</td><td>≈0</td><td rowspan="8">弱</td><td>[68]</td></tr>
<tr><td rowspan="7">Ⅲ</td><td>Al - Au</td><td rowspan="6">+</td><td>[199]</td></tr>
<tr><td>Al - Cu</td><td>[191]</td></tr>
<tr><td>Al - Fe</td><td>[232]</td></tr>
<tr><td>Al - Ni</td><td>[232]</td></tr>
<tr><td>Cu - Ti</td><td>[206]</td></tr>
<tr><td>Cu - Si</td><td>[151]</td></tr>
<tr><td>Ag - Al - Cu</td><td>≈0</td><td>[176]</td></tr>
</table>

4.6　小结

本章系统地研究了一元、二元和三元液态合金体系的表面张力。

对于一元体系，获得的表面张力与文献中的参考数据误差范围在±5%以内。所得结果证实了 Kaptay 的半经验模型式(4.40)—(4.42)的有效性，此模型把纯元素的表面张力与其液相线温度和比热联系起来。另外，发现对大多数金属，其熔点处的表面张力 γ_{L} 与纯组分的自由能 $G_{i}^{0}(T_{L})$ 成正比。

针对第 1 章提出的问题 **Q:1** 和 **Q:2**，本章测量了二元体系的表面张力，并与许多唯象模型进行了比较。包括 Butler 模型、Chatain 模型，还有包含化合物形成系统的 Egry 模型。Butler 模型预测表面张力最可靠，它对所有亚正规溶液系统都获得了正确的结果。Egry 模型最能准确地描述有化合物形成的系统的表面张力。

与其他两种模型相比，Chatain 模型可靠性较低，因为它主要产生理论合理(部分范围吻合)的结果，或者失效的结果。

Butler 和 Chatain 模型都能预测偏析行为，而 Chatain 模型比 Butler 模型结果更为细微。Butler 模型仅能预测表面单分子层的组成，而 Chatain 模型能获得表面以下多个分子层的组成信息。关于液态合金表面层附近区域成分尚无可靠实验数据可用。

Butler 模型也很好地预测了所研究的三元体系的表面张力。针对第 1 章提出的问题 **Q:3**，当在过剩自由能 ^{E}G 的相应表达式中忽略三元相互作用系数时，可以获得同样好的结果。这一结果意味着，三元体系中的表面张力可以通过其二元子系统的热力学性质预测。

可以得到以下判据：如果系统 $^{E}G\approx0$ 或 $^{E}G>0$，其分别表现出具有最小表面张力的成分偏析或强偏析。如果系统 $^{E}G\leqslant0$，则系统没有或只有微弱的偏析。从属于第Ⅰ类系统的合金表现出强偏析，而从属于第Ⅲ类系统的合金则表现出弱偏析。从属于第Ⅱ类系统的合金表现出强偏析还是弱偏析，需要依据 ^{E}G 的值而定。

第5章

黏度

黏度被定义为动量扩散的传输系数。目前有多种数学形式和唯象学模型描述其与温度和合金成分的关系。本书使用振荡坩埚法测量了液态纯组元、二元合金和三元合金的黏度数据。得到的数据是温度的函数，对合金而言则是成分的函数。测量结果的准确度在±20%以内。对纯组元的计算结果符合 Hirai 定律。在所有的唯象学模型中，Kozlov 模型与测量的二元和三元合金等温黏度总体吻合最好。这个模型也适用于包含类似元素的体系。对于倾向于分层的体系，Kaptay 模型的效果最好，对于具有强相互吸引作用的 Al 基合金，Brillo/Schick 模型是最佳选择。本书所研究的大多数体系在黏度方面表现出理想的混合行为。

5.1 公式和模型

5.1.1 基本概念

剪切黏度测量的是液体对剪切流动的阻力。它通常与流体的“厚度”有关。如果一小部分液体被限制在两个面积为 A 的相互平行的平板之间，并且如果一个力 F_x 在平行方向 x 上作用于其中一个平板，平板将以速度 v_x 向该方向移动。由于液体的内摩擦，沿垂直方向 y 产生一个速度梯度 $\nabla_y v_x$，如图 5.1 所示。F_x 和 A 的比值为应力 σ_x，它与 $\nabla_y v_{x,y}$ 成正比。两者之间的系数 η 定义为剪切黏度[166]：

$$\sigma_{x,y} = \eta \cdot \nabla_y v_x \tag{5.1}$$

式(5.1)乘以密度 ρ 得到 $\rho \nabla_y v_x$，可用来定义动量梯度。将式(5.1)与连续性方程 $\rho \dot{v}_x = \nabla_y \sigma_x$ 结合，可得动量传输的扩散方程[166]：

$$\rho \frac{\partial v_x}{\partial t} = (\rho^{-1} \eta) \nabla_y^2 (v_x \rho) \tag{5.2}$$

相应的传输系数为 $\rho^{-1}\eta$。

在平衡状态下，速度热波动发生局部变化，导致 $\nabla_y v_x$ 的波动。根据式(5.1)，也会引起 $\sigma_{x,y}$ 的波动。Green－Kubo 表达式[166,244]将黏度与 $\sigma_{x,y}$ 的自相关函数联系起来，记为 $\langle\sigma_{x,y}(0)\sigma_{x,y}(\tau)\rangle$：

$$\eta = \frac{1}{Vk_B T}\int_0^\infty \langle\sigma_{x,y}(0)\sigma_{x,y}(\tau)\rangle \mathrm{d}\tau \tag{5.3}$$

此外，如果相互作用势已知，$\sigma_{x,y}$ 可以用单个原子的速度和位置表示[166]。这可以用在分子动力学(MD)模拟计算 η 的值[245]。

由 Born 和 Green 较早地导出了另一种黏度表达式，其中涉及径向对分布函数 $g(r)$ 和对势 $\varphi(r)$[246]：

$$\eta = \frac{2\pi}{15}\sqrt{\frac{\rho}{k_B T}}\int_0^\infty \mathrm{d}r r^4 \frac{\partial\varphi(r)}{\partial r} g(r) \tag{5.4}$$

只要 $g(r)$ 和 $\varphi(r)$ 已知，则该方程可作为黏度的较好近似。

由式(5.3)和式(5.4)可知，黏度主要由短程有序和原子相互作用决定。与摩尔体积和表面张力相比，没有热力学定义的黏度 η 却可以通过对其中一个热力学势进行微分来表示。这使得黏度的热力学处理变得特别困难。

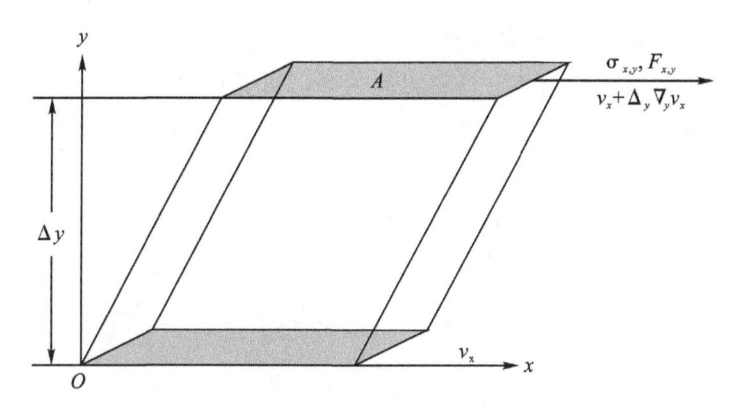

图 5.1 两个面积为 A 的平行板之间的单元体积剪切熔体。在 x 方向上向其中一个板施加应力 $\sigma_{x,y}$ 会在垂直方向 y 上产生速度 v_x 的梯度，即 $\nabla_y v_x$

5.1.2 与温度的关系

根据式(5.2)，黏度可以解释为垂直于剪切面的动量扩散系数。在 Eyring[34] 提出的概念中，这种传输被假定为原子以一定速率 k 进行交换来完成的。

在平衡和无外力剪切状态时，$k(T)=k_0\exp(-W/k_BT)$，其中 W 是能量势垒，k_0对应于尝试频率的指前因子。在此条件下，向前和向后跳跃之间的差 Δk 等于零。

在施加一个外部应力时，能量势垒 W 因一个额外的量 ΔW 而发生改变。Δk 的一阶近似可以用下式表示：

$$\Delta k \approx k(T)\frac{\Delta W}{k_B T} \tag{5.5}$$

让$\nabla_y v_x=\Delta k$，并把$\partial\Delta W/\partial y$ 表示为$\sigma_{x,y}$，从而得到所研究粒子密度 $\hat{\rho}$ 的黏度表达式：

$$\eta = \hat{\rho}\frac{k_B T}{k_0}\exp(\frac{\Delta W}{k_B T}) \tag{5.6}$$

显然，这个关系具有一般形式：

$$\eta \propto T\exp(\frac{E_A}{RT}) \tag{5.7}$$

式中，E_A为活化能；$R=8.314$ J/K 为摩尔气体常数。

作为式(5.7)的替代，人们还提出了另一个 $\eta(T)$关系[70]：

$$\eta \propto \frac{1}{T}\exp(\frac{E_A}{RT}) \tag{5.8}$$

虽然式(5.7)和式(5.8)似乎相互矛盾，但这两种关系都有其特定的应用领域[70]。实际上，黏度存在着 $\eta-T$ 的完整关系。可惜的是，这些关系之间并不一致。在文献[70]中，Chapman 列出了 17 种不同形式的 $\eta(T)$。在其中的一些表达式中，η 仅仅通过幂律与 T 相关：$\eta \propto T^n$，其中 $n\in\mathcal{R}$ 是一个指数。

最常见的是，黏度用 Arrhenius 定律来表示，具有一个指前因子 η_∞。η 与温度的关系如下：

$$\eta(T) = \eta_\infty\exp(\frac{E_A}{RT}) \tag{5.9}$$

因此，指前因子对应于 $T\to\infty$的极限黏度。

Arrhenius 定律的一个最大优点是，绘制 η 的自然对数与温度倒数的关系时可以得到一条斜率为 E_A/R 的直线。另外，纵轴上的截距对应于 $\ln(\eta_\infty)$。本文采用 Arrhenius 定律是为了采用 E_A和 η_∞来重现实验测量的黏度数据。

黏度的另一个重要关系是 Vogel - Fulcher - Tammann (VFT)定律[166]：

$$\eta(T) = \eta_\infty\exp(\frac{B}{T-T_0}) \tag{5.10}$$

式中，B 为活化能；T_0为与玻璃化转变温度 T_g 有关的温度(理想玻璃转变温度)。

式(5.10)主要针对那些在宽温度范围内与 Arrhenian 行为有明显偏差的非晶形成合金的黏度 $\eta(T)$ 的描述。

根据模态耦合理论(mode - coupling theory, MCT)[247]，动态冻结发生在某一临界温度 T_{Fr}①以上。所有动态过程与温度的关系都遵循同样的规律。因此，黏度的倒数服从以下关系，式中 γ_{MCT} 是一个临界指数：

$$\eta^{-1} \propto D \propto \left(1-\frac{T}{T_{Fr}}\right)^{\gamma_{MCT}} \tag{5.11}$$

从式(5.11)的结果来看，在温度接近 T_{Fr} 时，黏度与扩散系数 D 的乘积会变为常数。

5.1.3　与成分的关系

尽管存在黏度没有热力学定义也没有与温度关系的统一描述的问题，但有很多模型将黏度参数 η 和 E_A 与热力学混合焓 ΔH 或过剩自由能 ^EG 联系起来[248]。其中一些模型的简单介绍见文献[249]。

本书工作考虑以下模型：Moelwyn/Hughes 模型[250]、Kozlov/Romanov/Petrov 模型[251]、Hirai 模型[252]，以及 Seetharaman/Du Sichen 模型[253]和 Kaptay 模型[254]。为了简洁起见，Kozlov/Romanov/Petrov 模型简称为“Kozlov 模型”。同样，将 Seetharaman/Du Sichen 的模型称为“Seetharaman 模型”。

最近，Brillo 和 Schick[87]提出了一种新的液态 Al - Cu 二元合金模型。这个模型也将被讨论。在下文中，它被称为“Brillo/Schick 模型”。

在每个模型中，黏度都是与合金成分有关的。在 Moelwyn/Hughes 模型[250]中，黏度 η 是温度和成分的函数，表达式如下：

$$\eta = (x_A\eta_A + x_B\eta_B)\left(1-2\frac{\Delta H}{RT}\right) \tag{5.12}$$

式中，η_i 为纯元素 $i(i=\mathrm{A},\mathrm{B})$ 的黏度；x_i 为相应的摩尔分数；T 为绝对温度；R 为气体常数。

式(5.12)仅适用于二元体系。文献[248]详细描述了它在 Cu - Fe - Ni 三元体系中的应用。同理，式(5.12)也适用于 Co - Cu - Ni。

式(5.12)预测的 η 和线性关系($x_A\eta_A+x_B\eta_B$)之间的偏差与混合焓有关。根据体系的不同，这种偏差可能是正值，也可能是负值。

在所讨论的模型中，Kozlov 模型[251]是唯一严格从物理原理推导出来的模型。

① 在模态耦合理论中，T_{Fr} 表示为“T_C”。为了不将其与临界点的温度相混淆，本书中使用了不同的符号。

他们[251]用原子振动频率项表示自由能，将黏度与 ΔH 联系起来。对于含有 N 个组元的合金，$i=1\cdots N$，得到下式：

$$\ln(\eta) = \sum_{i=1}^{N} x_i I(\eta_i) - \frac{\Delta H}{3RT} \tag{5.13}$$

Hirai 模型[252]以半经验的方式将活化能 E_A 与液相线温度 T_L 联系起来，得到如下表达式：

$$\eta = 1.7 \cdot 10^{-7} \frac{\rho^{2/3} {T_L}^{1/2}}{M^{1/6}} \exp\left[\frac{2.65 {T_L}^{1.27}}{R}\left(\frac{1}{T} - \frac{1}{T_L}\right)\right] \tag{5.14}$$

式中，ρ 为密度；M 为合金的摩尔质量。分段 Hirai 模型是为预测液态纯元素的黏度而建立起来的。在这里，它同样适用于液态合金。如果可以忽略过剩体积，该模型的其他参数很容易获得。这一点可被视为该模型的一个优势[248]。

Seetharaman 模型[253]将 E_A 与 ^EG 联系起来。该模型只适用于二元体系。然而，在原文中作者还给出了三元体系的半经验表达式[253]：

$$\eta = \frac{hN_A}{V} \exp\left(\frac{\sum_i^3 x_i G_i^* + 3RT \sum_{i<j}^3 x_i x_j + RT \sum_i^3 x_i \ln(x_i) + {}^EG}{RT}\right) \tag{5.15}$$

式中，$h=6.626\times10^{34}$ J·s，为普朗克常数；$N_A=6.022\times10^{23}$ mol^{-1}，为阿伏伽德罗数；V 为摩尔体积。G_i^* 是纯组分 i 的黏性流动的活化吉布斯能，用纯组分 i 的摩尔体积 V_i 来定义：

$$G_i^* = RT\ln\left(\frac{\eta_i V_i}{hN_A}\right) \tag{5.16}$$

Kaptay[249]改进了 Seetharaman 模型，将活化能 E_A 与混合焓 ΔH 联系起来，这是通过引入半经验参数 $\phi=0.155$ 来实现的。如文献[249]中所述，可根据纯金属的性质估算出 ϕ：

$$\eta = \frac{hN_A}{V} \exp\left(\frac{\sum_i x_i G_i^* + \phi \cdot \Delta H}{RT}\right) \tag{5.17}$$

Kaptay 模型通过将剪切平面描述为液体界面以及通过求解理想溶液 Butler 方程获得的液体界面单个成分而得到了进一步发展。这个模型称为 Budai/Kaptay 模型[249]。虽然有迹象表明该模型是成功的，但在本书中不作详细讨论。

Brillo/Schick 模型[87]的主要假设是，如果原子之间的相互作用更偏向吸引力，E_A 通常更大。此外，还假定 $\eta(T)$ 遵循 Arrhenius 行为。因此，合金中黏性流动的活化能 E_A 为

$$E_A = \sum_i x_i E_{A,i} - \Delta H + RT \sum_i x_i \ln(x_i) \tag{5.18}$$

式中，$E_{A,i}$是液态纯组元的活化能。该式的最后一项提到了混合熵，它被假定为理想混合的。因此，在 Brillo/Schick 模型中，活化能随温度变化而变化[87]，对指前因子 η_∞有明显的影响，其表达式为

$$\ln(\eta) = \sum_{i=1}^{N} x_i \ln(\eta_i) \tag{5.19}$$

为了评估其中一些表达式，需要混合焓 ΔH 和过剩自由能^EG。混合焓 ΔH 通过 $\Delta H = {}^EG + T \cdot {}^ES$ 与^EG 相关，^ES 为过剩熵。当^EG 已知时，ΔH 可以通过 $\Delta H = {}^EG - T(\partial {}^EG/\partial T)$得到。从附录表 B. 4－B. 14 可以看到，在大多数体系中^EG与温度呈线性关系。在这些体系中，ΔH 可以很容易地从^EG 中得到，只需忽略与温度相关的项即可。

5.2 单组元系统

本节主要讨论了纯元素的黏度。图 5.2 显示了元素周期表中与本书内容相关的部分，这些元素的黏度是在本书工作中确定的。这些元素有 Al、Si 和 Cu，以及过渡金属 Ni、Co 和 Fe。

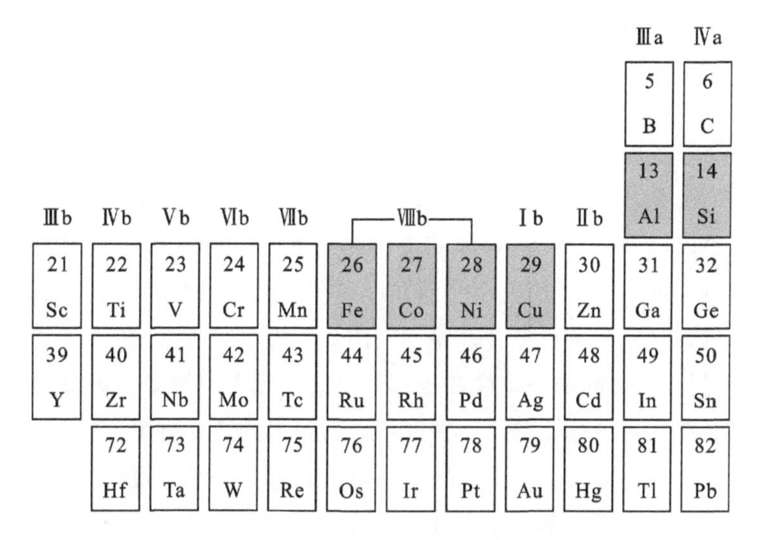

图 5.2 元素周期表中与本书内容相关的部分。图中高亮元素的黏度是本书测量和讨论的主要对象

黏度测量结果如图 5.3—5.7 所示，并总结在表 5.2—5.7 中。在图和表中，将测量结果与文献中的推荐和测量结果进行了比较。它们标注了缩写字母，用于指代确定它们的方法。这些缩写字母在表 5.1 中有定义。R 表示“推荐”，所列值来

自于文献综述。目前工作的结果也在某方面做出了贡献。所列出的数据并不是严格独立的。此外,缩写 HOC 意为“高温振荡杯(坩埚)法”,指定了德国宇航中心的黏度计;缩写 OCN 指定了位于英国特丁顿 NPL(英国国家物理实验室)的振荡杯黏度计,并在那里进行一些测量。

表 5.1 本章表格用到的黏度测试方法名称及对应缩写。缩写 HOC 和 OCN 分别指使用 DLR 或 NPL 的振荡杯黏度计获得相应的数据

缩写	方法
R	文献综述推荐
OC	振荡杯法
HOC	高温振荡杯法(DLR)
OCN	振荡杯法(NPL)

5.2.1 Al 和 Si

测量获得的 Al[158] 和 Si[158] 的黏度数据 $\eta(T)$ 随温度变化的曲线如图 5.3 所示。显然,黏度衰减遵循指数定律,可以用式(5.9)的 Arrhenius 定律来表征。如图中实线所示。得到的参数 η_∞ 和 E_A 分别列于表 5.2(Al)和表 5.3 (Si)中。显然,它们是很相似的。将表里所列数据与文献中相应的结果进行比较。

将本书工作中 Al 的数据与 Assael[63]、Mills[12] 和 Shiraishi[11] 的结果进行了比较,后者的结果与 Iida 和 Guthrie 报告的结果一致[13]。同时也比较了 Kehr[86] 报道的结果,它们是用与本书所使用相同的黏度计测量而得到的。对于文献数据,也用 Arrhenius 定律式(5.9)进行拟合并绘制在图 5.3 中。

显然,不同曲线之间的一致性在±20%以内。最大的偏差是 Mills[12] 计算的结果。不同数据集之间的总体偏差比密度和表面张力的情况更糟。这主要是基于容器的振荡坩埚技术的性质所导致。熔体与坩埚之间的化学反应可能有效地改变剪切体积。自由液体表面的氧化会引起弯月面,这也改变了液体的有效剪切体积。同样重要的是,必须准确地知道坩埚的直径。其与实际值的微小偏差会导致测量数据的较大系统误差。

对液态 Si 来说,可用的文献数据数量是更加有限的。表 5.3 列出了 Assael[92] 的实验结果,并绘制在图 5.3 中。虽然文献[92]中参数 η_∞ 和 E_A 与本研究的结果有较大差异,如表 5.3 所示,但在实验覆盖的温度区间 1600～1900 K 之间,这两条曲线仍然吻合(图 5.3)。

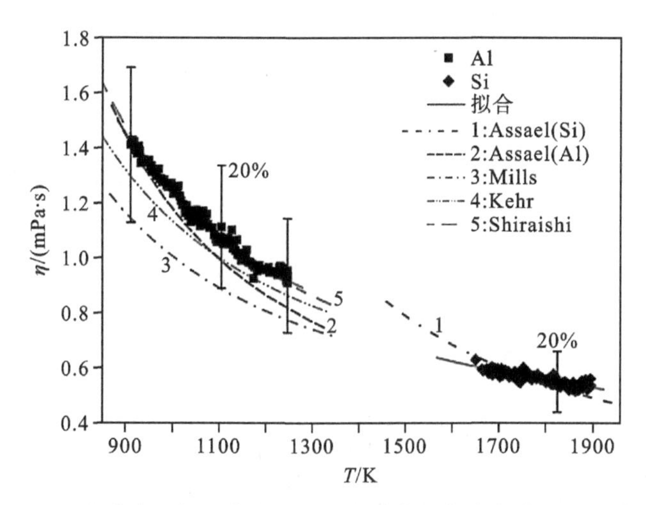

图 5.3　Al(■)和 Si(◆)的黏度 η 与温度的关系。实验数据与文献结果进行对比:标号 1 对应 Assael 推荐的 Si 数据[92],标号 2 对应 Assael 推荐的 Al 数据[63],标号 3 对应 Mills 的 Al 数据[12],标号 4 对应 Kehr 使用相同的黏度计(HOC)测量的数据[86],标号 5 对应 Shiraishi、Iida 和 Guthrie 推荐的 Al 数据[11,13]

表 5.2　本书中测量的液态纯 Al 黏度参数 η_∞ 和 E_A(粗体字)[158]。将数据与文献中的数据进行比较,使用的实验方法在第三栏中

η_∞/(mPa·s)	E_A/(10^4J·mol^{-1})	方法	文献
0.281±0.02	**1.23±0.08**	**HOC**	**[158]**
0.268	1.10	R	[12]
0.185	1.54	R	[63]
0.288	1.14	HOC	[86]
0.257	1.31	R	[11,13]

表 5.3　本书中测得的液态纯 Si 的黏度参数 η_∞ 和 E_A(粗体字)[158]。将数据与文献中的数据进行比较,使用的实验方法在第三栏中

η_∞/(mPa·s)	E_A/(10^4J·mol^{-1})	方法	文献
0.214±0.02	**1.43±0.1**	**HOC**	**[158]**
0.082	2.831	R	[92]

5.2.2　Cu

对于液态Cu建立了两组数据：一组是由英国国家物理实验室(NPL)的黏度计获得的[248]，另一组是由德国宇航中心(DLR)的黏度计获得的[158]。结果如图5.4所示。同样，η可以由式(5.9)拟合，得到的拟合参数以及其他文献中相应的结果见表5.4。这些文献数据包括Assael[93]、Mills[12]和Shiraishi[11]的数据。

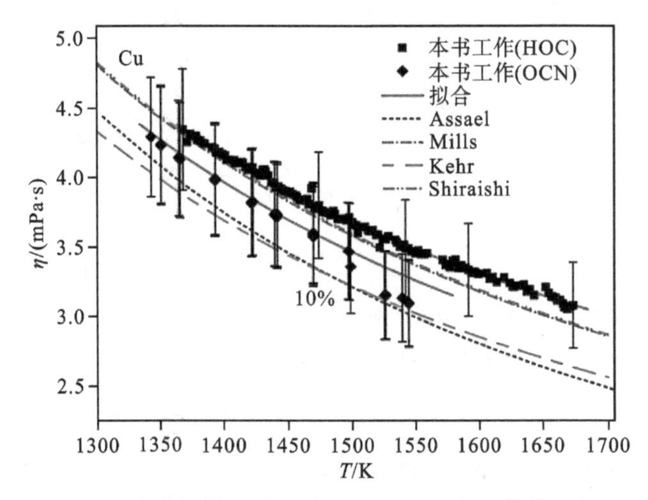

图5.4　在英国国家物理实验室使用黏度计(OCN)测量的(◆)[248]和在DLR使用黏度计(HOC)(■)[158]测量的Cu的黏度η与温度的关系。这里把实验数据与Assael[93]、Mills[12]、Shiraishi[11]和Kehr[86]的预测结果一起进行对比

表5.4　本书中测量的液态纯Cu的黏度参数η_∞和E_A(粗体字)[158,248]。将数据与文献中的数据进行比较，使用的实验方法在第三栏中

η_∞/(mPa·s)	E_A/(10^4 J·mol^{-1})	方法	文献
0.522±0.05	**2.36±0.1**	**OCN**	**[248]**
0.657±0.04	**2.15±0.1**	**HOC**	**[158]**
0.378	2.67	R	[93]
0.466	2.41	HOC	[86]
0.529	2.39	R	[11]
0.527	2.39	R	[12]

最后两篇文献数据是完全相同的。然而，Mills[12]使用了一种不同于式(5.9)

的表达式。表5.4中两个η_∞数据之间的微小偏差源于数据转换时的舍入误差。最后,还展示了Kehr[86]测量的数据。这些测量是在同一台高温振荡杯(HOC)中进行的。

如图5.4所示,所有数据的误差都在±10%的范围内。上限由Mills[12]和Shiraishi[11]的结果以及在德国宇航中心(HOC)测量的本书工作[158]的数据给出。这些误差在±5%以内。下限由Kehr[86]和Assael[93]的数据确定。然而,后两条曲线并不是相互独立的。事实上,文献[93]中考虑了Kehr的数据,并对最终结果做出了重大贡献。因为在文献[93]中,单个数据集通过数据点的数量进行了加权。用DLR黏度计采集了连续的$\eta(T)$曲线,因此实验点的数量要比文献[93]中考虑的其他数据组多得多。在英国国家物理实验室[248]测得的数据正好位于数据集的中间。除了在$T \approx 1520$ K位置有一个小的断裂,对应于CuO_2的分解[154],其他数据点很好地遵循了Arrhenius定律。

5.2.3 Ni、Co和Fe

测量获得的过渡金属Ni、Co和Fe的黏度随温度T的变化曲线,如图5.5—5.7所示。由式(5.9)的Arrhenius定律得到的相应参数η_∞和E_A列在表5.5—5.7中。

对于液态Ni,表5.5中讨论了来自以下文献的数据:Assael[94]和Mills[12]的综述,以及Kehr使用DLR黏度计测量的数据[86]。Mills[12]的结果与Andon[255]在英国国家物理实验室(OCN)的黏度计中获得的结果一致。相应的表示式(5.9)也如图5.5所示。

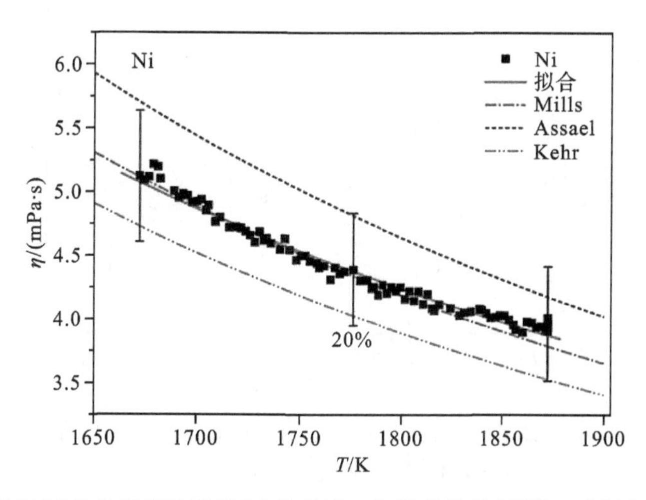

图5.5 采用DLR的黏度计测量Ni的黏度η与温度的关系[160]。这里把实验数据和Assael[94]和Mills[12]的预测结果进行对比

所有曲线在±20%的范围内一致。Assael[94]综述里的黏度值是该数据集的上限，Kehr[86]的数据是下限。

表 5.5　本书中测量的液态纯 Ni 黏度参数 η_∞ 和 E_A（粗体字）[160]，将数据与文献中的数据进行比较，使用的实验方法在第三栏中

η_∞/(mPa·s)	E_A/(10^4J·mol^{-1})	方法	文献
0.413±0.02	**3.487±0.1**	**HOC**	**[160]**
0.313	3.884	R,OCN	[12,255]
0.313	4.036	R	[94]
0.31	3.789	HOC	[86]

本书工作[160]得到的数据，如图 5.5 的符号所示，几乎位于数据集的中间部位。在±5%的范围内，它与 Mills 的结果一致[12]。对于 Kehr 的数据，证明了即使在同一台机器中得到的结果，彼此之间的偏差也可达±20%。

对于液态 Co，参考 Assael[92]和 Mills[12]推荐的数据。与本书工作实测结果的对比如图 5.6 所示，相关的参数 η_∞ 和 E_A 列于表 5.6。如图 5.6 所示，与 Mills[12]的结果比较吻合，两者之间的总偏差仅在±5%以内。Assael[94]的结果偏差稍大一些。所有曲线的偏差都在±20%以内。

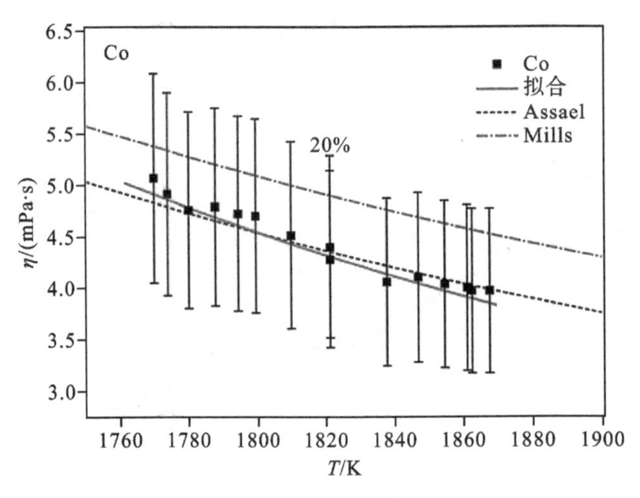

图 5.6　采用德国宇航中心的 HOC 黏度计测量的 Co 的黏度 η 与温度的关系[256]，并与 Assael[92]和 Mills[12]的预测结果进行对比

表 5.6　本书中测量的液态纯 Co 的黏度参数 η_∞ 和 E_A(粗体字)[256]，并将实验数据与其他文献中的数据进行比较，使用的实验方法在第三栏中

η_∞/(mPa·s)	E_A/(10^4 J·mol^{-1})	方法	文献
0.048	**6.81**	**HOC**	**[256]**
0.125	5.377	R	[92]
0.204	4.813	R	[12]

最后，结合文献中的黏度数据，即 Assael[63]、Mills[12] 和 Shiraishi[11] 所给的值，在图 5.7 中讨论了液态铁的黏度结果(表 5.7)。Mills[12] 的数据与 Iida 和 Guthrie[13] 的数据一致。此外，也给出了 Kehr[86] 测量的数据。

同样，所有数据误差集中在±20%的范围内，而上限是 Shiraishi[11] 的数据，下限是 Kehr[86] 的数据。本书工作测得的数据[160] 处于这些极限数据的中间位置，与 Assael[63] 和 Mills[12] 的数据相差了大约为 5%。

在三种过渡金属 Ni、Co、Fe 中，当 $T<1850$ K 时，Fe 的黏度最大，Co 和 Ni 次之；当 $T>1850$ K 时，$\eta_{Co}>\eta_{Ni}$。

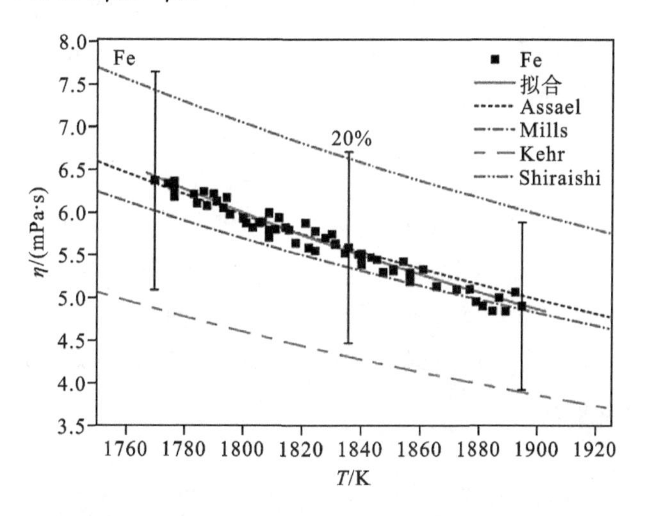

图 5.7　采用德国宇航中心的 HOC 黏度计测量的 Fe 的黏度 η 与温度的关系(■)[256]，并与 Assael[63]、Mills[12]、Shiraishi[11] 和 Kehr[86] 的预测结果进行对比

表 5.7 本书中测量的液态纯 Fe 的黏度参数 η_∞ 和 E_A（粗体字）[160]，并将数据与文献中的数据进行比较，使用的实验方法在第三栏中

η_∞/(mPa·s)	E_A/(10^4J·mol^{-1})	方法	文献
0.114±0.02	**5.93±0.1**	**HOC**	**[160]**
0.24	4.74	R	[12,13]
0.19	5.16	R	[63]
0.162	5.01	HOC	[86]
0.315	4.65	R	[11]

5.2.4 小结

对于每种元素来说，黏度参数 η_∞ 和 E_A 及其对应的液相线温度 T_L 如表 5.8 所示。此外，表中列出了对应于液相线温度 T_L 下的 η 值，即 $\eta_L := \eta(T_L)$，表现出熔点越高黏度越大的大致趋势。唯一的例外是液态 Si，与 Al 和 Cu 相比，它具有较高的液相线温度（T_L=1687 K），其黏度相对较小（η_L=0.59 mPa·s）。

如式(5.14)所示的 Hirai 公式，描述了 η_L 和材料参数如液相线温度（T_L）、液相密度（ρ_L）和摩尔质量（M）之间的关系：

$$\eta_L = 1.7 \times 10^{-7} \frac{\rho_L^{2/3} T_L^{1/2}}{M^{1/6}} \tag{5.20}$$

式(5.20)在图 5.8 中得到验证，绘制出了 η_L 和式(5.20)右边部分的关系曲线。显然，式(5.20)能够匹配液态金属，因为 η_L 在±20%的误差棒内围绕着式(5.20)呈散射状。后者如图 5.8 中的实线所示。同样地，液态 Si 是这个规律的唯一例外，η_L 的值被高估了 100%以上。通过式(5.14)的 Hirai 定律还可以推导出黏性流动活化能（$E_{A,\mathrm{Hirai}}$）的表达式：

$$E_{A,\mathrm{Hirai}} = 2.65 T_L^{1.27}\ \mathrm{J \cdot mol^{-1}} \tag{5.21}$$

如图 5.8 中的小插图所示，这为 Al、Cu 和 Ni 的活化能提供了一个很好的预估值。然而，也有一些偏差：相比原始值，Si 的活化能被高估了 100%以上，Fe 和 Co 的活化能被低估了 50%。

表 5.8 各元素的 T_L、η_∞ 和 E_A 参数，以及由 $T = T_L$ 代入式(5.9)计算得出的 η_L 值，有些数据被测量过多次

元素	T_L/K	η_∞/(mPa·s)	E_A/(10^4J·mol^{-1})	η_L/(mPa·s)	文献
Al	933	0.281	1.23	1.372	[158]
Si	1687	0.214	1.43	0.593	[158]
Cu	1358	0.522	2.36	4.221	[248]
Cu	1358	0.657	2.15	4.411	[158]
Ni	1727	0.413	3.49	4.694	[160]
Co	1768	0.048	6.81	4.935	[256]
Fe	1818	0.114	5.93	5.765	[160]

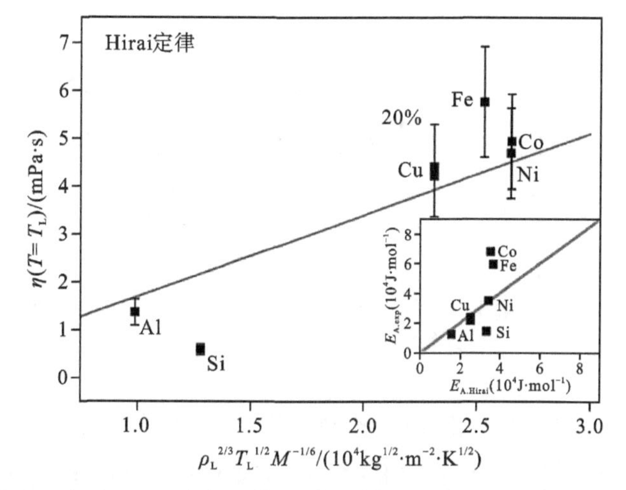

图 5.8 黏度 η_L 与式(5.20)右侧 $\rho_L^{2/3}T_L^{1/2}M^{-1/6}$ 项的关系(■)。图中的实线对应于式(5.20)的计算结果，小插图显示了由式(5.21)计算得出的活化能 $E_{A,exp}$ 与活化能 $E_{A,\text{Hirai}}$ 的测量值

另一方面，测试 E_A 是否与标准态自由能($G_i^0(T)$)有关是一个很吸引人的想法。它基于以下假设：剪切流与最近邻键的永久性断裂有关[87]，并且如果原子间的相互作用吸引力够大，黏性流的活化能通常更大。实际上，$G_i^0(T)$ 由一个几乎与温度无关的部分(H_i^0)和一个与温度呈线性相关的部分($-TS_i^0(T)=T\partial G_i^0/\partial T$)组成。后一部分只对 η_∞ 有贡献，因此在计算活化能时可以忽略不计。

图 5.9 为 E_A 与 H_i^0 的关系曲线图。对于液态金属来说，E_A 和 H_i^0 之间确实存在

单调的关系。这种关系可以用一个二次多项式表示(图 5.9 中的虚线)。然而,最简单的关系是线性的,$E_A = \alpha_{vis} H_i^0$,这里 α_{vis}是一个系数。通过对除 Si 以外的纯金属的数据进行拟合,得出 α_{vis}的值为 $0.721 \approx \sqrt{0.5}$ 。因此:

$$E_A \approx \sqrt{0.5} H_i^0 \tag{5.22}$$

从表 5.8、图 5.8 和图 5.9 明显可以看出,液态 Si 并不符合其他元素的变化趋势。对于液态 Si 来说,η_L不能用 Hirai 定律式(5.20)来描述,其活化能与 H_i^0的关系也不能用式(5.22)来描述。显然,这与 T_L和 H_i^0的值显著增大有关。

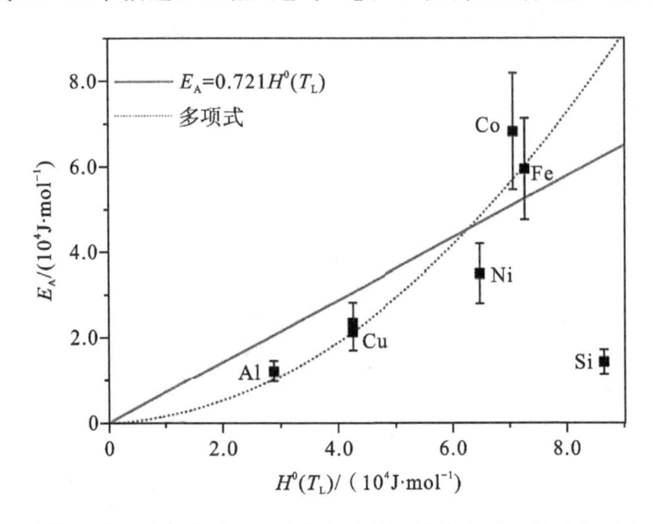

图 5.9　液态纯元素的活化能 E_A与标准生成焓 H_i^0的关系。实验数据与二阶多项式拟合(虚线)和线性拟合(实线)结果进行对比

与其他最近邻配位数约为 12 的金属元素相比,Si 在固态时是半导体,在液态时的配位数约等于 5[257]。此外,共价键与金属键共存使其原子间相互作用的性质与不存在共价键的纯金属大不相同。因此,Si 在黏度方面与其他金属元素有着明显差异。

5.3　二组元和三组元系统

对表 5.9 所示的二元和三元体系的黏度进行了系统测量。这些体系分别是 Al - Cu[87]、Ag - Al - Cu[157]、Co - Sn[256],以及 Cr - Fe - Ni [160]、Cu - Fe - Ni [248]、Co - Cu - Ni[159]和 Al - Cu - Si[158]。

本书没有测量 Fe - Ni 二元体系的数据,而是在文献[160]中讨论了 Sato[258]的结果。讨论的结果将展示在本节中的表 5.9—5.12 中，因为该讨论结果是下面得出结论的有力支撑。

下面以 Al－Cu[87] 为例进行了详细讨论：图 5.10 为该体系在 1500 K 时的等温黏度与 x_{Cu} 的关系曲线。在 1500 K 时，体系的黏度范围为 0.73(液态纯 Al)～5.1 mPa・s。后一个值对应于液态 $Al_{40}Cu_{60}$ 的黏度，略大于纯 Cu 的黏度，即大于 3.5 mPa・s。因此，在图 5.10 所示的曲线中的 $Al_{40}Cu_{60}$ 成分附近出现最大值。

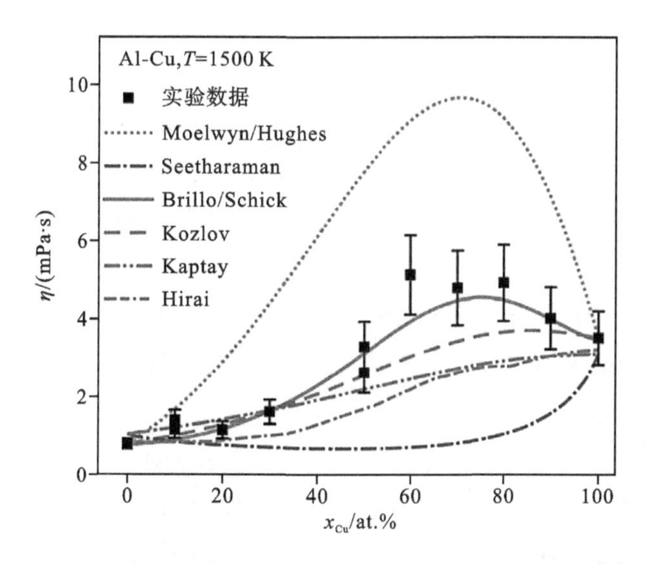

图 5.10　在 T＝1500 K 时测量的 Al－Cu 的黏度与 x_{Cu} 的关系[87]。此外，Moelwyn/Hughes、Seetharaman、Brillo/Schick、Kozlov、Kaptay 和 Hirai 模型的计算结果也显示在图中

为了解释这一特征，人们可能会将固体中这一特定成分周围存在的几种金属间相确定为潜在原因[87,154]。同样地，在 Al－Ni[86]、Bi－In[259]、In－Sn[259] 和三元 Ag－Al－Cu 合金[157] 中也出现了等温黏度的最大值。所有这些体系在接近单个黏度最大值位置的成分处都表现出金属间相。对于 Al－Ni 合金的某些成分来说，液体中化学短程有序增强是黏度增加的原因[163,260-261]。

然而，金属间相是体系中特别明显的相互吸引力作用的表现。从热力学上讲，后者与负的过剩自由能有关。后文中会发现，为了解释观察到的最大值，不一定需要考虑金属间相。

结合实验数据，图 5.10 还给出了 Moelwyn/Hughes、Seetharaman、Brillo/

Schick、Kozlov、Kaptay 和 Hirai 模型的计算结果。显然，Moelwyn/Hughes 模型和 Seetharaman 模型不能正确预测黏度：虽然 Moelwyn/Hughes 模型能准确地预测最大值的位置，但它对 η 的绝对值高估超过 2 倍。通过 Seetharaman 模型计算的黏度曲线显示出最小值，而不是最大值。此外，它预测的黏度比实际黏度小 6 倍。

通过 Hirai 模型绘制的黏度曲线形状与实验曲线相似，但没有明显的最大值，仍将数据低估了 2 倍。

Kaptay 模型的一致性稍好一些。对于 $x_{Cu}<60$ at. %，其与实验数据的偏差仅在±20%以内。

Kozlov 模型的计算结果与实验数据的一致性相当好，在 $x_{Cu}\leqslant 60$ at. %和$x_{Cu}\geqslant$ 90 at. %时，其与实验数据的偏差在±20%以内。

式(5.18)和(5.19)的 Brillo/Schick 模型与实验的一致性最好。从定性和定量的角度来看，它能够准确地再现图 5.10 中的实验数据[87]。

正如文献[87]所讨论的，Brillo/Schick 模型也准确地预测了活化能 E_A。如图 5.11 所示，将实验确定的 E_A值与式(5.18)计算的值进行比较，一致性再次得到验证。对 η_∞ 也是如此，如图 5.11 中的小插图所示。

值得注意的是，Brillo/Schick 模型(以及 Kozlov 模型)并没有明确地考虑熔体中化合物的形成。原则上，ΔH 可以有任何数学形式。因此，它也可以通过一个包含化合物形成的模型来计算。然而，在式(5.18)中，ΔH 由亚规则溶液模型近似计算[242]①。显然，这对于描述实验的数据是足够的。对于 Al - Cu 的表面张力[69]来说(第 4 章)，则不需要使用化合物形成模型。

类似于 Al - Cu 二元体系，Ag - Al - Cu 三元体系也得到了同样的结果。对于该体系，黏度是沿着 Ag 浓度保持恒定在 10 at. %，而 Cu 的摩尔分数 x_{Cu}在 0 到 90 at. %之间变化的截面测量的[157]。

$T=1223$ K 时等温黏度结果如图 5.12 所示。很明显，黏度变化呈现出相同的总体特征，即黏度随 x_{Cu}的增加而单调增加，从 0.9 mPa · s(对应 $Ag_{10}Al_{90}$ 的黏度)增加到约 5.8 mPa · s，对应于 $Ag_{10}Al_{30}Cu_{60}$ 的黏度。与 Al - Cu 二元体系一样，η 在 $x_{Cu}=60$ at. %时达到最大值，然后略微下降至 4.7 mPa · s，对应于 $Ag_{10}Cu_{90}$ 的黏度。

① 采用附录表 B.3 所列的系数计算。

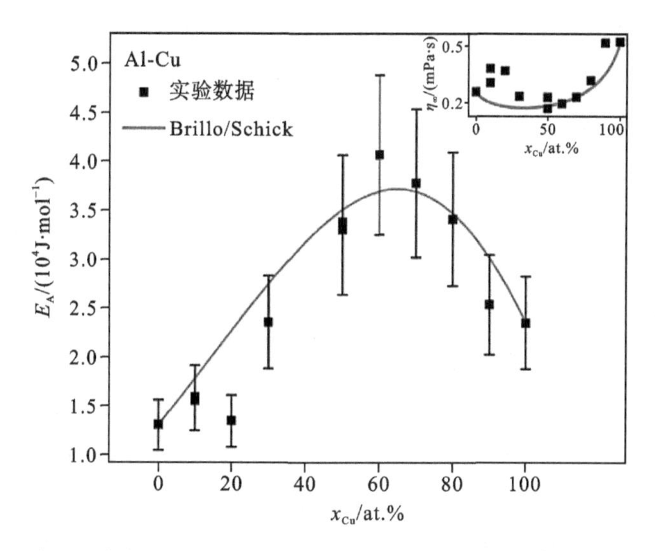

图 5.11　实验确定的液态 Al－Cu 的活化能 E_A 与 x_{Cu}的关系。实验数据与 Brillo/Schick 模型的计算结果比较。插图显示了指前因子 η_∞ 的比较

图 5.12 将实验数据与不同模型计算结果进行对比。显然，Kozlov 模型与实验数据的一致性最好，可以很好地再现实验数据。对于 Brillo/Schick 模型也获得了几乎同样好的一致性，而且准确预测了 x_{Cu}＜ 60 at. %时 η 的最大值。然而，η 在最大值右侧的减小趋势略强于实验结果，使得 $Ag_{10}Cu_{90}$ 的黏度被低估了 20%以上。其他模型预测结果的一致性要差些。

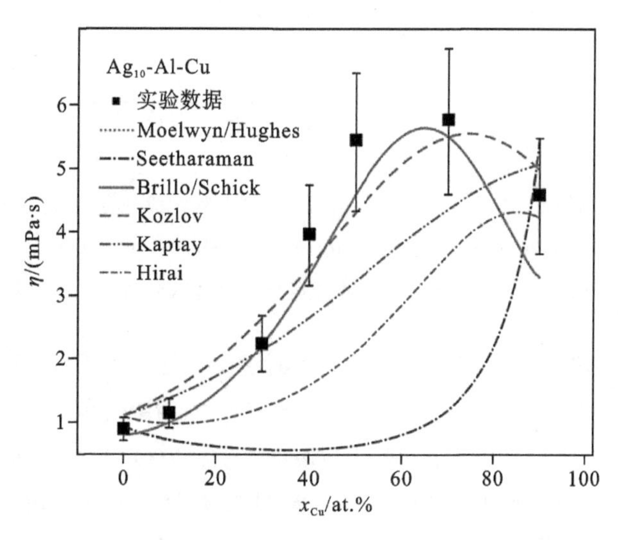

图 5.12　在 T=1223 K 时测量的 Ag_{10}－Al－Cu 黏度与 x_{Cu} 的关系。此外，还给出了 Seetharaman、Brillo/Schick、Kozlov、Kaptay 和 Hirai 模型的计算结果

如前所述,偏晶系 Cu-Fe-Ni 不同于 Al-Cu 和 Al-Cu-Ag。特别是它在 $T<T_L$时表现出一个正的过剩自由能和分解的趋势。为了探讨这是否对黏度有任何影响的问题,在 1873 K 时沿 $Cu_xFe_{0.6(1-x)}Ni_{0.4(1-x)}$,$0\leqslant x\leqslant 1$ 的截面测量了不同 Cu 摩尔分数 x_{Cu}的 η 值,并绘制在图 5.13 中。

显然,随着 x_{Cu}的增加,实验数据近似线性地大约从 4.5 mPa·s 减小至 2.9 mPa·s。该曲线呈凹形,黏度随 x_{Cu}的变化无最大值。

对于这个体系,Kaptay 模型提供了最好的数据描述[248]。尽管有些简单,但 Hirai 模型提供了第二好的描述。然而,在 $x_{Cu}<30$ at.%时 Hirai 模型稍微低于实验数据。尽管在 $x_{Cu}<30$ at.%时黏度测试结果被模型预测高估<20%,但与 Kozlov 模型的一致性也很好。与前面两个模型相比,Brillo/Schick 模型不能准确描述数据。事实上,它比同样不能准确预测数据的 Seetharaman 或 Moelwyn/Hughes 模型的一致性还要差。

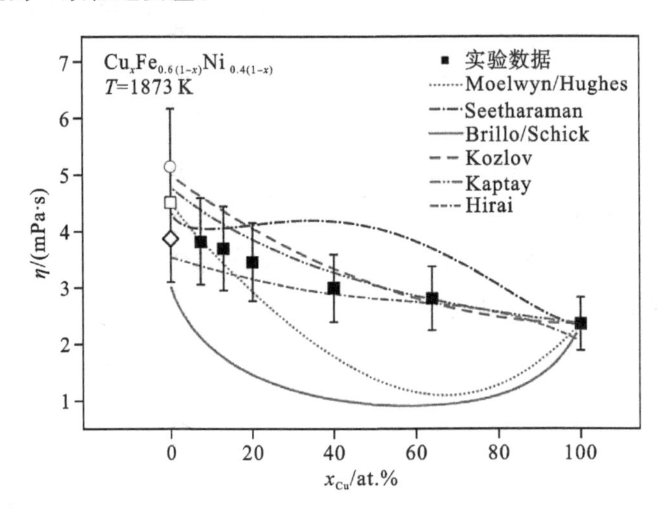

图 5.13 实验测得 $Cu_xFe_{0.6(1-x)}Ni_{0.4(1-x)}$,$0\leqslant x\leqslant 1$ 截面成分合金在 $T=1873$ K 时的黏度与 x_{Cu}的关系。此外,Moelwyn/Hughes、Seetharaman、Brillo/Schick、Kozlov、Kaptay 和 Hirai 模型的计算结果也显示在图中

显然,每个模型的成功取决于所研究的体系,如表 5.9 所示,其中评估了每个模型对每个研究体系的适用情况。因此,在整个研究的浓度范围内,如果预测的黏度位于实验数据允许的误差棒内,则认为模型是“合格(OK)”的。如果部分在误差范围内,则认为是“合理(RS)”的。如果模型与实验数据不一致,则模型“失效(F)”,无法准确预测黏度。如果一个模型没有失败,那么它就被认为是“成功的”;如果与其他模型相比,它的一致性最好,那么它就被评为“最佳(best)”的。

用这些标准，研究了 Moelwyn/Hughes 模型在 Al - Cu、Cu - Fe - Ni 和 Co - Cu - Ni 体系的适用性。同时研究了 Seetharaman 模型在 Al - Cu、Ag - Al - Cu、Cu - Fe- Ni 和 Co - Cu - Ni 体系的适用性，发现两种模型在任何情况下都不适用（=F）。考察 Brillo/Schick 模型在 Al - Cu、Al - Cu - Ag、Co - Sn、Cu - Fe - Ni、Co - Cu- Ni 和 Al - Cu - Si 体系的适用性。当应用于 $\Delta H>0$ 的体系时，它似乎是不适用的。

除 Co - Sn 体系外，对所有研究体系进行了 Kozlov 模型和 Kaptay 模型的适用性研究。最后，把 Hirai 模型也在除 Al - Cu - Si 体系外的所有体系中进行了验证。在液态 Co - Sn 中，文献[256]研究了另外两个模型：Budai/Kaptay 模型[249]和 Singh/Sommer 模型[262]的适用情况。因为它们采用不同的方法，所以这些模型在本书中没有进行讨论。表 5.9 总结了这些研究的结果，并对每个模型的适用度进行了评估，目的是看哪一个模型最适合描述任何体系的黏度。

评价结果见表 5.10。显然，Moelwyn/Hughes 模型和 Seetharaman 模型在研究的所有体系中都不适用。Hirai 模型的适用率为 43%，Brillo/Schick 模型的适用率为 50%，Kaptay 模型的适用率为 57%。

Kozlov 模型的适用率为 86%。在将近 30%的测试体系中，它提供了最好的黏度描述。

基于表 5.9 所选择的体系，Kozlov 模型被认为是所有测试模型中“最好的(best)”。事实上，Kozlov 模型是所讨论的模型中唯一一个纯粹从物理原理中推导出的模型[251]。

表 5.9　所研究的合金体系和检测的模型。F=失效，RS=合理(部分在误差范围内)，OK=合格(在误差范围内)，best=最佳

体系	模型检测		文献
Ag - Al - Cu	Seetharaman	F	[157]
	Brillo/Schick	OK	
	Kozlov	best	
	Kaptay	RS	
	Hirai	F	
Al - Cu	Moelwyn/Hughes	F	[87]

续表

体系	模型检测		文献
	Seetharaman	F	
	Brillo/Schick	best	
	Kozlov	RS	
	Kaptay	RS	
	Hirai	F	
Al - Cu - Si	Brillo/Schick	OK	[158]
	Kozlov	OK	
	Kaptay	OK	
Co - Cu - Ni	Moelwyn/Hughes	F	[159]
	Seetharaman	F	
	Brillo/Schick	F	
	Kozlov	OK	
	Kaptay	best	
	Hirai	OK	
Co - Sn	Hirai	RS	[256]
	Brillo/Schick	RS	
	Budai/Kaptay	best	
	Singh/Sommer	F	
Cr - Fe - Ni	Kozlov	OK	[160]
	Kaptay	OK	
	Hirai	OK	
Cu - Fe - Ni	Moelwyn/Hughes	F	[248]
	Seetharaman	F	
	Brillo/Schick	F	
	Kozlov	OK	
	Kaptay	best	

续表

体系	模型检测		文献
	Hirai	OK	
Fe－Ni	Kozlov	OK (best)	[160]
	Kaptay	RS	
	Hirai	RS	

5.4　理想溶液和过剩黏度

基于前一节的研究结果，以 Kozlov 模型作为定义理想溶液黏度(${}^{id}\eta$)和过剩黏度(${}^{E}\eta$)的基础是合理的。

对于理想溶液，其 $\Delta H=0$。因此，对 N 组分的体系，每个组分的摩尔分数为 x_i，黏度为 η_i，式(5.13)可以转变为

$$ {}^{id}\eta=\prod_{i}^{N}\eta_i^{x_i} \tag{5.23}$$

同样，通过 Kaptay 模型也可以得到该表达式，Kaptay 模型是表 5.10 中第二适用的模型。

表 5.10　模型的准确度比较：F＝失效，OK＝匹配(在误差范围内)，best＝最佳。括号中的数字表示百分比

模型	种类								所有
	best		OK		Successful		F		
Moelwyn/Hughes							3	(100%)	3
Seetharaman							4	(100%)	4
Brillo/Schick	1	(17%)	2	(33%)	3	(50%)	2	(33%)	6
Kaptay	2	(29%)	2	(29%)	4	(57%)			7
Kozlov	2	(29%)	4	(57%)	6	(86%)			7
Hirai			3	(43%)	3	(43%)	2	(29%)	7

与摩尔体积相比，理想黏度并不是 x_i 中各纯组分性质的线性组合。相反，它的

对数的线性组合似乎是对的。

根据式(5.23),可以通过以下公式定义过剩黏度$^{E}\eta$:

$$^{E}\eta = \eta - \prod_{i}^{N} \eta_i^{x_i} \quad (5.24)$$

一般来说,也可以把活化能 E_A写成下面的形式:

$$E_A = \sum_{i}^{N} x_i E_{A,i} + \Delta E_A \quad (5.25)$$

式中,$E_{A,i}$为纯组分 i 的活化能;ΔE_A为混合活化能。

$^{E}\eta$和 ΔE_A是否与^{E}G 或 ΔH 有关这一问题将在下一节中说明。

5.5 趋势分析

如果 Kozlov 模型是严格有效的,$^{E}\eta$ 和混合焓 ΔH 应该呈现相反的符号。此外,假设 ΔH 和 ΔE_A符号也是相反的,在本节中,将根据现有的实验数据来验证这一假设。

图 5.14 为 Cu-Fe-Ni 体系中沿着 $Cu_xFe_{0.6(1-x)}Ni_{0.4(1-x)}$,$0 \leqslant x \leqslant 1$ 截面的过剩黏度$^{E}\eta$与 Cu 摩尔分数 x_{Cu}的关系曲线。图中显示的温度是 1873 K。Cu-Fe-Ni体系的混合焓 ΔH 在较宽的范围内是正值。从图 5.14 可以看出,$^{E}\eta$ 却是负的,并在 $x_{Cu} \approx 30$ at. %处,$^{E}\eta$ 达到最小值。在该成分下,$^{E}\eta \approx -0.6$ mPa · s,为测量黏度的-17%。

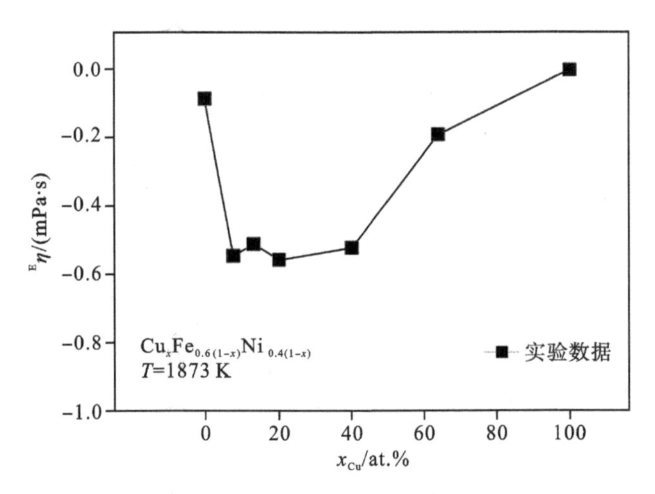

图 5.14 Cu-Fe-Ni 体系在 1873 K 时沿 $Cu_xFe_{0.6(1-x)}Ni_{0.4(1-x)}$,$0 \leqslant x \leqslant 1$ 截面测量获得 Cu 的过剩黏度$^{E}\eta$与摩尔分数 x_{Cu}的关系

图5.15为$\Delta H<0$的三元$Ag_{10}-Al-Cu$体系的测量结果。图中显示了在1873 K时，沿$Ag_{0.1}Al_{0.9-x}Cu_x$，$0\leqslant x\leqslant 0.9$截面的$^E\eta$与$x_{Cu}$的关系。如图所示，在超宽的成分范围$^E\eta>0$内。$^E\eta$在$x_{Cu}\approx 50\%$处达到最大值，其值约为2.7 mPa·s。这个数值超过测量黏度的50%和超过理想黏度近100%。因此，Ag-Al-Cu体系关于黏度的变化趋势是非理想的体系。Al-Cu体系也是如此。在Ag-Al-Cu体系中$^E\eta$对η的贡献比在Cu-Fe-Ni体系中大5倍。至于黏度，后者(Cu-Fe-Ni)更可以被解释为一种理想的体系。

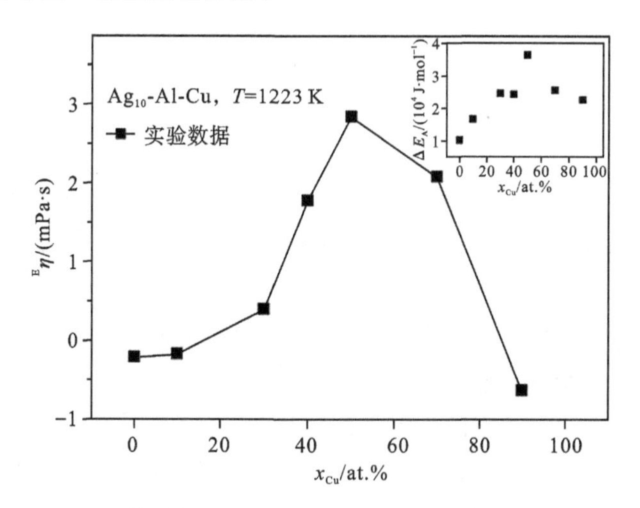

图5.15 Ag-Al-Cu体系在1223 K时沿$Ag_{0.1}Al_{0.9-x}Cu_x$，$0\leqslant x\leqslant 0.9$截面测量的过剩黏度$^E\eta$与Cu摩尔分数$x_{Cu}$的关系。小插图显示$\Delta E_A$的变化

对于在本书工作中测量的各合金体系黏度数据ΔH、$^E\eta$和ΔE_A的对比见表5.11。所研究的体系都属于第3章中定义的三个分类之一。

事实上，Cu-Fe-Ni体系是唯一一个ΔH和$^E\eta$都为负的体系。在Co-Cu-Ni体系中，$^E\eta\approx 0$。

$\Delta H<0$的体系有Cr-Fe-Ni、Fe-Ni、Co-Sn和Al-Cu-Si体系。在Cr-Fe-Ni、Fe-Ni和Co-Sn体系中，$^E\eta\approx 0$。对于Al-Cu-Si体系，$^E\eta$略微小于0。同样，在这些情况下，与零的偏差很小。除^EG、ΔH和$^E\eta$的符号外，还有ΔE_A的符号列在表5.11中。其并未显示出一致的趋势：在Cu-Fe-Ni体系中，$\Delta E_A\approx 0$，而$^E\eta<0$。对于Co-Cu-Ni体系而言，$\Delta E_A<0$，而$^E\eta\approx 0$。对于Al-Cu-Si和Co-Sn体系，两者的混合焓都是负的，$\Delta E_A\approx 0$。而在Cr-Fe-Ni体系中，尽管$\Delta H<0$，但ΔE_A仍为负值。

在所有这些体系中，$^E\eta$和ΔE_A与零的偏差实际上很小。因此，可以得出结论，就黏度而言，这些体系几乎都是理想的，见表 5.11。

表 5.11 本书所研究合金观察到的黏度数据趋势

组别	体系	ΔH 符号	$^{E}\eta$ 符号	ΔE_A 符号	混合行为	所有
Ⅰ	Cu - Fe - Ni	+	−	≈0	理想	[248]
	Co - Cu - Ni		≈0	−	理想	[159]
Ⅱ	Cr - Fe - Ni	−	≈0	−	理想	[160]
	Fe - Ni				理想	[160]
Ⅲ	Ag - Al - Cu	−	+	+	非理想	[157]
	Al - Cu		+	+	非理想	[87]
	Al - Cu - Si		−	⩽0	理想	[158]
	Co - Sn		≈0	≈0	理想	[256]

另一方面，对于 Ag - Al - Cu 和 Al - Cu 体系，则为 $\Delta E_A \gg 0$。事实上，这两种体系在黏度方面都是非理想的。

表 5.9 中的大多数体系的黏度都是理想的，这解释了 Kaptay 模型的适用性，见表 5.10。在式(5.17)中，ΔH 的系数因子 0.155 很小，所以 ΔH 对黏度的影响很小。因此，用该模型计算的黏度接近$^{id}\eta$。

就黏度而言，定义一个体系是理想的还是非理想的与模型本身相关。Kozlov 模型作为定义的基础，是因为在表 5.10 中它被认为是所有体系中最适用的模型。

另外，从表 5.12 可以看出一些可能存在的趋势：属于第 I 类的体系可以用 Kaptay 模型来描述，用 Kozlov 模型可以较好地预测第 II 类体系的黏度，第Ⅲ类体系的黏度可用以 Brillo/Schick 模型来预测。然而，鉴于研究体系的数量有限，这一结论只能是初步的。

本节讨论的模型旨在从热力学势(^{E}G 或 ΔH)中导出 η。在三元体系中，任一三元相互作用参数对式(3.17)计算黏度的影响较小。因为式(3.17)中三元相互作用项对^{E}G 的贡献通常要比二元项小得多。如果确定了计算体系黏度的正确模型，也就有可能仅从其二元子体系的过剩自由能预测出 η。

表 5.12　预测每个类别体系合金黏度的最佳模型。在 Cr-Fe-Ni 体系中，Kozlov、Kaptay 和 Hirai 模型表现同样出色。在 Al-Cu-Si 体系中，Brillo/Schick、Kozlov 和 Kaptay 模型表现同样出色

类别	体系	最佳黏度模型
Ⅰ	Cu-Fe-Ni	Kaptay
	Co-Cu-Ni	Kaptay
Ⅱ	Cr-Fe-Ni	Kozlov≈Kaptay≈Hirai
	Fe-Ni	Kozlov
Ⅲ	Ag-Al-Cu	Brillo/Schick
	Al-Cu	Brillo/Schick
	Al-Cu-Si	Brillo/Schick≈Kozlov≈Kaptay
	Co-Sn	Budai/Kaptay

5.6　小结

本章主要研究了一元、二元和三元液态金属体系的黏度。

对于单组元体系，所得黏度与文献数据的误差在±20%以内。这个误差范围也对应于在同一仪器中测量的数据集之间的偏差。此外，利用所得结果验证了 Hirai 定律。根据经验发现活化能是标准焓(H_i^0)的函数。

在二元和三元体系中，测量黏度并与许多热力学模型进行比较，目的是将黏度与热力学势(^EG 或 ΔH)联系起来。然而，这些模型的表现各不相同，并没有得到一个能适应所有体系的模型，即其中的一个模型可以准确地预测出几乎每个体系的黏度。然而，在另一个体系中，相同模型的适用性会更差，甚至完全不适用。

初步的结论是，Kaptay 模型最适用于第Ⅰ类体系，Kozlov 模型最适用于第Ⅱ类体系，而 Brillo/Schick 模型最适用于预测第Ⅲ类体系的黏度。总的来说，Kozlov 模型的适用性最好。

用 Kozlov 模型来定义理想黏度，并不能建立过剩黏度与混合焓(ΔH)或混合对活化能(ΔE_A)的贡献之间的关系。在大多数情况下，得到的过剩黏度的绝对值很小。因此，除了 Al-Cu 和 Ag-Al-Cu 的强相互作用体系外，其他体系可以粗略地将黏度用理想溶液近似。

这个结果不能令人满意。然而，这也表明了 η 和热力学势（如 ^{E}G 或 ΔH 等）之间的关系尚不清楚，或者说热力学对黏性流动的影响不大。相反可以考虑其他因素，如短程有序。

第 6 章

各性质间的关系

本章测试了两种不同性质间的关系：黏度与表面张力的关系以及斯托克斯-爱因斯坦关系。就实验数据的准确性而言，表面张力和黏度之间的关系适用于液态纯元素。在液态二元和三元合金体系中，只需稍加修改就能得到很好的适用性。然而，通过 Butler 公式从有效过剩自由能预测合金黏度是不精确的。

对于 $Al_{80}Cu_{20}$ 合金，当温度高于 1400 K 时，斯托克斯-爱因斯坦关系仍然成立。它在较小的温度下分解。对于 $Ni_{36}Zr_{64}$ 密排体系，则有 $D \cdot \eta =$ 常数，与斯托克斯-爱因斯坦关系形成强烈对比。

6.1 表面张力与黏度的关系

如前一章所述，将合金的黏度与混合焓（ΔH）或过剩自由能（^{E}G）联系起来的尝试，仅取得部分成功。与其直接从 ΔH 或 ^{E}G 推导 η 的表达式，不如尝试将黏度与表面张力联系起来。另一方面，如第 4 章所述，亚规则溶液的表面张力可以通过 Butler 方程用过剩自由能（^{E}G）来预测。

这种表面张力和黏度之间的关系确实可以建立起来。从式（4.5）和式（5.4）可以看出，通过已知的对势和分布函数来计算表面张力和黏度已经被熟知，并且经常使用[20]。

这两个表达式有一个显著的特点，即式（4.5）和式（5.4）中的积分是相同的[23]。用式（4.5）除以式（5.4）可得：

$$\frac{\gamma}{\eta} = \alpha_{\eta-\gamma}\sqrt{\frac{RT}{M}} \tag{6.1}$$

式中，R 是气体常数（$R = 8.314\ \mathrm{Jmol^{-1}K^{-1}}$）；$M$ 是摩尔质量；$\alpha_{\eta-\gamma}$ 是一个常数系数

($\alpha_{\eta-\gamma}=0.94$)。另外,将式(4.40)除以式(5.20)可以得到相同的表达式,只是$\alpha_{\eta-\gamma}=0.82$。Kaptay获得的$\alpha_{\eta-\gamma}$值为0.755[24]。

令人吃惊的是,可以发现在熔体表面和熔体内部的性质之间存在一种关系。另一方面,当产生额外的表面时,原子发生位移,必须对它们的对势做功。功的大小取决于相邻原子的分布,由径向分布函数和对势来描述。剪切流动是一个高度集体行为过程,包含原子相对于相邻原子位置的移动[23],因此在这种情况下,必须对对势进行做功。一旦出现新表面,物质流会从体内流向体表。在流动过程中耗散的能量成为创造新表面所需的能量。因此,黏度和表面张力的起源是相同的物理过程[23]。

Egry[23]和Kaptay[24]验证了式(6.1)在液态纯金属中的适用性,但他们得到了不同的$\alpha_{\eta-\gamma}$值。显然,式(6.1)迟早会被质疑,因为表面张力与温度呈线性关系,而黏度与温度则呈指数关系。Egry[263]发现式(6.1)适用于熔点上下约300 K的温度范围。Kaptay认为式(6.1)不适用于Si、Ge、Sb和Bi[24]。这些体系在液相和固相中的化学键和配位数是不同的[24]。

基于第4章和第5章的结果,可以很容易地检验式(6.1)是否适用于纯金属。这在第一步就完成了。在第二步中,研究式(6.1)是否也适用于合金体系,或者,如果希望能继续适用,还需做哪些改进。

6.1.1 纯金属

为了检验式(6.1)的适用范围,首先用纯金属Al、Cu、Ni、Co和Fe的实验结果来验证。从第4章中选取表面张力数据,从第5章中选取了黏度数据。对于上述纯金属的γ_L/η_L与$\sqrt{RT_L/M}$对应值的关系如图6.1所示。很明显,除了Al的数据偏离了线性趋势外,其他金属都遵循线性关系。

除了实验数据,图6.1还显示了采用不同$\alpha_{\eta-\gamma}$值时式(6.1)的计算结果。显然,$\alpha_{\eta-\gamma}=0.94$的曲线比实验数据略微偏高。当$\alpha_{\eta-\gamma}=0.75$时,大多数实验点正好落在预测曲线上。唯一的例外是文献[160]中测量的Al和Fe的结果。如果用Kehr[86]测量的液态Fe的结果来验证,那么只有Al不符合模型。

用式(6.1)对包括液态Al在内的所有数据进行线性拟合,得到$\alpha_{\eta-\gamma}=0.815$。该值等于将式(4.40)和式(5.20)相除得到的值。原因很明显:第4章和第5章给出的式(4.40)和式(5.20)是在数据平均尺度上适用的。因此,如果采用$\alpha_{\eta-\gamma}=0.82$,则式(6.1)也适用于数据平均尺度。图6.1中的一致性大致在±25%以内。

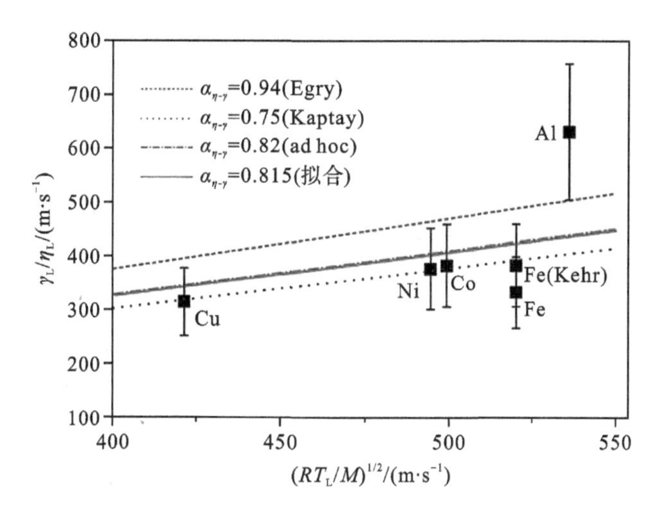

图 6.1 实验获得的 Al、Cu、Ni、Co 和 Fe 的 γ_L/η_L 比率与相应 $\sqrt{RT_L/M}$ 的关系。此外，以不同的 $\alpha_{\eta-\gamma}$ 值代入式(6.1)的计算结果也显示在图中。误差棒±20%是从表面张力误差±5%和黏度误差±20% 估算来的

6.1.2 Al－Cu 和 Cu－Fe－Ni

下面将通过 Al－Cu 和 Cu－Fe－Ni 两个实例，验证式(6.1)对合金体系的适用性。选择这两个体系的原因是其都有较为准确的表面张力和黏度数据[69,87,239,248]。

图 6.2 为用式(6.1)计算的液态 Al－Cu 合金的结果。表面张力和黏度数据分别来自文献[181]和[87]。将 $\alpha_{\eta-\gamma}$＝0.94、0.82 和 0.75 代入式(6.1)中得到的预测结果都高于实验结果。因此，如果将式(6.1)应用于相同元素的纯金属体系，那就不再适用于合金体系。这个结果并不意外，因为 Hirai 模型也不能预测许多合金体系的黏度。在第 5 章中，式(5.14)也大大低估了 Al－Cu 合金的黏度。

然而在图 6.2 中，γ_L/η_L 的比值随着 $\sqrt{RT_L/M}$ 的增加而线性增大，这一点与式(6.1)定性一致。用式(6.1)对数据进行拟合得到的 $\alpha_{\eta-\gamma}$ 值为 0.62(±0.03)。

实际上，Al－Cu 合金是一个 $^{E}G \ll 0$ 的混合体系，属于表 3.14 中的第Ⅲ类。第 3～5 章讨论了这类体系的热物理性能及其混合行为。与 Al－Cu 体系相比，Cu－Fe－Ni 三元体系在化学、结构和热力学上明显不同。它属于表 3.14 中的第Ⅰ类，表现为过冷状态下的混溶间隙。

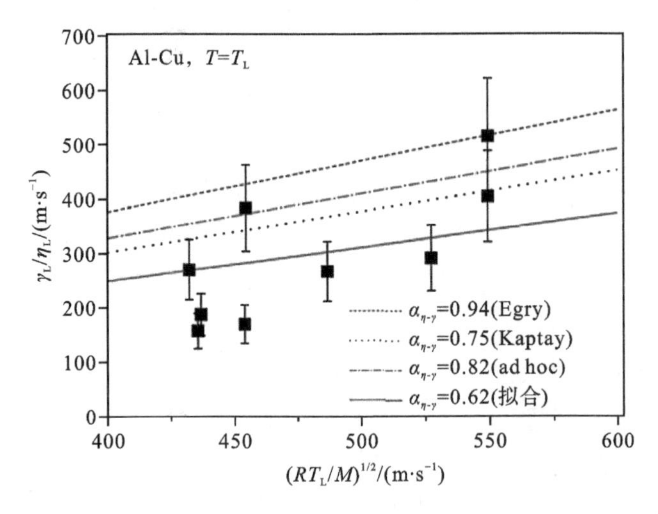

图 6.2 实验获得的 Al-Cu 合金的 γ_L/η_L 比率与相应 $\sqrt{RT_L/M}$ 的关系。此外，以不同的 $\alpha_{\eta-\gamma}$值代入式(6.1) 的计算结果也显示在图中。误差棒±20%是从表面张力误差±5%和黏度误差±20%估算来的

尽管存在这些差异，但在图 6.3 中得到了相同的结果：同样的将 $\alpha_{\eta-\gamma}$=0.94、0.82 和 0.75 代入式(6.1)中得到的预测结果都高于实验结果。根据实验数据调整式(6.1)，得到的 $\alpha_{\eta-\gamma}$值为 0.595(±0.03)，误差±0.03，与从 Al-Cu 系得到的研究误差一致。

看来，γ 和 η 之间的确存在着某种关系。这将通过 Co-Sn 合金体系来验证。对于该体系，文献[256]给出了黏度 η_L随 x_{Co}变化的数据，并绘制于图 6.4 中。在文献[256]中，只有 $x_{Co}\geqslant$50 at.%时的数据是使用 DLR 黏度计“HOC”测量的。此外，在 x_{Co}=80 at.%时的黏度值明显大于 x_{Co}=70 at.%或 x_{Co}=100 at.%时的黏度值。对于这种特殊合金，在测量过程中受到温度范围限制，导致活化能 E_A的误差增加。

在图 6.4 的左边，$\eta_L=\eta(T_L)$的值从对应于纯 Sn 的约 2.2 mPa·s 开始，随 x_{Co}的增加，在 $x_{Co}\leqslant$15 at.%时，η_L降至约 1.0 mPa·s。直到当 x_{Co}=20 at.%时，升高到≈2.2 mPa·s。当 $x_{Co}\geqslant$50 at.%时，η_L随 x_{Co}的增加达到 5.0 mPa·s。如果在图中忽略 $Co_{80}Sn_{20}$的黏度数据，5.0 mPa·s 就相当于纯 Co 的值。

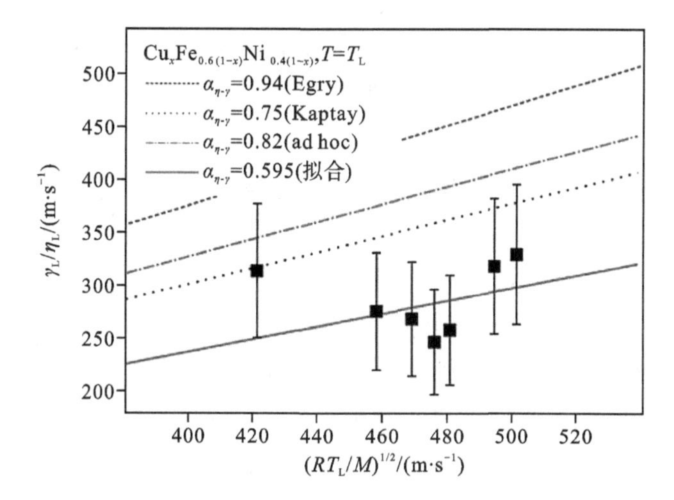

图 6.3　实验获得的 Cu－Fe－Ni 合金的 γ_L/η_L 比率与相应 $\sqrt{RT_L/M}$ 的关系。此外，以不同的 $\alpha_{\eta-\gamma}$ 值代入式(6.1)的计算结果也显示在图中。误差棒±20%是从表面张力误差±5%和黏度误差±20%估算来的

为了用式(6.1)计算 η，对 Butler 方程式(4.32)的求解分别采用文献[196]和[256]中 γ_{Co} 和 γ_{Sn} 的数据。相图参数和 Redlich－Kister 参数来自文献[264]，参见表 B.9。

图 6.4 给出了两种不同 $\alpha_{\eta-\gamma}$ 值(0.82 和 0.6)下的计算结果。将 $\alpha_{\eta-\gamma}=0.82$ 代入式(6.1)得到的结果与 $x_{Co}\leqslant 20$ at.%时的 Co－Sn 合金的实测数据相符合。然而，这个吻合度不超过±50%。在相同的浓度范围内，使用 $\alpha_{\eta-\gamma}=0.6$ 得到的 η_L 值比实测结果高了接近 100%。当 $\alpha_{\eta-\gamma}=0.6$ 时，η_L 在大浓度范围内基本稳定在常数约 3.1 mPa·s。因此，在 $x_{Co}>50$ at.%时，实验数据被低估 20%以上。

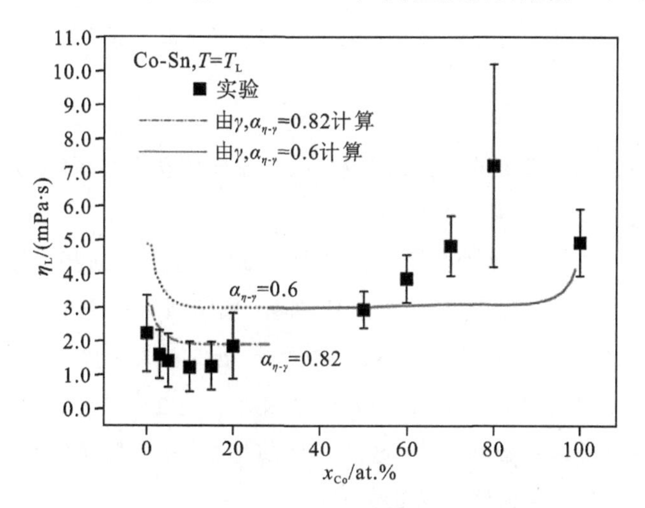

图 6.4　Co－Sn 液态合金的黏度 η_L 与 x_{Co} 的关系[256](■)。为了比较，由 Butler 方程式(6.1)分别代入 $\alpha_{\eta-\gamma}=0.82$(点划线)和 $\alpha_{\eta-\gamma}=0.6$(实线)得到的 η_L 曲线也显示在图中

如果参数 $\alpha_{\eta-\gamma}$设置为 0.6，式(6.1)可能确实适用于所有浓度范围的合金体系。毕竟，实验数据与式(6.1)的一致性并不比第 5 章中讨论的模型更好。

6.2 斯托克斯-爱因斯坦关系

液体的动力学受两个密切相关的性质控制：黏度和原子扩散。黏度描述了动量的宏观传输。这需要粒子的集体移动。原子扩散与单粒子扩散传输有关[32]。

原子扩散控制了合金的形核、液-液相转变、晶体生长和玻璃形成等过程[13,265-266]，为了理解这些过程，必须精确地了解相应的扩散系数。大多数的液态金属和合金是没有系统和可靠的扩散数据信息的。

有些技术，例如准弹性中子散射(quasi-elastic neutron scattering，QNS)为测量自扩散系数(D_i，i 为组元)提供可能。这种技术仅限于含有一个非相干散射截面占主导地位成分的合金，如 Ni、Ti、Co 和 Cu 等[267]。

由于浮力或界面驱动流效应引起的质量额外传输，使用长毛细管法或剪切单元法对有关扩散的数据精确测量会产生较大的误差[268-269]。这些技术已被用于测量互扩散系数。后者在 Darken 方程中与自扩散系数 D_i有关。在假设某一项"互相关"可以忽略的情况下，推导出了 Darken 方程。这个假设导致了一个过于简化的表达式[269]。此外，Darken 方程仅适用于二元体系。由于与容器壁发生化学反应而造成了样品污染使测量更加复杂。

为了从黏度计算液体中原子的扩散系数，或反过来从原子在液体中的扩散系数计算黏度，一个常被默认的关系是斯托克斯-爱因斯坦关系[25]：

$$\eta D_i = \frac{k_B T}{6\pi r_H} \tag{6.2}$$

式中，η 为黏度；D_i为元素 i 的自扩散系数；r_H为流体的动力半径；T 为绝对温度；k_B为玻耳兹曼常数，$k_B=1.38\times10^{-23}\,J\cdot K^{-1}$。

为了描述介观粒子在黏性介质中的扩散运动，推导出了斯托克斯-爱因斯坦关系[26]。当扩散物质达到原子大小时，斯托克斯-爱因斯坦关系在一些情况下仍然有效。在液态纯金属中已经证明了这一点[266]。至少在大尺度上，式(6.2)确实是一个很好的近似。对于 Cu-Ni-P-Pd 合金来说[147]，在 600～1200 K 的温度范围内测量了 Pd 的自扩散系数和黏度，这两个性质均在 10 的数量级范围内变化。式(6.2)中系数为 2 时能够很好地描述实验。

斯托克斯-爱因斯坦关系对液态金属和合金体系的适用性在标准文献中已被

广泛接受[148]。然而，有证据表明，D_i 和 η 在有些情况下显著偏离式(6.2)：对于液态 $Al_{80}Ni_{20}$ 来说，分子动力学模拟结果表明，当 $T \geqslant 1800$ K 时，式(6.2)可以很好地描述数据。但当温度降到这个临界值以下时，斯托克斯-爱因斯坦关系就会越来越不准确[270]。同样被验证的还有 $ZrCu_2$[271]、Lennard - Jones 系统[272-274]以及硬球体系[275]，水[276]和二氧化硅[277]也都是如此。对于后一种体系（二氧化硅），甚至在整个研究温度范围内，η 和 D 都偏离了式(6.2)。

实验表明与式(6.2)偏离的体系很少：下面将对一篇来自 Meyer[278]和两篇来自 Brillo[32,267]的工作成果进行讨论。

6.2.1　$Al_{80}Cu_{20}$

文献[267]的目的是通过比较不同温度下 $Al_{80}Cu_{20}$ 熔体的实验剪切黏度和 Cu 自扩散系数数据，进一步研究斯托克斯-爱因斯坦关系的有效性。选择 $Al_{80}Cu_{20}$，是由于 Cu 的非相干散射截面可以用 QNS 技术进行研究。此外，$Al_{80}Cu_{20}$ 的液相线温度较低，为 $T_L = 930$ K，蒸汽压较低，在化学反应活性方面趋于惰性体系。因此，在温度变化很大的范围内可以采用基于有容器法进行测量。不会产生由于样品蒸发引起的干扰。

第 5 章中的黏度数据是由英国国家物理实验室（National Physical Laboratory）的振荡杯黏度计“OCN”获得的。在文献[267]中预估测量的误差为±7%。这与 Day[280]提出的预估值是一致的。与表 5.4 和图 5.4 中确定的纯 Cu 的误差也一致，为±10%。然而，文献[267]使用的误差为±20%，它对应于由经验确定的 Al 液黏度的误差，见表 5.2 和图 5.3。

Cu 的自扩散系数（D_{Cu}）是由文献[267]的合作者在准弹性中子散射（QNS）实验中测量获得的。测量过程的细节可参考文献[267]和[281]。自扩散数据的误差定为±5%。

图 6.5 为 $Al_{80}Cu_{20}$ 的黏度测量结果与温度 T 的关系。综合了 Wan 等[279]的数据，以扩大温度和黏度范围。当 $T \leqslant T_L + 600$ K 时，η 值从 1.1 mPa·s 增加至 2.0 mPa·s。图 6.5 中的两组数据在误差范围±20%内的一致性几乎是完美的。它们都可以用式(5.9)的 Arrhenius 定律表示，其中参数 $E_A = 1.34 \times 10^4\ \mathrm{J \cdot mol^{-1}}$①，$\eta_\infty = 0.35$ mPa·s。

图 6.6 中，铜的自扩散系数 D_{Cu} 与 T^{-1} 呈半对数关系。数值范围从 $T = 1795$ K

① 0.14 eV。

时的 $D_{Cu}=1.47(\pm1.0)\times10^{-8}\,m^2\cdot s^{-1}$ 到 $T=T_L$ 时的 $2.4(\pm0.2)\times10^{-9}\,m^2\cdot s^{-1}$。这些都比 $Al_{80}Ni_{20}$ 在 $T=1795$ K 时的 Ni 自扩散系数($8.74\times10^{-9}\,m^2s^{-1}$)略大[282]。

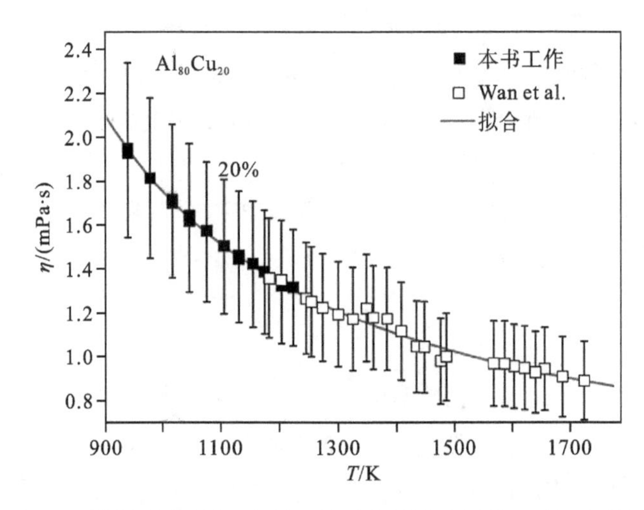

图 6.5　$Al_{80}Cu_{20}$ 的黏度与温度的关系。这是使用黏度计“OCN”(■)测量的数据和由 Wan(□)测量的数据[279]。两个数据集都可以通过相同的 Arrhenius(实线)进行拟合。误差范围估计为±20%[267]

图 6.6 中 $Al_{80}Cu_{20}$ 的 Cu 自扩散数据也可以用热激活能为 $E_D=-3.28\times10^4\,J\cdot mol^{-1}$ ①的 Arrhenius 定律来拟合。其绝对值是黏滞流活化能($E_A=1.34\times10^4\,J\cdot mol^{-1}$②)的 2.4 倍,表明该体系的自扩散系数和黏滞流是在不同的时间尺度上发生的。

图 6.6 还显示了用式(6.2)的斯托克斯-爱因斯坦关系从实验黏度数据计算得到的自扩散系数。计算中采用了有效半径 $r_H=r_{Cov}=1.17$,对应文献[146]中 Cu 的共价半径 r_1,见表 3.11。从图 6.6 可以看出,在高于 1400 K 的温度下,自扩散系数的测量值和计算值能够很好地吻合。当 $T=1670$ K 时,两个扩散系数的值是相同的,即为 $1.17\times10^{-8}\,m^2\cdot s^{-1}$。对于实验误差,斯托克斯-爱因斯坦关系在 1400 K 以上温度是有效的。

当 $T<1400$ K 时,根据斯托克斯-爱因斯坦关系计算的 D_{Cu} 与实验测量值有较大偏差。例如,当 $T=1000$ K 时,实验获得的自扩散系数为 $2.4\times10^{-9}\,m^2\cdot s^{-1}$,而通过斯托克斯-爱因斯坦关系得到的自扩散系数为 $3.4\times10^{-9}\,m^2\cdot s^{-1}$。这个差值

① -0.34 eV。

② 0.14 eV。

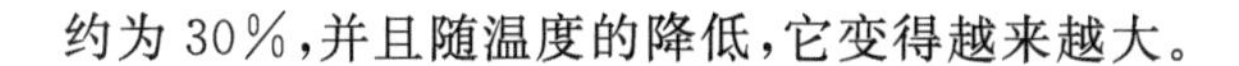

约为 30%，并且随温度的降低，它变得越来越大。

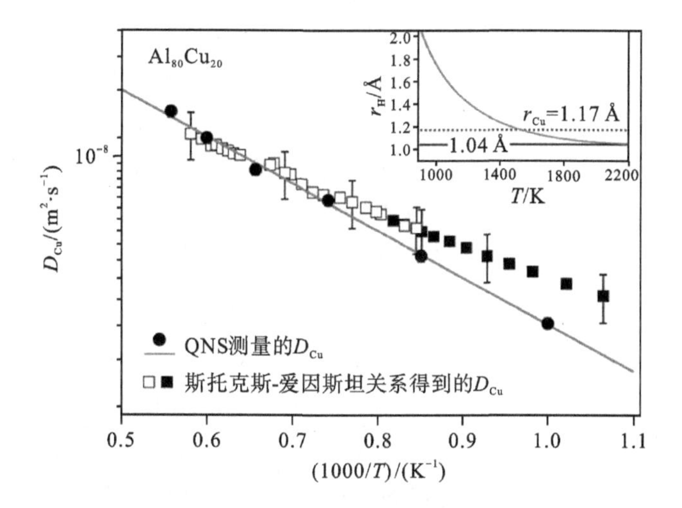

图 6.6　QNS 实验测量的(●)和由式(6.2)计算得到的(■)自扩散系数 D_{Cu} 的 Arrhenius 曲线。图中空心方块(□)表示根据文献[279]的数据计算得出的 D_{Cu}。实线表示通过对 QNS 测量的数据拟合的 D_{Cu} 的 Arrhenius 线。小插图显示了有效流体动力学半径 r_H 与温度的关系。Cu 的共价半径由虚线标记。小插图中的实线标记了 $T \to \infty$ 时的 r_H 的值[267]

由于这种偏差，有效流体动力学半径 r_H 在式(6.2)中偏离共价半径并变得依赖于温度。图 6.6 中的小插图展示了这一点，绘制了由式(6.2)计算出的 r_H 与温度的关系。r_H 是用相应的拟合函数代入式(6.2)来计算获得的。可以看出，当 $T \approx$ 1500 K 时，r_H 等于共价半径 1.17 Å。随着温度的升高，r_H 进一步降低，并趋于一个恒定值 1.04 Å，即约为 2000 K 时的 r_H 值。当 $T<1400$ K 时，r_H 随 T 减小是发散的。这种特征显然不是使用 Arrhenius 形式人为造成的，因为它也可以在实验数据中看到。

对 $Al_{80}Cu_{20}$ 研究表明，仅在 1400 K 以上的实验不确定性方面，斯托克斯-爱因斯坦关系在该体系中是有效的。当温度低于 1400 K 时，扩散速度比斯托克斯-爱因斯坦关系预测的要慢。这种行为是不正常的。通常情况下，会发现相反的情况，即随着 T 的降低扩散速度会更快[270,273,278,281]。然而，由于 Al－Ni 和 Al－Cu 在其他方面表现出相似的性质，对于这种偏差的方向不能给出特别的一般规律。为了解释这种变化，需要阐明 Al 自扩散在该体系中的作用。

斯托克斯-爱因斯坦关系在接近 $Al_{80}Cu_{20}$ 熔点的温度下失效。然而，后者与形核和晶体生长等过程相关[267]。

6.2.2 $Ni_{36}Zr_{64}$

为了验证式(6.2),在足够大的温度范围内测量了 $Ni_{36}Zr_{64}$ 的热物理性能。通常,T 的变化达到 1.5～2 倍,对于液态金属来说这需要较高的温度。因此,对流和化学反应都易发生。化学反应是一个严重的问题,如 $Ni_{36}Zr_{64}$ 的化学活性很高。

二元合金 $Ni_{36}Zr_{64}$ 作为一个模型合金体系,可以用来研究玻璃化转变过程中出现的许多现象[283]。在这个背景下,液相热物理性能的精确知识是非常重要的。

然而,$Ni_{36}Zr_{64}$ 的高反应活性排除了大多数经典的研究方法。因此,只能通过非接触式方法来测量获得精确的数据。虽然结合准弹性中子散射(QNS)可以在电磁悬浮中测量扩散系数,但在重力条件下,用电磁悬浮测量黏度是不可能的。

这样,静电悬浮(ESL)成为了新的测量方法[19]。利用静电悬浮,Kordel[54] 进行了 QNS 实验,精确地测定了液态 $Ni_{36}Zr_{64}$ 中 Ni 的自扩散系数。测量数据是在 1100～1700 K 的较宽温度范围内获得的。此外,密度和黏度数据是由 Brillo[32] 在一个宽温度范围内测量的,其中 T 的变化系数为 1.5。在这个范围内,黏度的变化幅度为 1.5 个数量级。对于致密玻璃形成体系,这些结果可以非常详细地验证斯托克斯-爱因斯坦关系。

$Ni_{36}Zr_{64}$ 的密度随温度呈线性变化,液相线温度 T_L 处的密度为 $\rho_L = 6.878(\pm 0.003)\ g \cdot cm^{-3}$,温度系数为 $\rho_T = -3.73(\pm 0.01) \times 10^{-4}\ g \cdot cm^{-3} \cdot K^{-1}$。这相当于平均粒子密度 $\hat{\rho} = 0.052\ atom \cdot Å^{-3}$。采用 Zr($r_{Zr} = 1.45$ Å)和 Ni($r_{Ni} = 1.15$ Å)的共价半径[146],得到了有效致密度 $\delta = 0.55(\pm 0.002)$。该数值与多组分大块玻璃成形合金的 δ 值一致[278]。作为比较,Al 液的致密度约为 ≈ 0.42,见表 3.11。因此,$Ni_{36}Zr_{64}$ 是一个相当致密的填充体系,在接近熔点的温度下有利于玻璃化行为。

$Ni_{36}Zr_{64}$ 黏度随温度变化的测量结果如图 6.7 所示。温度范围为 1050～1750 K。最大过冷度达到了 230 K[32]。

一般来说,黏度随温度的降低而增加。在 T_L 处,其黏度 $\eta_L = 11.5\ mPa \cdot s$,略大于第 5 章中表 5.8 所列的该体系的黏度。在低温时,如 $T \approx 1100$ K,η 甚至达到约 130 mPa · s,同样大于大多数非玻璃形成的金属合金。对于 $T > T_L$,η 的假设值介于 11.5 mPa · s 和 8 mPa · s 之间。

在静电悬浮过程中,当液滴振荡幅值大于液滴静止半径的 10%左右时,液滴本体内可能会产生涡流[79]。此外,Ishikawa[284] 发现在一定条件下,表面振荡会对定位系统产生干扰。这种干扰会引起样品和发电机之间的能量交换,从而导致黏度的明显增大或减小。如果在液滴振荡中存在这种非线性效应，那么使用不同质量的样品会得到明显不同的黏度值[32]。因此，图 6.7 实验数据来自 5 种不同质量的样品，分别为 20.8 mg、27.0 mg、38.2 mg、41.0 mg 和 86.2 mg。然而，如图所示，在文献[32]中提到的±5%的黏度数据的散点范围内，每个不同质量样品的 $\eta(T)$ 曲线是相同的。因此，可以排除由非线性液滴振荡产生的系统误差。

图 6.7 中的黏度数据可以用唯象模型 Vogel－Fulcher－Tammann（VFT）定律很好地描述，式(5.10)是许多玻璃形成体系的典型描述方程[266]。在第 5 章中使用的 Arrhenius 定律已经不足以描述这些数据了。在图 6.7 中，用式(5.10)拟合得到的参数 $E_A=1.66\times10^4\,\mathrm{J\cdot mol^{-1}}$①，$T_0=660.5$ K，$\eta_\infty=1.1$ mPa·s。

在图 6.8 中绘制了 Ni 的自扩散系数 D_{Ni} 与 T^{-1} 的半对数曲线[32,54]。D_{Ni} 的误差度为±5%。取值范围从 $T\approx1650$ K 时的 $2.3\times10^{-9}\,\mathrm{m^2s^{-1}}$ 到 $T\approx1116$ K 时的 $2.3\times10^{-10}\,\mathrm{m^2s^{-1}}$。在液相线温度 $T_L=1283$ K 时，$D_{Ni}=7.8\times10^{-10}\,\mathrm{m^2\cdot s^{-1}}$。

Ni 的自扩散数据也可以通过类似于式(5.10)的 VFT 定律拟合，如图 6.8 所示。除比例因子外，活化能 $E_D=-1.60\times10^4\,\mathrm{J\cdot mol^{-1}}$②的绝对值和温度 $T_0=674$ K 的绝对值在误差棒内与从黏度数据获取的 E_D 和 T_0 值完全一致。此外，黏度和扩散系数的活化能具有相反的符号。这已经不同于第 6.2.1 节中 $Al_{80}Cu_{20}$ 的情况，那两个过程的活化能仅仅大小不同而已。

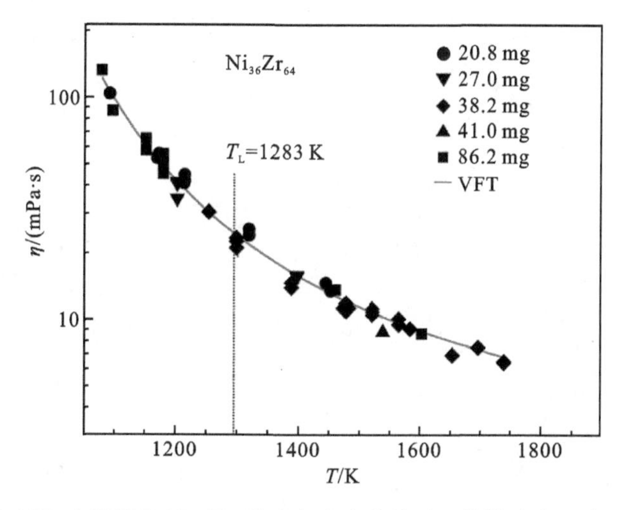

图 6.7　在 ESL 中测量的 $Ni_{36}Zr_{64}$ 黏度与温度的关系。符号对应于从不同质量的样品中获得的数据，实线是 VFT 定律(式(5.10)[32])的拟合结果

① 0.172 eV。

② −0.166 eV。

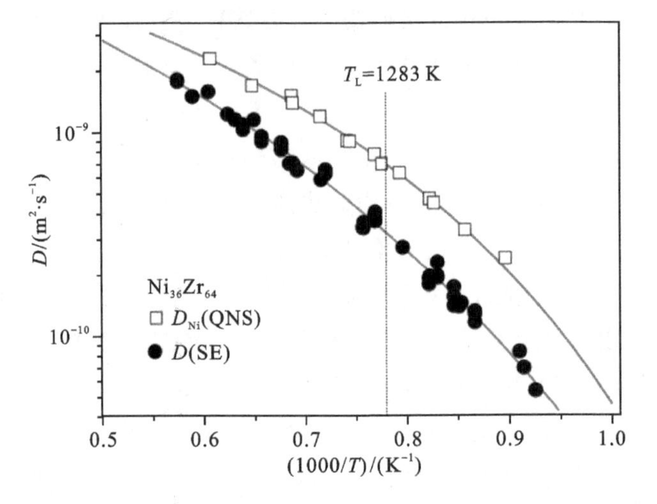

图 6.8　扩散系数与温度倒数的关系。实心圆(●)表示通过斯托克斯-爱因斯坦关系式(6.2)，从 η 获得的 D_{Ni}。正方形(□)对应于由 QNS 直接测量 Ni 的自扩散常数 D_{Ni}。VFT 定律的拟合结果用实线表示(来自文献[32])

很明显，黏度的倒数 η^{-1} 与 D_{Ni} 互相成正比。如图 6.9 所示，测量的黏度数据是和 VFT 方程拟合的 D_{Ni} 值相乘，得到在 1050 K$\leqslant T \leqslant$1750 K 的温度范围内 $D_{Ni} \cdot \eta = 1.8(\pm 0.25) \times 10^{-11}\,J \cdot m^{-1}$ 的关系。

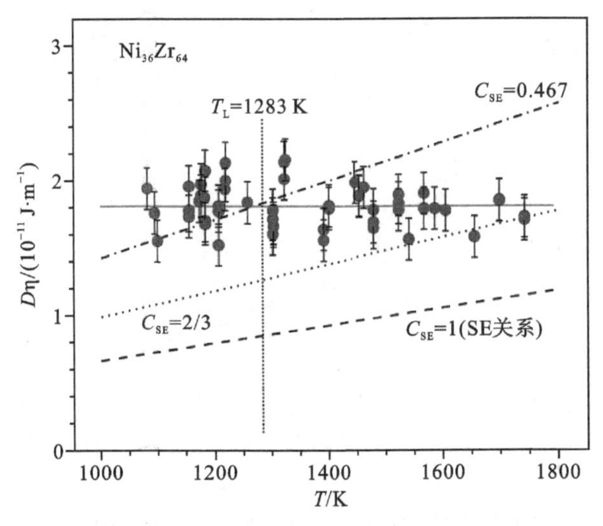

图 6.9　温度与 $D \cdot \eta$ 的关系(●)。为了便于观察，还显示了对数据的线性拟合(实线)。虚划线和虚点线对应于斯托克斯-爱因斯坦(SE)关系式(6.2)，即采用不同流体动力学半径 $r_H = c_{SE} r_{Ni}$ 的计算结果(来自文献[32])

图6.9显示了给定流体动力学半径 $r_{Ni}=1.15$ Å时的斯托克斯-爱因斯坦关系。实验数据被低估了2倍以上，对温度的依赖性有明显的差异[32]。然而，通过实验发现 $D_{Ni}\cdot\eta=$常数，并且通过式(6.2)计算得到的 $D_{Ni}\cdot\eta$ 与 k_BT 成比例。

斯托克斯-爱因斯坦关系失效也反映在图6.8中。在图中，D_{Ni}是由黏度计算得到的。显然，由式(6.2)中的斯托克斯-爱因斯坦关系得到的扩散系数比测量得到的扩散系数低70%以上。这种显著温度依赖性差异已经可用肉眼观察到[32]。为了更好地用式(6.2)拟合实验数据，将流体动力学半径 r_H 设为 $c_{SE}\cdot r_{Ni}$，其中 c_{SE} 为系数[32]。当 $c_{SE}=2/3$ 时，式(6.2)转化为Sutherland - Einstein关系[285]。在 $c_{SE}=0.467$的情况下，式(6.2)能够完整地拟合图6.9中的数据，至少在 T_L处是这样。在本例中，$r_H\approx0.53$ Å太小而没有物理意义。当 r_H 减小时，图6.9中的 $D_{Ni}\cdot\eta$值是增大的，从而更接近实验数据。然而，对温度依赖性的一致性将变得更糟。从这一点来说，在一个较大的温度范围内测量 D_{Ni}和 η 是值得的。

“挽救”斯托克斯-爱因斯坦关系的唯一方法是假设 r_H与温度有关。在这种情况下，r_H必须在研究温度范围内变化1.7倍。显然，这是不现实的。

根据模态耦合理论(mode-coupling theory, MCT)[247]，当颗粒密度较大时[32]，液体中的动力学是强耦合性的。因此，在冷却时当 T 接近临界温度 T_{Fr}时，原子停止运动。在这种情况下，扩散系数 D 和黏度的倒数 η^{-1}在式(5.11)中呈现相同正比系数。因此，当 $T\to T_{Fr}$时，$D\cdot\eta=$常数是渐近得到的。对于 $Ni_{36}Zr_{64}$合金，Voigtmann[283]估计临界温度 $T_{Fr}\approx900$ K。然而，本节讨论的 D 和 η 的实验数据是在远高于 T_{Fr}的温度下得到的[32]。

总之，我们发现 $Ni_{36}Zr_{64}$的 $D\cdot\eta=$常数。这与接近动力学冻结温度模态耦合理论预测的一致，但与斯托克斯-爱因斯坦关系预测的 $D\eta\propto k_BT$ 相矛盾。

6.3 小结

为了阐明是否可以从Butler方程计算表面张力以通过^EG预测黏度的问题，式(6.1)被再次确认为液态纯金属表面张力和黏度之间的有效关系。将参数 $\alpha_{\eta-\gamma}$设置为0.75，在±20%的实验误差范围内用式(6.1)可以很好地预测Cu、Ni、Co和Fe的黏度。如果 $\alpha_{\eta-\gamma}=0.82$，金属Al的测量数据用式(6.1)在±25%的平均误差范围内也能有效预测。

式(6.1)也适用于合金体系，在Al - Cu和Cu - Fe - Ni体系也是有效的。在这两种体系内，用式(6.1)拟合数据，得到的 $\alpha_{\eta-\gamma}$值为0.6±0.03，与实验测量的误差在±20%以内。然而，通过求解 Butler 方程无法预测 Co - Sn 合金的黏度。虽然结果与实验得到的平均黏度一致，但每种成分的计算值与实验值之间的偏差是相当明显的。特别是，这种吻合性并不比第 5 章中讨论的模型更好。

反映黏度与自扩散系数关系的斯托克斯-爱因斯坦方程只是对液态合金性质的近似表述。在致密度较低的 $Al_{80}Cu_{20}$ 体系中，它可以适用于大于 1400 K 的温度范围。当 $T \leqslant 1400$ K 时，D 和 η 偏离式(6.2)，而扩散速度比斯托克斯-爱因斯坦方程中所预测的要慢。这种行为是非典型的，如果能阐明致密度在该环境下的作用，则有可能解释这种特征。

对于像 $Ni_{36}Zr_{64}$ 这样的致密体系，斯托克斯-爱因斯坦方程是不成立的：这个体系与式(6.2)所预测的 $D \cdot \eta \propto k_B T$ 不同，在较宽的温度范围内，$D \cdot \eta =$ 常数。这一特征是在温度接近动力学冻结临界温度时由模态耦合理论预测的。在 $Ni_{36}Zr_{64}$ 体系中已经在相当高的温度范围得到证实。

这些现象可能与液体的致密度有关，但目前还不完全清楚，这也是当前正在进行研究的一个主题[22]。

第7章

应用实例

在广泛的热物理性能测量领域和与其不同但相关的主题之间存在多重关联性。本章的目的是使用当前工作成果的应用例子来突出其中的一些主题。

第一个例子涉及固-液界面能的测量①。这一性质及其各向异性对于模拟和理解非均质形核和晶体生长过程具有重要意义。有一篇博士论文研究了在单晶蓝宝石基底不同取向表面上的液态 Al－Cu 合金固-液界面,见文献[286]。第 7.1 节将简单介绍其中的一些成果。

第二个例子是在第 7.2 节中介绍的预测液-液界面能的模型。除固-液界面外,液-液界面在晶核形成和生长过程中也起着重要作用。此外,液-液界面对液相分离过程至关重要。曾有一个项目②对此类过程进行了详细研究,该项目旨在揭示微重力下 Co－Cu 合金③的液态、亚稳态的分离机理。

在本章第 7.3 节中,以磁性形状记忆合金为例,论证了如何建立一套全面精确的热物理性能数据,从而使工业中相关的材料得到优化。

7.1 固-液界面能

7.1.1 液态金属/蓝宝石

非均质形核和凝固过程的动力学是由所涉及的固-液界面的情况控制的。其

① 优先计划项目“SPP 1296-Heterogene Keim-und Mikrostruk-turbildung: Schritte zueinem system-und skalenübergreifenden Verständnis”德国自然科学基金(DFG)。

② “铜钴合金的过冷和分层——冷却杯”,对应 ESA AO－99。

③ 使用国际空间站 ISS 上的 EML 设施。第一批实验计划于 2015 年春季进行。

界面能一般取决于固体结构[287-288]及其各向异性。

文献中大量的证据表明，各向异性也影响单组分液态熔体的润湿行为[212,289-291]。在不同基体材料中，$\alpha-Al_2O_3$（蓝宝石）表面巨大的各向异性使得其对液态 Al 的影响最大[291-292]。

除了本书在工作框架内进行这方面研究外，其他系统几乎没有研究合金体系这类影响的成果。就 Al－Cu 而言，这确实令人感到意外，因为 Al－Cu 是一个经过大量研究者深入研究的系统，已经被作为二元共晶合金中异质成核和晶体生长的模型合金[242-243]。此外，Al－Cu 是一种易于研究的体系，因为它具有低熔点的特点，很容易找到化学惰性基底，如 $\alpha-Al_2O_3$[286]。

因此，为了理解界面各向异性对 Al－Cu 合金非均质形核和润湿行为的影响，通过模拟实验详细研究了整个成分范围的 Al－Cu 合金在不同取向的 $\alpha-Al_2O_3$ 表面上的非均质形核和润湿行为[293-294]。

本节总结了其中的一部分结果，即纯 Cu 在不同取向的蓝宝石表面的润湿行为。

7.1.2　座滴法装置

为了研究润湿行为，接触角测量在由 Schmitz 设计和开发的座滴法装置腔内进行[293]。其主要装置示意图如图 7.1 所示。它由配备液滴分离器的不锈钢高真空室和氧化铝管式炉组成。管式炉（直径＝24 mm，长度＝93 mm）位于装置的中心，与其轴线垂直对齐。钼丝用作电阻加热元件。管壁上沿竖直方向有一个孔，用于从侧面观察样品[286]。

在炉内，基板被固定在氮化硼固定器上。可垂直移动调整基板上下位置。将一个 C 型 W－5%Re/W－26%Re 热电偶置于基板支撑下方用以测定温度。

在实验开始时，将合金装入一个液滴分离器中。该分离器由一个底部有 1 mm 喷嘴的氧化铝管组成，并放置在基底的清洁表面以上约 10 mm 处。一旦达到所需的炉温，通过缓慢增加液滴分离器内部的气体压力，液态合金被推出喷嘴。

通过炉管中的孔从一侧照射液滴，其阴影图像由相机从另一侧记录，这样可以将接触角与时间的函数关系记录下来。

文献[293]中给出了座滴法的详细情况，以及测量方法和图像处理过程。

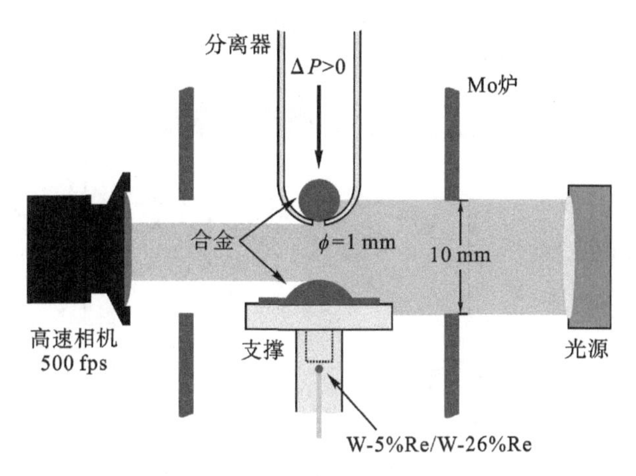

图 7.1(彩)　接触角测量装置示意图

7.1.3　接触角测量

图 7.2 中的小图片为液滴被分离时所记录的一系列图像。液滴的典型尺寸为 1.5 mm,实验温度约为 1380 K。当液滴从喷嘴喷出时,可能存在的表面氧化皮会被剥离。液滴自由落体运动一段时间后,落到基片表面并产生强烈振动[286],所以接触角也会围绕平衡值 Θ_0 振荡。图 7.2 中显示了 1380 K 时 Cu/蓝宝石- R($1\bar{1}02$)体系的变化情况。大约 1 s 后,接触角保持在 $\Theta_0=113°$,在秒级时间尺度上接触角恒定。

对于更大的时间尺度,接触角 Θ 开始缓慢增加。在前 400 s 内,测量到的液态 Cu 在蓝宝石 C(0001)、R($1\bar{1}02$)和 A($11\bar{2}0$)面的接触角随时间的演变如图 7.3 所示[286]。

对于所有的基底,接触角都会随着时间的增加而增大,直到大约 200 s 后才变得恒定。这种增加趋势很可能是由于铜液滴在处理条件下平衡态向还原态一侧移动的自净作用引起的,详细讨论见文献[293 - 295]。接触角的初始值在 106°和 113°±5°之间。对于所有表面,长时间接触后最终的接触角 Θ_∞ 大约是 117°±5°[286]。

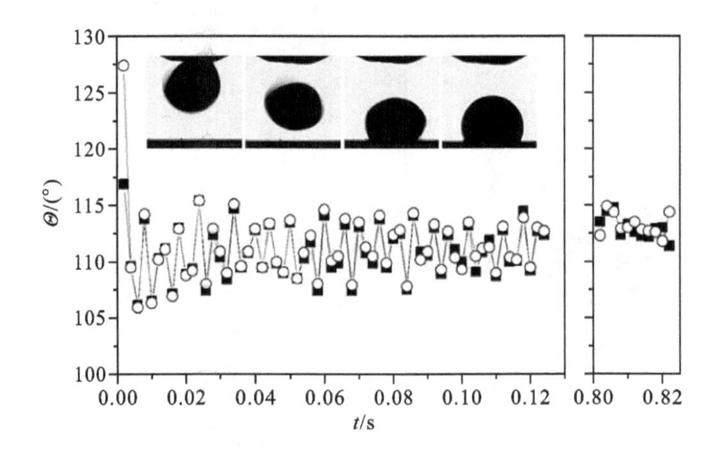

图 7.2 蓝宝石 R 面上液态 Cu 的接触角 Θ 与时间的关系。该图是在 1380 K 短时间(≤ 1 s)下记录，捕捉到液滴接触基板的时刻。方块符号(■)表示液滴左侧的接触角，空心圆(○)表示液滴右侧的接触角。小图显示了液滴喷出分离时记录的一系列图片：液滴形成并落到表面，接触基材并强烈振动。大约 1 s 后，它稳定地落在表面(最后一张图像)[286]

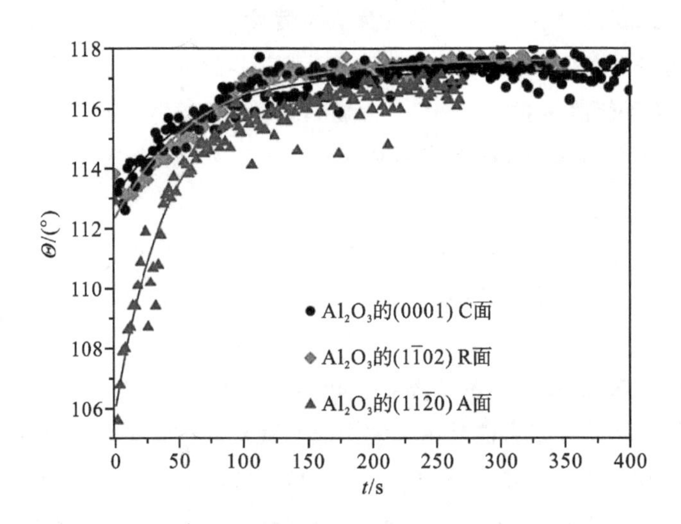

图 7.3 时间间隔大于 1 s 时的液态 Cu 在蓝宝石不同面上的接触角 Θ 随时间的变化规律。符号(●)、(▲)和(◆)分别代表 1380 K 时在 C(0001)面、A(11$\bar{2}$0)面和 R(1$\bar{1}$02)面的测量结果[286]

这一观察结果与最近的文献研究结果一致[212]。值得注意的是，数据的误差范围远小于常规座滴法测量实验的 40% [164]。

如果固体基片足够坚硬，且忽略垂直于其表面的力，则可以使用 Young 方程来评估测量的接触角[164]：

$$\sigma_{S,L}^{(hklm)} = \sigma_{S,V}^{(hklm)} - \gamma_{Cu}\cos(\Theta) \tag{7.1}$$

式中，$\sigma_{S,L}^{(hklm)}$ 和 $\sigma_{S,V}^{(hklm)}$ 分别表示固-液界面和固-真空界面的界面能，它们的取向关系由 Miller 指数 h、k、l 和 m 表示；γ_{Cu}是液态 Cu 的表面张力。

当 $\sigma_{S,V}^{(hklm)}$、γ_{Cu} 和 Θ 已知时，可用 Young 方程来计算 $\sigma_{S,L}^{(hklm)}$。然而，如果 $\sigma_{S,V}^{(hklm)}$ 与取向(hklm)强烈相关，那么固-液界面的真实物理机制可能会被掩盖。在这种情况下，无论测量的接触角是多少，$\sigma_{S,L}^{(hklm)}$ 都会这样被掩盖真相[286]。此外，由于 $\sigma_{S,V}^{(hklm)}$ 的实用性有限，(7.1)式的应用并非总是可行的。

这个问题可以通过引入黏附功来解决：$W_{adh} = \sigma_{S,V} + \gamma - \sigma_{S,L}$。它被定义为附着力在单位表面积上的能量增加量。$W_{adh}$ 与接触角相关，通过 Young - Dupre 方程表达[286]：

$$W_{adh} = (1 + \gamma_{Cu})\cos(\Theta) \tag{7.2}$$

式中不需要知道界面能 $\sigma_{S,V}$。

为了讨论方程式(7.1)和(7.2)，从表 4.11 中查到 γ_{Cu}，从文献[296]中查到 $\sigma_{S,V}$。在这项工作中把 $\sigma_{S,V}^{(hklm)}$ 相对于 C 面的表面能值进行归一化。这些相对表面能可以被假定为与温度有关的常数[286,295]。使用文献中报告的实验测量值[164,297]，将 C 面 $\sigma_{S,V}^{(0001)}$ 的绝对值外推至 1380 K。

表 7.1 列出了由式(7.1)测得的接触角和固-液界面能，以及由式(7.2)获得的不同取向蓝宝石表面的黏附功。相应的误差范围估计小于$\pm 0.1\ Jm^{-2}$[295]。

由于接触角 Θ_∞ 在 C、A、R 三个面最终都相同，因此黏附功 W_{adh} 也是各向同性的(表 7.1)，但 $\sigma_{S,L}^{(hklm)}$ 在其误差范围内显然没有表现出各向异性。关于误差量的详细讨论，参见文献[293,286,295]。

在具有 C(0001)、R($1\bar{1}02$)和 A($11\bar{2}0$)取向的蓝宝石($\alpha - Al_2O_3$)基底上的液态 Cu 的座滴法实验接触角确认为 117°。固-液界面能以及黏附功在误差范围内没有表现出任何各向异性。

因此，在液相 Cu 的非均质形核过程中，任何由固-液界面能各向异性引起的影响都应该是次要的，在第一种方法中可以忽略[286]。而文献[293 - 294]所指出的 $Al/\alpha - Al_2O_3$和 $Al - Cu/\alpha - Al_2O_3$的这种情况完全不同。在这些体系中，由于在吸附铝的存在下 C(0001)面发生了重建，各向异性变得很明显。

表 7.1　由公式(7.1)带入文献中的 $\sigma_{S,V}^{(0001)}$[297] 和从文献[164,297]中归一化的相对表面能 $\sigma_{S,V}^{(0001)}$ 确定的 T=1380 K 时液相 Cu/α-Al_2O_3 界面的参数。黏附功由式(7.2)计算,Cu 在 1380 K 时的表面张力:$\gamma_{Cu,1380\,K}=1.30\ Nm^{-1}$,见表 4.11

	C(0001)	R(1$\bar{1}$02)	A(11$\bar{2}$0)
Θ_0/(°)	113±5	112±5	106±5
Θ_∞/(°)	117±5	118±5	117±5
$\sigma_{S,L}^{(hklm)}$ /(J·m^{-2})	1.71±0.11	1.58±0.12	1.69±0.13
W_{adh}/(J·m^{-2})	0.71±0.10	0.69±0.10	0.71±0.10

7.2　液-液界面能

凝固过程中的另一个重要参数与液-液界面能有关:液-液界面能不仅限制了液-液相分离过程中液滴的形核,而且影响了凝固过程中的晶体生长。例如,在固相的生长过程中,枝晶前沿的液相可能会富集某一特定成分相,直到超过溶解度极限。这一过程可能充当动力学能垒,从而导致液-液相分离。文献[265]对这些过程给出一个很好的总结。本书工作关于 Al-Bi、Al-Pb、Al-In、Al-Bi-Si 和 Co-Cu不混溶体系和液-液界面能的贡献发表在文献[65]和[298-300]上。

到目前为止,预测液-液界面能的模型还很少。造成这种情况的一个原因是在金属体系中测量液-液界面能比较困难,因此实验数据比较匮乏。人们使用较广的模型是由 Becker 和 Landau[165,265],Kaban 和 Merkwitz[165,298] 以及 Antion、Chatain 和 Wynblatt[187-188] 提出的。这些模型可以看作是粗略的估算[299],具有一定的优点和缺点[172]。

另一方面,Butler 方程中的概念为预测液-液界面能提供了一种推导等效模型的方法,考虑的并非单个块体相,而是两个块体相。Kaptay[301] 首先采用了这种推导方法。随后,Brillo[172] 发表了对界面能模型更一般的推导。

文献[172]与式(4.22)的推导类似,得到如下相似的表达式:

$$\sigma^{LL} = (2u_i^{LL} - \mu_i^{BI} - \mu_i^{BII})A_i^{-1} \tag{7.3}$$

式中,A_i为界面层面积;σ^{LL} 为液-液界面能;μ_i^{BI} 和 μ_i^{BII} 分别为元素 i 在体相 I 和体相 II 中的化学势。u_i^{LL} 是界面层化学势 μ_i^{LI} 的一部分,与 σ^{LL} 无关。实际上,界面层的化学势 μ_i^{LI} 是由包含界面能的 0.5 $\sigma^{LL}A_i$部分和剩下的另一部分组成,即 $\mu_i^{LI} = u_i^{LL} - 0.5\sigma^{LL}A_i$ 。

后一个条件保证在热力学平衡状态下，当 $\sigma^{LL} \neq 0$ 时[172]，这三个相的化学势确实相等，即 $\mu_i^{LI} = \mu_i^{BI} = \mu_i^{BII}$，不违反式(7.3)。此外，应该注意的是，这里并不是明确要求热力学平衡。

式(7.3)中 u_i^{LL} 前面系数 2 确保等式满足一个重要条件，即当两个体相的成分相等时，$\sigma^{LL}=0$，在这种情况下，界面不存在[172]。

经过一些变换，并利用标准态的差等于零的事实，得到以下液-液界面能的简单表达式，其中 a_i 表示各相的活度：

$$\sigma^{LL} = \frac{RT}{A_i}\ln\left(\frac{a_i^{LL,2}}{a_i^{BI}a_i^{BII}}\right) \tag{7.4}$$

为了应用这个表达式，可以把它引入类似表达形式的式(4.24)中。求解过程除了配位数的差异因子 ξ 可设置为 1 外，其他与第 4 章所描述的相同。在式(4.33)中，考虑到体相和表面相的配位数差异，设置配位数差异因子。事实上，液-液界面层中的原子是由同一层中的原子以及两个体相中的原子协调的。因此，液-液界面层中原子的总配位数与体相系统中原子的配位数相差不大[172]。

该模型在文献[172]中以 Al－Pb、Al－In、Al－Bi 和 Cu－Co 二元体系为例进行了测试。对于这些体系，实验数据见文献[65,298－299]。为了简洁起见，本节仅以 Al－In 为例演示该模型的应用。

求解式(7.4)所需要的 Al－In 系统的 Redlich－Kister 参数取自文献[302]，见表 B.7。利用热力学数据，Schmid－Fetzer 在文献[172]中使用 PANDATTM 软件包计算了此系统的双节点线，即两个体相 x_{Al}^{BI} 和 x_{Al}^{BII} 的 Al 摩尔分数与温度的关系。

模型计算的结果，即 Al－In 的液-液界面能随温度的变化关系和文献[298]中的实验数据，如图 7.4 所示。

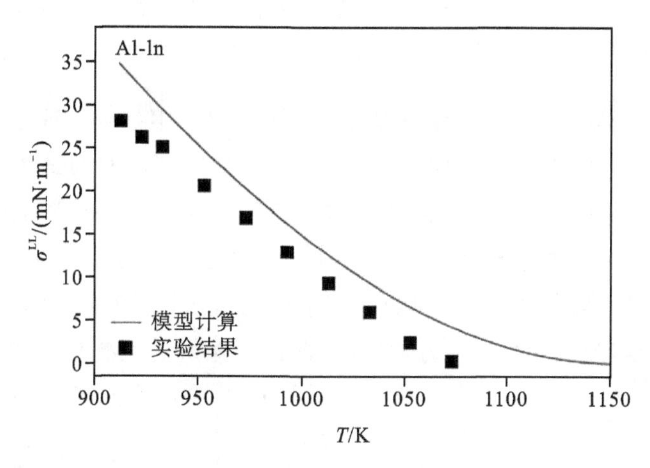

图 7.4　不混溶系统 Al－In 的液-液界面能 σ^{LL} 与温度的关系。方块符号(■)代表实验数据[298]，实线代表模型[172]

不混溶 Al－In 系统的临界温度为 $T_C \approx 1150$ K[303]。可查到的实验数据范围为 900 K$\leqslant T \leqslant$1070 K。在研究的温度范围内 σ^{LL} 从 900 K 时的 28 mN・m^{-1}变到 1070 K 时的 0 mN・m^{-1}。尽管式(7.4)的模型比实验值略微高 5 mN・m^{-1}，但它准确地再现了界面能对温度的依赖性(斜率)。此外，计算还准确地再现了温度的升高使界面能渐近于零，曲线呈现凹形的结果[172]。因此，模型和实验数据之间的整体一致性对于这个特定的体系来说是非常好的。

图 7.5 为两大体相 x_{Al}^{BI} 和 x_{Al}^{BII} 的 Al 摩尔分数以及界面层 x_{Al}^{LL} 与温度的关系。x_{Al}^{LL} 随温度变化很弱。随着 T 从 1150 K 降低到 900 K，它稳定地从 62 at.%变到 59 at.%。通过求解式(7.4)获得的 x_{Al}^{LL} 值与图 7.5 体相中 Al 摩尔分数的算术平均值非常接近，后者从 1050 K 时的 62 at.%降到 900 K 时的 52 at.%。在文献[172]所讨论的三个体系中都可以观察到这种特征。

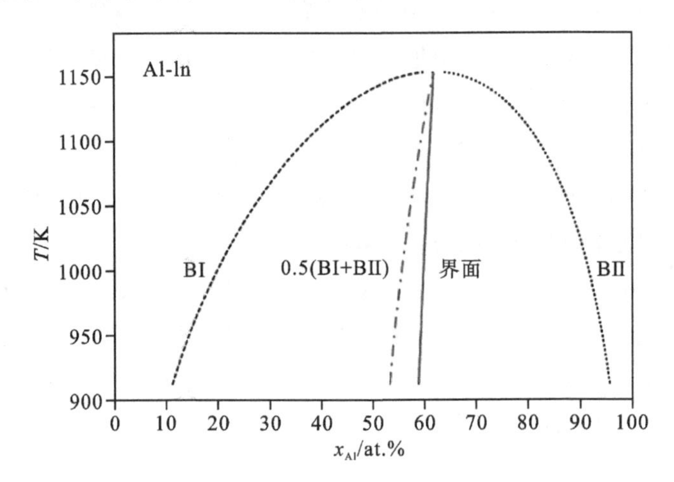

图 7.5　Al－In 不混溶系统中 BI(虚线)和 BII(点线)两个块体相的 Al 摩尔分数以及界面(实线)。为了比较，还显示了两个块体相组成的算术平均值(点画线)

在 Al－Pb 体系中，模型计算与实验测量也获得了很好的一致结果[172]。在第三个体系 Al－Bi 中，根据所使用的热力学参数，获得了不同的结果。例如，使用 Mirkovic[304] 的参数计算，使 Al－Bi 的实验数据被低估了 1.5 个常数因子。另一方面，当应用 Kim[302] 的参数计算时，实验数据被高估了 1.7 倍。这表明，热力学参数计算的微小差异可以对界面能预测结果产生很大的影响。因此，文献[172]中开发的模型的准确度，关键取决于热力学参数，即作为输入的过剩自由能 ^{E}G 的参数的准确度。

7.3 形状记忆合金

本节所述内容的目标是开发和构造基于磁性形状记忆合金的汽车节能制动器。

机动车的能源效率主要取决于能源从化石燃料到动力的转化。发动机大约15%的能量被用于二次聚合和电子设备的消耗[305]。在许多这样的系统中，电磁制动器扮演着至关重要的角色，一辆典型的汽车可能有60多个电磁制动器[306]。因此，它们大大增加了汽车的能源消耗。

因此，目前对提高能源效率和减少CO_2排放的需求①也推动了新的制动器技术的发展。例如，西门子公司开发的压电共轨系统可将能耗降低约30%，而据称该技术可将CO_2排放量减少约25% [307]。

显然，在这一全新的且与社会和技术相关的领域中，新材料在新的制动器概念的发展中发挥着关键作用。除了压电材料外，磁控形状记忆合金(magnetic shape memory alloy，MSMA)似乎很有前景，并在制动器的应用方面表现出最高潜力。由BMBF资助的EFAM②项目的目标之一就是找到、生产并优化用于这种制动器的材料。

由Ga-Mn-Ni制备的磁控形状记忆合金(MSMA)形状变化能力最大，其磁场诱导应变(magnetic field induced strains, MFIS)达到10%。MSMA在较宽的温度范围内具有高的磁场诱导应变和快速的频率响应，这使得该合金应用在制动器和传感器上更具有吸引力。此外，报道称单晶样品的磁场诱导应变高于相应的多晶材料。Ga-Mn-Ni基合金的定向单晶可以在实验室使用区域熔化或Bridgman技术获得。然而，从实验室规模升级到工业规模的大批量单晶，仍然是一个具有挑战性的任务。因此，在晶体质量和尺寸方面优化单晶生长技术时，可使用工艺过程仿真模拟方法来支持技术开发[308]。

这些仿真模拟工具需要输入材料液固相热物理特性参数。在本书的工作中，这些特性已经被精确地确定，它们可被用来模拟样品和炉内的热场分布。

与此方面相关的参数如表7.2所示，包括密度、转变温度和相应的热量、固相分数、比热、热扩散、导热系数、黏度和蒸发率。

---

① 如第1章所述，对提高能源效率和减少二氧化碳排放的要求也推动了铸造工艺新技术的发展。

② 项目全称为“Energieeffiziente Formgedächtnislegierungen für Automobilanwendungen - EFAM (2009—2012)”。

这种仿真模拟工具在特定 Ga - Mn - Ni 合金的例子中的适用性在文献中得到了证明[308]。在这项工作中，测定了磁性形状记忆合金 $Ga_{25}Mn_{25}Ni_{50}$ 在浓度变化±2 at. %范围内的热物理性能。第二步，在 Bridgman - Stockbarger 型实验炉中进行了不考虑熔体流动影响的整体热模拟。这些模拟来自 Behnken[308]的工作，允许改变 Bridgman 型晶体生长的相关工艺参数，如样品几何形状、加热器温度和提取率等。最后，将文献[308]中的模拟结果与 Drevermann 的基准实验结果进行比较，以验证该方法的预测能力。

表 7.2 在 EFAM 项目中确定的参数：EML＝电磁悬浮，DTA/DSC＝差热分析/差示扫描量热法，LFA＝激光闪光分析（导热仪），SSCCM＝稳态同心圆柱法，TGA＝热重分析法，OQB＝振荡石英天平，HOC＝高温振荡坩埚黏度测定法

参数	测试方法	对应相
密度	EML	液相
转变温度	DTA/DSC	固/液相
相变热	DSC	固/液相
比热	DSC	固相
热扩散	LFA	固相
热导率	DSC/LFA/SSCCM	固相
热导率	SSCCM	液相
蒸发率	TGA/OQB	固/液相
固体黏度分数	HOC	液相

7.3.1 方法

样品制备的细节见文献[308]。液相的密度 ρ 是通过电磁悬浮法测量的。合金的固相线温度 T_S和液相线温度 T_L、潜热 H_f、固相分数 $f_S(T)$和比热 $c_P(T)$ 用差示扫描量热法（DSC）测得。这种技术的原理在许多教科书中都有描述，如文献[309 - 310]。文献[308]中使用的 DSC 装置是 Netzsch Pegasus 404 C 型热流计，其最高使用温度可达 2023 K。炉子以速率 β 线性升温或冷却。当相变发生时，热交换本身表现为温差 ΔT 和热流 Φ 的变化峰。在熔化时，这个峰的起始点温度与固相线温度 T_S相同。液相线温度 T_L是由最大峰值温度 T_{max}线性外推到零升温速率来确定的。为此，在文献[308]中进行了不同加热速率的测量。

潜热 H_f 是通过对峰值下的面积进行积分得到的，该积分考虑了 S 型基线校正 $\Phi_{BSL}(T_F)$ 和炉温 T_F。

固相分数 f_S 是由部分峰面积与潜热 H_f 的比值确定的，详细描述见文献[308,311]。最后，比热 $c_P(T)$ 是通过对蓝宝石标准参考样品测量来校准的。

热扩散系数 α_T 使用激光闪光技术(laser flash technique, LFT)来测量[312-313]。激光波长为 1064 nm、持续时间为 0.3～1.2 ms 的 20 J 短红外激光脉冲在一侧击中扁平薄样品。响应温度的上升由相邻一侧的探测器监测。从信号增加时间的一半和样品的厚度来计算热扩散系数，见文献[308]。整个实验过程中样品是固态。

在已知 α_T、c_P 和密度 ρ 的情况下，通过已知关系可求出热导率 λ：

$$\lambda = \rho c_P \alpha_T \tag{7.5}$$

对于液态材料，在文献[308]中使用的稳态同心圆柱法(steady state concentric cylinder method, SSCC)[314]可作为一种补充方法，以便直接确定 λ。这些测量是由 Sklyarchuk 和 Plevachuk[308]进行的。该装置由两个同轴的 BN 圆柱体组成，它们之间有一个小间隙。在两个圆柱体和处于固态或液态的样品材料中产生径向温度梯度。测量保持该温度梯度所需的功率 ΔP，以便可以根据圆柱层导热相关公式计算热导率[308]。

文献[314]详细描述了实验装置、校正方法以及对实验误差的分析方法。测量的热导率的总误差约为 7%。

在凝固基准实验中，用多晶主合金材料制备直径为 10 mm、长度为 153 mm 的圆柱棒[308]。沿着样品内部的中心轴放置 6 个热电偶，分布在相对于底部的不同固定位置：z=25.2 mm、51 mm、75.2 mm、96 mm、114 mm 和 135 mm。带热电偶的棒状样品被氧化铝保护管包围。这个管子的内径为 10 mm，长度为 200 mm，以使样品能装在里面。样品和管都固定在炉内，后者的简易示意图如图 7.6 所示。

在实验中设置温度为 1790 K，这远高于样品的液相线温度。对于 LMC 冷却，使用 300 K 的 Ga - In 合金[308]。通过把样品从冷区向热区的平移使其定向熔融[308]。当样品上部的 85%处于熔融状态时，保温 10 min 以便实现热平衡[308]。此后，对加热器降温，样品开始凝固。降温速率为 50 K · $\min^{-1}$。在此过程中，凝固前沿开始从下边挡板内向上移动到加热区[308]。样品的最上面部分在几秒钟内立即结晶。在实验的各个阶段，用热电偶测量各位置温度并记录[308]。

为了实现热模拟，在文献[308]中描述实验炉的详细有限元(finite - elements, FE)模型。模拟过程通过 StarCAST™程序包[8]进行。

在有限元模型中，实验装置被简化为加热炉的主要相关部件[308]。从炉内层管到中心热电偶的实际热传递是热传导和热辐射的混合效应，整个传热取决于热电偶和保护管壁的局部接触情况[308]。该模型没有明确考虑热电偶，但将其内部空间定义为隔热材料[308]。

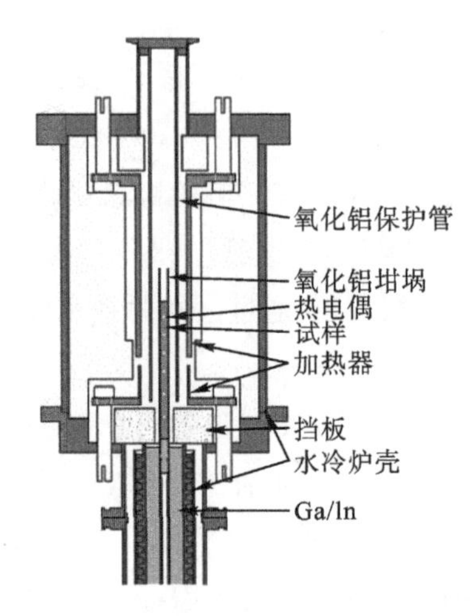

图 7.6　LMC 实验炉原理图。热电偶的标记位置相对于杆的底部分别为：z=25.2 mm、51 mm、75.2 mm、96 mm、114 mm 和 135 mm[308]

当试样及其保护管固定在内部空间中时，熔炉与金属槽相连，可上下移动，分别用于定向凝固和定向熔化[308]。

该模拟考虑了元件内部的热传导、元件之间直接接触的传热、所有自由表面之间的热辐射、凝固材料的结晶潜热，以及液态金属在挡板下方的冷却[308]。自由表面通过辐射参与热交换。文献[308]用净辐射法[315]模拟了这个问题。

7.3.2　结果与讨论

此处的密度是用电磁悬浮来测量的。此样品虽然能稳定悬浮，但由于 Mn 和 Ga 蒸发造成的质量损失比较严重。为了将质量损失引起的误差保持在足够低的水平，在每个温度下进行单独的悬浮试验[308]。图 7.7 为利用这种方法得到的密度随温度 T 的变化情况。因此，不同的符号对应着不同样品的实验数据。数据的分散度约为±0.7%。这比第 2 章估计的±1.0%的误差要小。

温度在 1410～1570 K 之间时，密度从 6.9 $g\cdot cm^{-3}$线性下降到 6.7 $g\cdot cm^{-3}$。用式(3.9)进行拟合，得到 T_L=1405 K 时的密度 ρ_L =6.90 $g\cdot cm^{-3}$，其温度系数为 ρ_T = $7.3\times10^{-4} g\cdot cm^{-3}\cdot K^{-1}$。

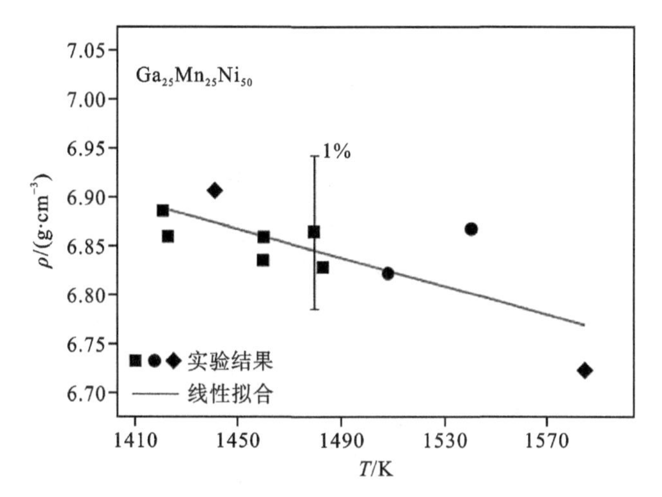

图 7.7　液态样品的密度与温度的关系。不同的符号代表实验时使用的不同样品。实线是简单的线性拟合。误差条显示的是一个数据点 1.0%的绝对误差的例子[308]

对 3 个不同的样品，用 $\beta=\pm 10\ \mathrm{K\cdot min^{-1}}$、$\pm 20\ \mathrm{K\cdot min^{-1}}$ 和 $\pm 30\ \mathrm{K\cdot min^{-1}}$ 的加热和冷却速率进行热分析实验，得到的 DSC 曲线如图 7.8 所示[308]。此图反映样品的热流 Φ 与温度的关系，最高温度为 1573 K。

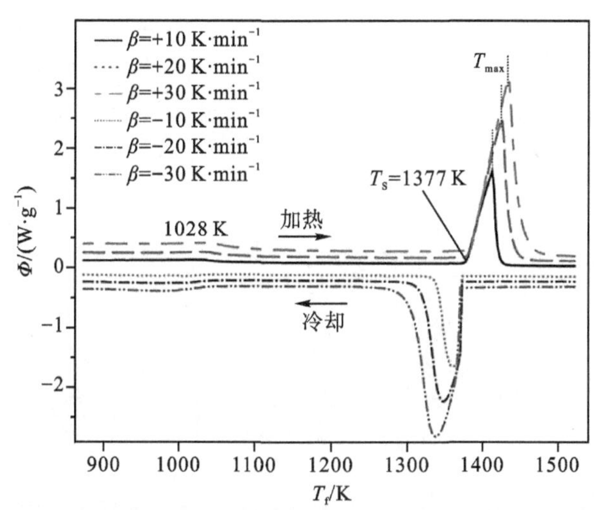

图 7.8　加热和冷却的 DSC 曲线。温度速率 β 分别为 $\pm 10\ \mathrm{K\cdot min^{-1}}$，$\pm 20\ \mathrm{K\cdot min^{-1}}$，$\pm 30\ \mathrm{K\cdot min^{-1}}$。熔化峰的起始点坍缩到固相线温度 T_S 上。最大峰值温度 T_{max} 用虚线垂直线表示。在加热曲线上 1028 K 左右和冷却曲线上 970 K 左右可见的小拐点，对应于 λ 跃迁[308]

在图 7.8 中可以看到两处显著特征的位置:加热曲线约在 1028 K 处和冷却曲线约在 970 K 处各有一个小峰,加热曲线在 1370～1570 K 之间和冷却曲线在 1270～1370 K 之间各有一个主峰。1028 K 左右的特征峰是由二阶相变引起的[308]。由于峰的形状,这通常被称为"λ 跃迁"[310]。Mn - Ni 二元合金在这个温度下也发现了这种转变,它对应于原子排列发生的变化[310]。

加热曲线中的大峰对应合金的熔化。固相温度 T_S 与峰的起始温度一致。它不随升温速率 β 变化。这里 T_S 被确定为(1377±1) K。将峰值温度 T_{max} 随 β 的变化关系外推至 $\beta=0$,得出液相线温度为 $T_L=(1405\pm1)$ K。最后,得到熔化热为 $H_f=(223\pm15)$ J·g^{-1}。

根据 $\beta=10$ K·min^{-1} 时的加热曲线,确定了固相在熔融过程中的分数 $f_S(T)$ 变化规律。它与样品温度 T 的关系如图 7.9 所示。在温度低于 T_L 时,结果显示曲线具有预期的形状:在 $T<T_S$ 时,f_S 等于 100%;在 $T_S<T<T_L$ 时,f_S 随温度升高而单调降低[308]。然而,接近液相线温度时,曲线呈凹形,当 $T>T_L$ 时,曲线接近于水平轴。而且,在 $T=T_L$ 时,$f_S\neq0$。这种现象在 DSC 实验的动态过程下是可以理解的,因为在 $T=T_L$ 时的热力学平衡只是近似的[308]。

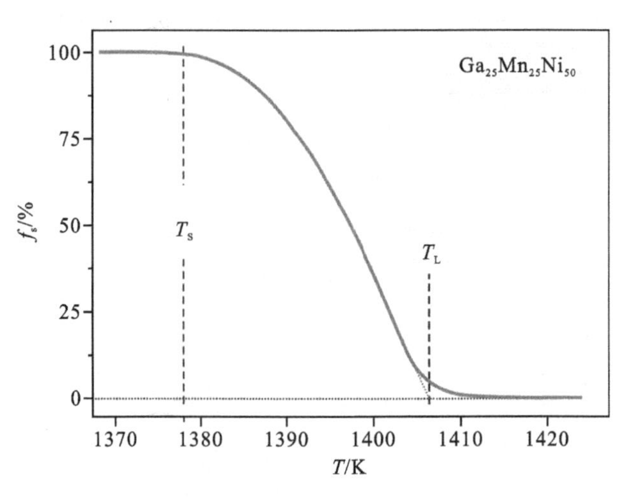

图 7.9　根据 DSC 曲线计算出固相分数与温度的关系[308]

图 7.10 展示了加热速率 β 为 10 K·min^{-1} 时得到的比热 c_P 与炉温 T_F 的关系曲线[308]。温度范围 500～1370 K,对应于样品的固态性质。c_p 在 1033 K 时达到最大值。在最大值的左边,大约在 650～800 K 之间,c_P 随着温度的升高而线性增加,从 650 K 的 0.45 J·g^{-1}·K^{-1} 增加到 800 K 时的约 0.47 J·g^{-1}·K^{-1}。

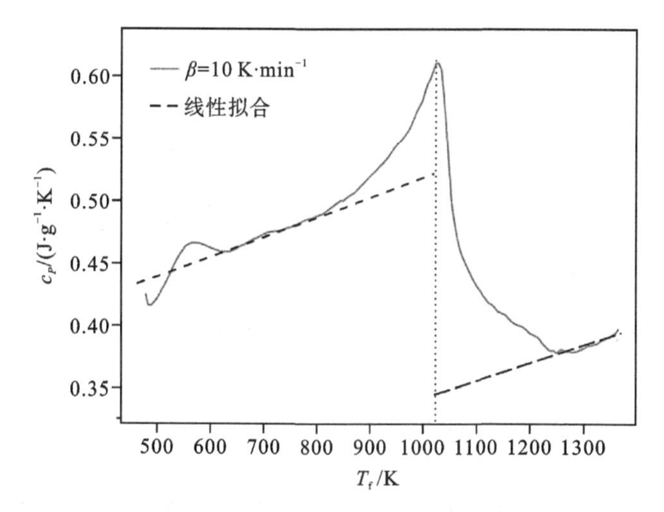

图 7.10 在加热速率为 10 K · min^{-1}(实线)时,固态试样的有效比热 c_P 与温度关系。为了消除 λ 跃迁的畸变效应,将 c_P 线性外推到峰值(虚线)下的区域[308]

在最大值右侧高于 1253 K 时,c_P 也随温度的升高而线性增加,从 0.37 J · g^{-1} · K^{-1} 增加到 1400 K 时的 0.4 J · g^{-1} · K^{-1}。最大值对应于 λ 跃迁。在图 7.10 中可以看出,大约在 770 K 到 1253 K 之间是一个非对称形状的峰。该体系不是单相体系,测量的 c_P 曲线必须视为"有效"比热。为了获得峰值下区域的 c_P 信息,在图7.10中的两侧线性外推至 1028 K 的相变温度。进而得到以下曲线,其误差约为±10%[308]:

$$c_P/[\mathrm{J}\cdot\mathrm{g}^{-1}\cdot\mathrm{K}^{-1}] = 0.38 + 7.5\times10^{-5}T \quad (500\ \mathrm{K} < T < 1028\ \mathrm{K}) \tag{7.6}$$

$$c_P/[J\cdot\mathrm{g}^{-1}\cdot\mathrm{K}^{-1}] = 0.4 + 4.0\times10^{-5}T \quad (1028\ \mathrm{K} < T < 1400\ \mathrm{K}) \tag{7.7}$$

激光闪光分析得到的热扩散系数 α_T (T)随温度的变化曲线如图 7.11 所示。数据测量范围为 300 K<T<1300 K。因此,在 T<T_L 范围内,$Ga_{25}Mn_{25}Ni_{50}$ 样品为固态。当 T<700 K 时,α_T 随温度呈近似线性增加,从 300 K 时的 4.5 mm^2 · s^{-1} 增加到约 700 K 时的 6.0 mm^2 · s^{-1}。

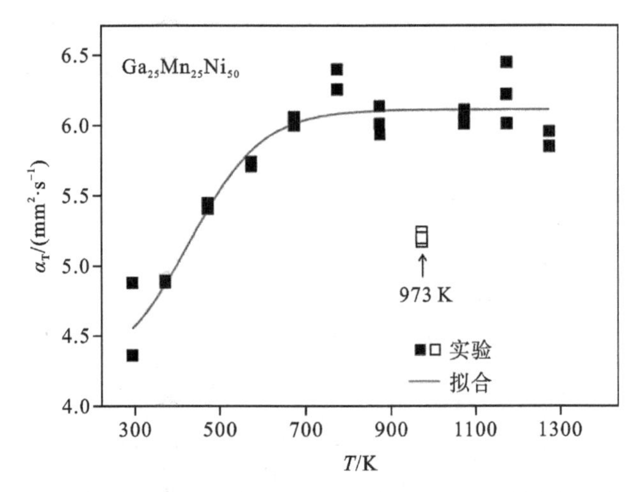

图 7.11　热扩散系数与温度的关系。固体样品(■)的数据是用激光闪光法得到的。曲线是用式(7.8)拟合得到的。空心符号(□)对应 970 K 的数据，其不包括在拟合曲线中[308]

当温度高于 700 K 时，除了在图 7.11 中 973 K 时的数据点显示出最小值 $\alpha_{\mathrm{T}} \approx 5.0\ \mathrm{mm^2 \cdot s^{-1}}$ 外，其他温度的热扩散系数保持在常数($6.0\ \mathrm{mm^2 \cdot s^{-1}}$)。这一最小值与 DSC 曲线在 1028 K 时观察到的相变有关。激光闪光法在发生相变的温度范围内测的数据可能具有误导性。激光能量使样品内部温度升高，并在较低温度下驱动相变[308]。这一过程消耗了一部分激光能量，使热扩散系数的值出现降低。因此，当实验数据由以下经验方程拟合时，最小值不包括在内(图 7.11 中的实线)[308]：

$$\alpha_{\mathrm{T}} = \alpha_{\mathrm{T,max}} + \frac{\alpha_{\mathrm{T,min}} - \alpha_{\mathrm{T,max}}}{1 + \exp((T - T_0)/\Delta T)} \tag{7.8}$$

式中，$\alpha_{\mathrm{T,min}}$、$\alpha_{\mathrm{T,max}}$、T_0、ΔT 为拟合参数；$\alpha_{\mathrm{T,min}}$、$\alpha_{\mathrm{T,max}}$ 分别表示热扩散系数的最小值和最大值；T_0 和 ΔT 决定拟合曲线的斜率。通过式(7.8)拟合实验数据，得到以下拟合参数数值：$\alpha_{\mathrm{T,max}} = 6.11\ \mathrm{mm^2 \cdot s^{-1}}$，$\alpha_{\mathrm{T,min}} = 4.26\ \mathrm{mm^2 \cdot s^{-1}}$，$T_0 = 432.64\ \mathrm{K}$，$\Delta T = 84.06\ \mathrm{K}$。显然，在误差范围为±10%条件下，拟合曲线与实验数据吻合[308]。

利用式(7.5)，计算热扩散系数、密度和比热的乘积得到热导率 λ。c_P 值取自适用于各自温度范围的式(7.6)和(7.7)。α_{T} 由式(7.8)求得。固相的密度数据不可用，因此只能估计固体样品的 λ。为此，固体样品的密度与温度的关系是根据固体元素的密度计算得出的[17,316-317]。假设过剩体积为零并忽略共存固相之间可能存在的密度差异[308]。这一计算过程是合理的，因为对于绝大多数合金，固态比液态的过剩体积通常要小一个数量级以上。

图 7.12 为用这种方法得到的热导率 λ 随温度变化的关系。在 470 K 和1028 K 之间，随着温度升高，λ 从约 17 $W \cdot m^{-1} \cdot K^{-1}$缓慢增加到略大于22 $W \cdot m^{-1} \cdot K^{-1}$。在 1028 K 时，由于发生了相变，$\lambda$ 突然降至约 15 $W \cdot m^{-1} \cdot K^{-1}$。温度高于 1028 K 时，$\lambda$ 随温度升高而直线增加，最终在温度 $T=T_L$时 λ 达到16 $W \cdot m^{-1} \cdot K^{-1}$，如图 7.12 所示。

利用稳态同心圆柱法（SSCC），在 1270 K 以上直接测量 λ。结果如图 7.12 中的符号所示[308]。在大约 1270 K 至液相线 T_L的温度区间，固相的热导率 λ_S 可以用一个温度系数为正的线性函数来描述[308]：

$$\lambda_S = 11.2 + 4 \times 10^{-3} T \quad [W \cdot m^{-1} \cdot K^{-1}] \tag{7.9}$$

从图 7.12 可以看出，稳态同心圆柱法直接测量的热导率与通过式（7.5）结合激光闪光法和 DSC 测量数据的计算结果非常吻合。

在液相线温度 T_L处，与 λ_S 相比，熔体的热导率 λ_L 会大约下降5.0 $W \cdot m^{-1} \cdot K^{-1}$。因此，发现液态合金的热导率与温度呈线性关系[308]：

$$\lambda_L = 0.3 + 8.8 \times 10^{-3} T \quad [W \cdot m^{-1} \cdot K^{-1}] \tag{7.10}$$

文献[308]详细讨论了基准实验与相应模拟的结果对比。在此，应该指出的是，两者之间有很好的一致性，证明了仿真模拟的准确性。

基准实验开始时，模具的主体在挡板下方，用液态金属冷却。当加热器达到其预期温度时，试样开始进入加热区，熔化前沿随试样移动[308]。加热器下部和上部的最高温度分别为 1833 K 和 1803 K。

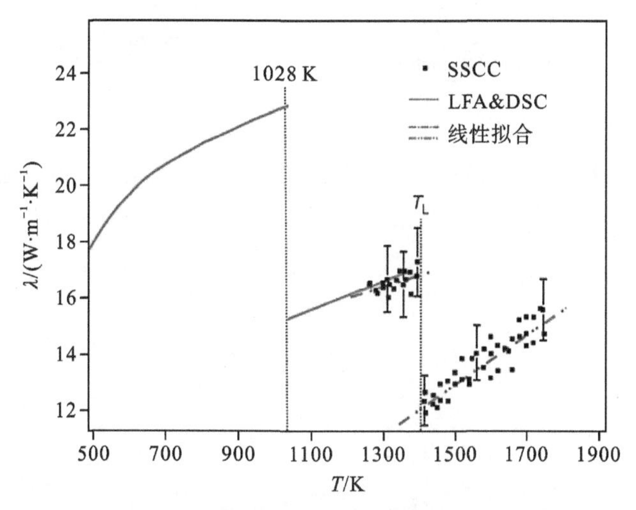

图 7.12　根据 LFA 和 DSC 分别得到热扩散系数和比热，由式（7.5）计算出热导率与温度的关系。用 c_p 的线性外推法得到实线。方块符号对应于用稳态同心圆柱法（SSCC）直接测量的固态和液态样品的 λ 数据[308]

模拟实验开始时，所有组元都处于室温。使用实验测量的加热器温度分布作为模拟加热器表面的边界条件。

例如，图 7.13 显示了凝固基准实验获得的温度-时间曲线，以及 z=25 mm、51 mm 和114 mm 位置处三个热电偶的相应计算曲线。为了清晰起见，没有绘制 z=75 mm、96 mm 和 135 mm 的曲线，尽管它们在实验和模拟中显示出同样良好的一致性[308]。

综上所述，针对所选定成分的 Ga－Mn－Ni 合金，获得了全面的热物理性能数据。其可用于描述和表征体系在固态和液态下的热力学行为。采用 $Ga_{25}Mn_{25}Ni_{50}$ 的数据，仿真模拟再现了基准实验的结果，模拟与基准实验具有良好的一致性。由此证明了从相关热物理性能实验数据的确定到模拟中准确预测熔化和生长过程的整个“过程工艺设计”链的可行性[308]。

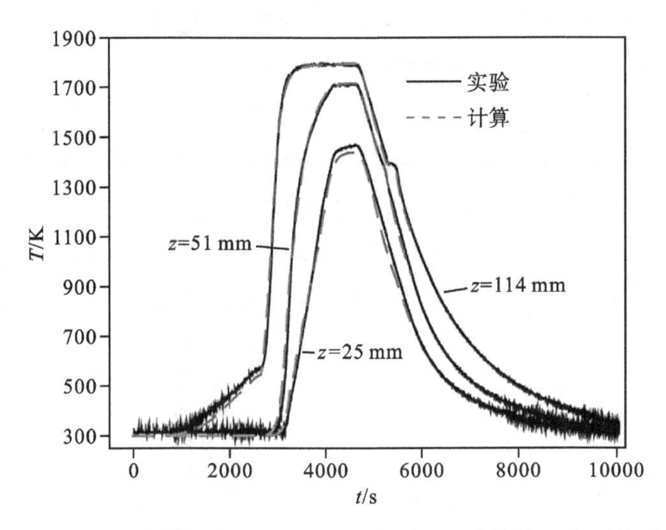

图 7.13　用图 7.6 中标记位置的三个热电偶测量和计算的温度-时间曲线[308]

第 8 章

总结

8.1 讨论

在前几章中，描述、讨论和比较了所测得的二元和三元体系的密度、表面张力以及黏度与温度和成分的关系。进一步讨论了两个性质间的内在关系：表面张力与黏度的关系以及黏度与自扩散的斯托克斯-爱因斯坦关系。在本章中，将对这些结果进行总结，从而得出一般性的结论。

在第 3～5 章中，研究的所有体系被分为三个不同的类别，分别表示为第Ⅰ类、第Ⅱ类和第Ⅲ类。第Ⅰ类包含过剩自由能为正的体系，即${}^{E}G>0$，这里有一种元素是 Cu，其他元素为过渡金属。第Ⅱ类合金由电子构型相似的元素组成，即属于元素周期表的同一族或都是过渡金属。虽然是这样定义的，Al 和 Si 并不属于周期表的同一主族，但 Al－Si 仍被归入第Ⅱ类。主要是因为这两种元素的电子构型相似（Si：[Ne]$2s^2 3p^2$，Al：[Ne]$2s^2 3p^1$），它们在液态下相互作用较弱。因此，Al－Si 被归入到第Ⅱ类。最后，第Ⅲ类是具有强相互吸引的体系，即${}^{E}G\ll 0$。这些体系主要是铝基合金，不包含 Al－Si。此外，Cu－Si 和 Cu－Ti 体系也被归为第Ⅲ类。由于 Ti 是过渡金属，Cu－Ti 体系也可归入第Ⅰ类，但其强的负过剩自由能在第Ⅲ类合金中较为典型。

表 8.1 中比较了在第 3～5 章中得到的每个体系各个属性的结果。表 8.1 也是表 3.14、表 4.15 和表 5.11 的汇总。从这个表中可以明显看出，理想或非理想溶液属性并不完全依赖于体系。例如，Ag－Al－Cu 的密度和表面张力在三元成分范围内服从理想溶液定律，见第 3 章和第 4 章。然而，该体系在黏度方面表现出高度不理想的行为，见第 5 章。此外，过剩自由能是强负的。因此，理想或非理想溶液

取决于相应的性能。因此，就所有性质而言，像 Ag－Al－Cu 这样的体系既不是完全理想的，也不是完全非理想的。另一个例子是 Cu－Fe－Ni。它展示了具有明显正三元项的非理想过剩体积，明显偏离理想值的表面张力，还有 Cu 严重偏析。此外，正的过剩自由能使体系在过冷温度范围内不混溶或发生分解。同时，它的黏度却与理想行为的偏离程度很弱，见第 5 章。

表 8.1　在本书所有体系中观察到的关于过剩体积、表面偏析和黏度的趋势

<table>
<tr><th rowspan="2"></th><th rowspan="2"></th><th rowspan="2">过剩体积 ^{E}V</th><th rowspan="2">偏析</th><th colspan="3">黏度</th></tr>
<tr><th>过剩黏度 $^{E}\eta$</th><th>混合活化能 ΔE_A</th><th></th></tr>
<tr><td rowspan="6">第Ⅰ类</td><td>Co－Cu－Ni</td><td>—</td><td rowspan="6">强</td><td>≈0</td><td>—</td><td rowspan="2">理想</td></tr>
<tr><td>Cu－Fe－Ni</td><td rowspan="3">+</td><td>—</td><td>≈0</td></tr>
<tr><td>Cu－Cu－Fe</td><td colspan="3" rowspan="4"></td></tr>
<tr><td>Cu－Fe</td></tr>
<tr><td>Cu－Ni</td><td>—</td></tr>
<tr><td>Co－Cu</td><td>+</td></tr>
<tr><td rowspan="9">第Ⅱ类</td><td>Co－Cu－Ni</td><td>+</td><td></td><td>0</td><td>—</td><td rowspan="2">理想</td></tr>
<tr><td>Fe－Ni</td><td rowspan="6">0</td><td rowspan="2">弱</td><td>0</td><td>—</td></tr>
<tr><td>Al－Si</td><td colspan="3" rowspan="7"></td></tr>
<tr><td>Ag－Cu</td><td>强</td></tr>
<tr><td>Ag－Au</td><td rowspan="5"></td></tr>
<tr><td>Au—Cu</td></tr>
<tr><td>Co－Fe</td></tr>
<tr><td>Cr－Ni</td><td rowspan="2">+</td></tr>
<tr><td>Cr－Fe</td></tr>
</table>

续表

		过剩体积^{E}V	偏析	黏度		
				过剩黏度$^{E}\eta$	混合活化能 ΔE_{A}	
	Co - Sn			0	—	理想
	Al - Cu - Si	0		—	⩽0	
	Ag - Al - Cu			+	+	非理想
	Al - Cu			+	+	
	Al - Au	—				
第Ⅲ类	Au—Fe		弱			
	Al - Ni					
	Cu - Ti	+				
	Cu - Si	+/—				
	Ag - Al	—				

二元和三元体系的比较表明:所有研究体系的表面张力都可用现有的热力学模型充分描述。

现有模型主要有 Butler 方程,或者在所谓的复合成形合金的情况下的 Egry 模型。合金基本上有两类体系:分别为$^{E}G<0$ 和$^{E}G\geqslant 0$。前者表现出弱偏析行为,后者表现出强偏析行为。此外,与二元项相比,三元项^{T}G 在式(3.17)中通常较小。因此,忽略它不会对所预测的表面张力有任何重要影响,见第 4 章。

就密度而言,情况更为复杂。在第 3 章中发现,Co - Cu - Fe、Ag - Al - Cu 和 Cr - Fe - Ni 三元体系的摩尔体积可以由二元子体系的摩尔体积预测出来。对于这些特定的体系,式(3.20)中的三元项为零,即$^{T}V=0$。然而,也有许多体系,比如 Al - Cu- Si、Co - Cu - Ni 和 Cu - Fe - Ni,需要在式(3.20)中考虑占主导地位的三元项$|^{T}V|\gg 0$,以计算过剩体积。因此,^{T}V 一般是非零的,三元合金的密度并不能仅仅由二元子系统累加来表示。

此外,没有确定或明确的通式可以用来预测过剩体积,例如 Cu - Ni、Co - Cu - Ni、Co - Cu 和 Cu - Fe 体系都具有正的过剩自由能。而同时,Cu - Ni 和 Co - Cu - Ni 体系呈现负过剩体积,Co - Cu 和 Cu - Fe 体系却呈现正过剩体积。

然而,在所研究的体系中大致有下列粗略趋势:属于第Ⅱ类的合金,即由具有类似电子结构的元素组成的合金，其剩余体积约为零。含有一种或多种过渡金属的正过剩自由能的铜基合金，即属于第Ⅰ类的合金，往往具有正过剩体积。最后是第Ⅲ类的合金，即那些$^{E}G \ll 0$的体系，倾向于表现出强负的过剩体积。事实确实如此，特别是铝基合金。

在所有的情况中都存在归类方案的例外。例如，Cu - Ti被归为第Ⅲ类，但$^{E}G \ll 0$和$^{E}V > 0$；或Cu - Ni体系被归为第Ⅰ类，而$^{E}G > 0$和$^{E}V < 0$。这些例外再次证实了^{E}G与^{E}V的关系并不明显。Amore[162]的模拟研究也得到了同样的结果。

此外，将Cu - Ti归到第Ⅲ类是可疑的。由于Ti是过渡金属，Cu - Ti也可归入第Ⅰ类。Cu - Ti表现出正的过剩体积，因此符合这个类别中其他合金的趋势。然而，这并没有什么好处。一方面，这似乎会减少表8.1中的异常数量。另一方面，是同时出现了另一个例外，因为Cu - Ti显示弱偏析，而第Ⅰ类的其他体系表现出强偏析。

研究体系的黏度表明，如果不考虑体系属于哪一类，Kozlov模型是最适合于所有体系的预测模型。因此，在第5章中，就黏度而言选择了Kozlov模型来定义体系是理想的还是非理想的。对于黏度，这个定义是与模型相关的。事实发现，在本书研究的大多数合金体系中，η可近似为理想。唯一表现出非理想行为的体系是Al - Cu和Ag - Al - Cu。这两个体系都被归为第Ⅲ类。

如果根据每种材料类别来评估模型的优劣，以下初步趋势就变得很明显：第Ⅰ类合金的黏度可用Kaptay模型较好地描述，第Ⅱ类体系的黏度可用Kozlov模型较好地预测，第Ⅲ类体系的黏度可用Brillo/Schick模型较好地描述。鉴于在第5章中所研究的体系数量有限，显然还需要进一步澄清。

与表面张力的情况类似，三元合金的黏度也可以通过忽略^{T}G而从其二元子系统的性质来预测。

除了混合规则外，第6章还研究了这些性质间的关系。可用的数据允许验证表面张力和黏度之间的关系。这种关系可以从两个属性定义的形式相似性中推导出来。它的有效性在除铝以外的纯金属中得到了证实。此外，还验证了合金表面张力与黏度之间关系的正确性。然而，由于数据精度不足，通过Butler方程从^{E}G预测黏度的新方法未能成功。

此外，我们还在两种情况下检验了斯托克斯-爱因斯坦关系。对于堆积密度较低的$Al_{80}Cu_{20}$体系，证明了此关系式在1400 K以上的温度下有效。在1400 K以下，斯托克斯-爱因斯坦方程的偏差随着温度的降低而增加。对于$Al_{80}Cu_{20}$系统，扩散速度随着温度的降低明显快于斯托克斯-爱因斯坦定律的预期值。这种行为与通常观察到的情况相反。

利用静电悬浮对堆积密度较高的 $Ni_{36}Zr_{64}$ 体系进行研究表明，斯托克斯-爱因斯坦关系对该体系无效。$Ni_{36}Zr_{64}$ 在动态冻结模式耦合温度以上已经超过 1000 K 时，动力学特性明显是集体性的。由于 $Ni_{36}Zr_{64}$ 是一个高堆积密度体系，黏性流动和扩散在同一时间尺度上发生。因此，如第 6 章所示，$D \cdot \eta =$ 常数[32]。

8.2　问题回答

根据第 8.1 节总结的研究结果，有可能回答第 1.5 节提出的关键问题。每个问题都得到一定程度地解决：

Q:1　是否存在预测混合行为物理参数的一般规律？进而，相似材料之间的混合行为是否具有某些共性？

预测过剩体积没有一般的规则。从严格意义上讲，甚至连它们的迹象都无法预测。根据成分的不同，研究的体系可以划分为三种不同的类别：第Ⅰ类，由 $^{E}G>0$ 的过渡金属的 Cu 基合金组成；第Ⅱ类，由具有相似电子结构元素的合金或具有相同主族元素的合金组成；第Ⅲ类，由具有强负过剩自由能的合金组成，这一类的大多数是 Al 基体系。以下趋势是明显的：第Ⅰ类合金的过剩体积为正，第Ⅱ类合金的过剩体积近似为零，第Ⅲ类合金表现出强负过剩体积。当然，在每一类中都有例外存在。

对表面张力的研究，发现 Butler 方程是可靠的。对于复合形成体系来说，必须使用 Egry 模型。关于表面张力，根据 ^{E}G 的正负号不同，将这些体系分为两类。明显偏析的发生在 $^{E}G>0$ 的体系中，只有弱偏析的发生在 $^{E}G<0$ 的体系中。

在黏度方面，大多数合金表现出理想的混合行为。研究表明，Kaptay 模型最能预测第Ⅰ类合金的黏度，Kozlov 模型最能描述第Ⅱ类合金的黏度，对于第Ⅲ类系统，Brillo/Schick 模型与实验数据最为吻合。相似体系之间的共性比较见表 8.1。

Q:2　是否有可能建立过剩热物理性能与热力学势之间的关系？如果存在这种关系，那么它的适用性和效果如何？

对于密度而言，这种关系是不存在的。过剩体积主要可以通过$^{E}V=\partial^{E}G/\partial P$推导出来，其中$P$是压力。然而，$^{E}G(P)$通常是未知的。对于这种模型，取$^{E}V\propto{}^{E}G$可能是一种合理的方法。然而，从表3.14中可以明显看出，这与例外情况相矛盾。Amore和Horbach[162]的模拟研究基本上得到了相同的答案。过剩体积仍然是个迷。到目前还没有其他尝试去改变这种情况。

用Butler方程或复合成型体系的Egry模型预测表面张力，是绝对没有问题的。

在黏度方面所研究的大多数体系都可以看作是近似理想的。如前所述，第Ⅰ类合金的黏度用Kaptay模型预测最好，第Ⅱ类合金的黏度用Kozlov模型描述最好，第Ⅲ类体系的黏度用Brillo/Schick模型预测最好（见**Q:1**的回答）。

Q:3　有没有可能将多组分合金的热物理性能与其组成子体系的热物理性能联系起来？

只要在式(3.17)中忽略三元体系的相互作用项，即$^{T}G\approx 0$，在只考虑二元子体系的热力学评估前提下，原则上三元合金的表面张力和黏度就可以被预测。对密度而言，一般不可能从二元液态子体系预测三元液态合金的过剩体积。三元体系关于体积的相互作用项^{T}V仅对某些体系近似为零。

Q:4　是否有可能在一个选定的体系中找到各性质间的关系？如果可以，它们的形式是什么？它们的表现又如何？

在第6章中测试了表面张力和黏度之间的关系，并验证了在纯金属（Al是唯一例外的）和合金中的情况。

对于$Al_{80}Cu_{20}$而言，在$T>1400$ K时，黏度和扩散系数之间的关系可一直用斯托克斯-爱因斯坦关系表示。在1400 K以下，随温度的降低扩散速度明显快于斯托克斯-爱因斯坦定律的预期值。在$Ni_{36}Zr_{64}$体系中，斯托克斯-爱因斯坦定律是不适用的。从实验中得到$D\cdot\eta=$常数，而不是由斯托克斯-爱因斯坦关系所预测的$D\cdot\eta\propto k_{B}T$[32]。

8.3　熔体的性质对计算机辅助材料设计的启示

从熔体性质改进材料设计是目前工作的主要动机之一。目前，可以认为这一目标已被实现，因为从当前工作中获得的结果将对计算机辅助材料设计产生以下影响：

(1)从表3.12和表3.13得到的测量过剩体积的参数化，以及在表3.10得到的纯元素密度数据，可以直接用于计算机模拟程序中，以预测液态合金的密度变化。

(2)测量了表面张力和黏度的数据。进一步，在目前的工作基础上评估了用于预测这些数据的模型。

(3)本研究所建立的综合热物理性能数据集也可作为进一步理论研究的基准数据，旨在从根本上了解液态合金的混合行为。

(4)如果在模拟应用中需要一种材料体系的熔体特性，而该材料体系在目前的工作中没有进行研究，则可以尝试将该材料归到第3～5章中确定的某一类材料中，即第Ⅰ～Ⅲ类合金。通过这种方式，可以获得关于混合行为的定性陈述，从而减少研究工作量，精准有效地获得所需材料的特性。

(5)目前工作的结果以前所未有的预测能力扩展了熔体的计算机辅助材料设计：现在，不仅可以从数据库中读取所需的数据，还可以对未明确存储在此类数据库中的材料及其热物理性能进行说明。这将大大简化新材料的开发及其加工工作量。

8.4　未来展望

到目前为止，所进行的研究工作只是冰山一角。未来还需要继续进行这些工作，以帮助完成目前所进行的研究。因此，特别需要对那些尚未被关注的体系进行进一步的测量。这主要涉及到Ti基合金的研究，并且这方面的研究将很快得到强化。

Ti基合金具有巨大的技术相关性，例如应用于航空航天领域，或作为生物相容性材料或涡轮叶片的合金。只有通过使用无容器法，即悬浮技术，才能彻底研究这些材料的熔体特性。

对Ti基合金的研究也会带来有趣的科学结果，比如研究这些熔体与氧气的相互作用。

在接下来的几年中，研究的主要部分还将涉及氧气对液态金属热物理性能的影响。为此，它的目标是在国际空间站上实现一个氧气传感和控制(OSC)系统。

最后，同样重要的是，为了解释和理解在原子尺度上观察到的一些现象，将实验与模拟研究相结合是有发展前景的。例如，过剩体积的结果就是这样得来的。

附录 A

数据

在本节中，给出了前几章中讨论过的所有液态纯金属和合金体系的热物理性能表征参数，包括密度、表面张力和黏度。

对密度而言，ρ 用线性定律描述为温度的函数，如式(3.9)：

$$\rho(T) = \rho_L + \rho_T(T - T_L) \quad (A.1)$$

式中，ρ_L 是液相线温度 T_L 处的密度；ρ_T 是温度系数。

对表面张力而言，γ 也被描述为温度的线性函数，见式(4.11)：

$$\gamma(T) = \gamma_L + \gamma_T(T - T_L) \quad (A.2)$$

类似地，γ_L 是 T_L 处的表面张力；y_T 是相应的温度系数。

第 5 章讨论的黏度 η 用式(5.9)的 Arrhenius 定律表示如下：

$$\eta(T) = \eta_\infty \exp(\frac{E_A}{RT}) \quad (A.3)$$

式中，η_∞ 为指数前因子；E_A 为黏滞流热激活过程的能垒。

表 A.1 将所研究的二元和三元合金体系的参数根据密度、表面张力和黏度分别列表如下。

表 A.1　液态二元和三元合金体系的密度、表面张力、黏度与温度的关系

合金系统	密度	表面张力	黏度
纯元素	A.2	A.3	A.4
Ag - Al	A.5		
Ag - Au	A.14		
Ag - Cu	A.6	A.7	
Ag - Al - Cu	A.8	A.9	A.10

续表

合金系统	密度	表面张力	黏度
Al - Au	A. 15	A. 16	
Ag - Au	A. 14		
Al - Cu	A. 11	A. 12	A. 13
Al - Cu - Si	A. 17		A. 18
Al - Fe	A. 22	A. 23	
Al - Ni	A. 24	A. 25	
Al - Si	A. 19		
Au—Cu	A. 26		
Co - Cu	A. 31		
Co - Cu - Fe	A. 32	A. 33	
Co - Cu - Ni	A. 34	A. 35	A. 36
Co - Fe	A. 28		
Co - Sn			A. 27
Cr - Ni Cr - Fe	A. 47 A. 46		
Cr - Fe - Ni	A. 49		A. 50
Cu - Fe	A. 29	A. 30	
Cu - Fe - Ni	A. 41	A. 42	A. 43
Cu - Ni	A. 37	A. 38	
Cu - Si	A. 20	A. 21	
Cu - Ti	A. 44	A. 45	
Fe - Ni	A. 39 A. 48	A. 40	

A.1　纯元素

表 A.2　通过线性拟合最后一列参考文献中的实验数据获得的液态纯元素的参数 ρ_L 和 ρ_T。某些元素的数据经过多次测量

元素	T_L/K	ρ_L/(g·cm^{-3})	ρ_T/(10^{-4}g·cm^{-3}·K^{-1})	文献
Al	933	2.36	−3.3	[96]
		2.29	−2.5	[15]
		2.36	−3.0	[97]
		2.42	−3.0	[158]
Cu	1358	7.90	−7.65	[17]
Ag	1233	9.15	−7.4	[37]
Au	1333	17.4	−11.0	[104]
Ni	1727	7.93	−10.1	[17]
		7.82	−8.56	[123]
Co	1768	7.81	−8.9	[134]
Fe	1818	7.04	−10.8	[61]
		6.99	−5.6	[123]
Ti	1941	4.1	−3.3	[135]

表 A.3　通过线性拟合最后一列参考文献中的实验数据获得的液态纯元素的参数 γ_L 和 γ_T。某些元素的数据经过多次测量

元素	T_L/K	γ_L/(N·m^{-1})	γ_T/(10^{-4}N·m^{-1}·K^{-1})	文献
Al	933	0.866	−1.46	[199]
Cu	1358	1.30	−2.64	[191]
		1.33	−2.6	[67]
		1.33	−2.3	[206]
Ag	1233	0.894	−1.9	[67]
Au	1333	1.140	−1.83	[199]
Ni	1727	1.77	−3.30	[68]

续表

元素	T_L/K	γ_L/(N·m^{-1})	γ_T/(10^{-4}N·m^{-1}·K^{-1})	文献
Fe	1818	1.92	−3.97	[68]
Ti	1941	1.49	−1.7	[206]

表 A.4 通过线性拟合最后一列参考文献中的实验数据得到的液态纯元素的参数 η_∞ 和 E_A。某些元素的数据来自多次测量

元素	η_∞/(mPa·s)	E_A/(10^4J·mol^{-1})	文献
Al	0.281	1.23	[158]
Si	0.214	1.43	[158]
Cu	0.522	2.36	[248]
	0.657	2.15	[158]
Ni	0.413	3.49	[160]
Co	0.048	6.81	[256]
Fe	0.114	5.93	[160]
Sn	0.407	0.72	[256]

A.2 Ag - Al - Cu

A.2.1 Ag - Al(密度)

表 A.5 通过线性拟合文献[96]中的实验数据得到的液态 Ag - Al 二元合金的参数 ρ_L 和 ρ_T。液相线温度 T_L 引自文献[154]中的相图

体系	T_L/K	ρ_L/(g·cm^{-3})	ρ_T/(10^{-4}g·cm^{-3}·K^{-1})
Al	933	2.36	−3.3
$Ag_{10}Al_{90}$	893	2.83	−2.1
$Ag_{20}Al_{80}$	864	3.83	−4.2
$Ag_{40}Al_{60}$	840	5.38	−4.8
$Ag_{60}Al_{40}$	979	6.81	−10.5

续表

体系	T_L/K	$\rho_L/(g \cdot cm^{-3})$	$\rho_T/(10^{-4} g \cdot cm^{-3} \cdot K^{-1})$
$Ag_{79}Al_{21}$	1049	8.07	−6.8
Ag	1235	9.15	−7.4

A.2.2 Ag - Cu(密度)

表 A.6 通过线性拟合文献[37]中的实验数据得到的液态 Ag - Cu 二元合金的参数 ρ_L 和 ρ_T。液相线温度 T_L 引自参考文献[154]中的相图

体系	T_L/K	$\rho_L/(g \cdot cm^{-3})$	$\rho_T/(10^{-4} g \cdot cm^{-3} \cdot K^{-1})$
$Ag_{80}Cu_{20}$	1135	9.0	−6
$Ag_{60}Cu_{40}$	1053	8.9	−7
$Ag_{40}Cu_{60}$	1132	8.6	−6
$Ag_{20}Cu_{80}$	1225	8.4	−12

A.2.3 Ag - Cu(表面张力)

表 A.7 通过线性拟合文献[67]中的实验数据得到的液态 Ag - Cu 二元合金的参数 γ_L 和 γ_T。某些元素的数据来自多次测量。液相线温度 T_L 引自文献[154]中的相图

体系	T_L/K	$\gamma_L/(N \cdot m^{-1})$	$\gamma_T/(10^{-4} N \cdot m^{-1} \cdot K^{-1})$
Cu	1358	1.334	−2.6
$Ag_{10}Cu_{90}$	1284	1.129	−0.70
$Ag_{20}Cu_{80}$	1215	1.069	−1.42
$Ag_{40}Cu_{60}$	1113	0.989	−0.51
$Ag_{40}Cu_{60}$	1113	0.951	−0.30
$Ag_{60}Cu_{40}$	1053	0.926	−1.00
$Ag_{60}Cu_{40}$	1053	0.911	−0.59
$Ag_{60}Cu_{40}$	1053	0.930	−0.23
Ag	1234	0.894	−1.91

A.2.4　Ag - Al - Cu(密度)

表 A.8　通过线性拟合文献[157]中的实验数据获得的液态 Ag - Al - Cu 三元合金的参数 ρ_L和 ρ_T。液相线温度 T_L通过文献[157]中描述的程序获得

体系	T_L/K	ρ_L/(g·cm^{-3})	ρ_T/(10^{-4}g·cm^{-3}·K^{-1})
$Ag_{10}Al_{90}$	920	2.82	−2.1
$Ag_{10}Al_{80}Cu_{10}$	890	3.48	−5.4
$Ag_{10}Al_{60}Cu_{30}$	810	4.49	−6.4
$Ag_{10}Al_{50}Cu_{40}$	840	5.48	−9.8
$Ag_{10}Al_{40}Cu_{50}$	880	6.03	−10.1
$Ag_{10}Al_{20}Cu_{70}$	1190	6.90	−6.46
$Ag_{10}Cu_{90}$	1310	8.12	−10.5

A.2.5　Ag - Al - Cu(表面张力)

表 A.9　通过线性拟合文献[176]中的实验数据获得的液态 Ag - Al - Cu 三元合金的参数 γ_L和 γ_T。液相线温度 T_L来自文献[176]中描述的方法

体系	T_L/K	γ_L/(N·m^{-1})	γ_T/(10^{-4}N·m^{-1}·K^{-1})
$Ag_{10}Cu_{90}$	1282	1.15	−2.2
$Ag_{10}Al_{20}Cu_{70}$	1245	1.06	−4.5
$Ag_{10}Al_{40}Cu_{50}$	1134	1.01	−2.1
$Ag_{10}Al_{50}Cu_{40}$	1009	1.01	−3.9
$Ag_{10}Al_{70}Cu_{20}$	818	1.05	−3.7
$Ag_{10}Al_{90}$	901	0.95	−2.7
$Al_{17}Cu_{83}$	1044	1.32	−2.7
$Ag_{30}Al_{55}Cu_{15}$	864	0.90	−1.0
$Ag_{50}Al_{40}Cu_{10}$	961	0.97	−2.9
$Ag_{30}Al_{35}Cu_{35}$	1044	1.01	−2.5
$Al_{40}Cu_{60}$	1228	1.13	−1.54

A.2.6 Ag－Al－Cu(黏度)

表 A.10 从文献[157]中得到的液态 Al－Ag－Cu 三元合金的参数 η_∞ 和 E_A

元素	η_∞/(mPa·s)	E_A/(10^4 J·mol^{-1})
$Ag_{10}Cu_{90}$	0.519	2.21
$Ag_{10}Al_{20}Cu_{70}$	0.347	2.85
$Ag_{10}Al_{40}Cu_{50}$	0.172	3.47
$Ag_{10}Al_{50}Cu_{40}$	0.338	2.50
$Ag_{10}Al_{60}Cu_{30}$	0.225	2.39
$Ag_{10}Al_{80}Cu_{10}$	0.229	1.64
$Ag_{10}Al_{90}$	0.327	1.02

A.2.7 Al－Cu(密度)

表 A.11 通过线性拟合文献[96]中的实验数据获得的液态 Al－Cu 二元合金的参数 ρ_L 和 ρ_T。液相线温度 T_L 来自文献[154]中的相图

体系	T_L/K	ρ_L/(g·cm^{-3})	ρ_T/(10^{-4}g·cm^{-3}·K^{-1})
Al	933	2.36	−3.3
$Al_{80}Cu_{20}$	835	3.32	−5.3
$Al_{70}Cu_{30}$	865	3.76	−4.9
$Al_{60}Cu_{40}$	900	4.44	−5.4
$Al_{50}Cu_{50}$	1087	5.05	−6.1
$Al_{40}Cu_{60}$	1233	5.49	−6.9
$Al_{30}Cu_{70}$	1314	6.17	−8.5
$Al_{20}Cu_{80}$	1315	6.66	−7.7
Cu	1358	7.92	−7.6

A.2.8　Al－Cu(表面张力)

表 A.12　通过线性拟合文献[191]中的实验数据获得的液态 Al－Cu 二元合金的参数 γ_L 和 γ_T。液相线温度 T_L 来自文献[191]中描述的方法

体系	T_L/K	γ_L/(N·m^{-1})	γ_T/(10^{-4}N·m^{-1}·K^{-1})
$Al_{10}Cu_{90}$	1347	1.35	−2.1
$Al_{17}Cu_{83}$	1317	1.32	−2.7
$Al_{20}Cu_{70}$	1304	1.19	−1.3
$Al_{40}Cu_{60}$	1638	1.13	−1.5
$Al_{50}Cu_{50}$	1644	1.04	−0.7
$Al_{60}Cu_{40}$	980	1.00	−0.6
$Al_{70}Cu_{30}$	867	0.97	−1.1
$Al_{83}Cu_{17}$	825	0.94	−1.6
$Al_{90}Cu_{10}$	873	0.87	−1.2

A.2.9　Al－Cu(黏度)

表 A.13　通过线性拟合文献[87]中的实验数据获得的液态 Al－Cu 二元合金的参数 η_∞ 和 E_A。液相线温度 T_L 来自文献[87]中描述的方法

体系	T_L/K	η_∞/(mPa·s)	E_A/(10^4J·mol^{-1})
Al	933	0.257	1.31
$Al_{90}Cu_{10}$	873	0.305	1.60
$Al_{90}Cu_{10}$	873	0.380	1.56
$Al_{80}Cu_{20}$	834	0.358	1.32
$Al_{70}Cu_{30}$	867	0.233	2.36
$Al_{50}Cu_{50}$	1105	0.228	3.31
$Al_{50}Cu_{50}$	1105	0.169	3.39
$Al_{40}Cu_{60}$	1228	0.195	4.07
$Al_{30}Cu_{70}$	1303	0.229	3.71
$Al_{20}Cu_{80}$	1313	0.316	3.4
$Al_{10}Cu_{90}$	1346	0.517	2.54
Cu	1358	0.520	2.35

A.3 Ag - Au

A.3.1 Ag - Au(密度)

表 A.14 通过线性拟合文献[37]中的实验数据获得的液态 Ag - Au 二元合金的参数 ρ_L 和 ρ_T。液相线温度 T_L 来自文献[154]中的相图

体系	T_L/K	ρ_L/(g·cm^{-3})	ρ_T/(10^{-4}g·cm^{-3}·K^{-1})
$Ag_{75}Au_{25}$	1276	11.2	−7
$Ag_{50}Au_{50}$	1306	13.3	−6
$Ag_{25}Au_{75}$	1326	15.6	−12

A.4 Al - Au

A.4.1 Al - Au(密度)

表 A.15 通过线性拟合文献[15]中的实验数据获得的液态 Al - Au 二元合金的参数 ρ_L 和 ρ_T。液相线温度 T_L 来自文献[318]中的相图

体系	T_L/K	ρ_L/(g·cm^{-3})	ρ_T/(10^{-4}g·cm^{-3}·K^{-1})
Al	934	2.291	−2.51
$Al_{85}Au_{15}$	835	4.425	−3.27
$Al_{80}Au_{20}$	847	5.275	−5.90
$Al_{67}Au_{33}$	895	7.231	−6.85
$Al_{55}Au_{45}$	1144	9.163	−6.3
$Al_{50}Au_{50}$	1252	10.05	−10.6
$Al_{33}Au_{67}$	1333	12.842	−10.0
$Al_{27}Au_{73}$	1280	13.84	−10.1
$Al_{20}Au_{80}$	1237	15.02	−10.8
Au	1338	17.192	−11.1

A.4.2　Al - Au(表面张力)

表 A.16　通过线性拟合参考文献[199]中的实验数据获得的液态 Al - Au 二元合金的参数 γ_L 和 γ_T。液相线温度 T_L来自文献[318]中的相图

体系	T_L/K	γ_L/(N · m^{-1})	γ_T/(10^{-4}N · m^{-1} · K^{-1})
Au	1338	1.140	−1.83
$Al_{15}Au_{85}$	1039	1.170	−1.73
$Al_{20}Au_{80}$	835	1.240	−2.39
$Al_{27}Au_{73}$	847	1.157	−1.91
		1.21	−2.5
$Al_{33}Au_{67}$	895	1.160	−2.12
$Al_{45}Au_{55}$	951	1.118	−1.82
$Al_{50}Au_{50}$	1144	1.005	−1.33
$Al_{55}Au_{45}$	1252	0.933	−1.33
$Al_{67}Au_{33}$	1333	0.897	−1.9
$Al_{80}Au_{20}$	1280	0.8570	−0.82
$Al_{85}Au_{15}$	1237	0.8609	−1.33
Al	934	0.866	−1.46

A.5　Al - Cu - Si

A.5.1　Al - Cu - Si (密度)

表 A.17　通过线性拟合文献[158]中的实验数据获得的液态 Al - Cu - Si 三元合金的参数 ρ_L和 ρ_T。液相线温度 T_L通过文献[158]中的计算方法获得

体系	T_L/K	ρ_L/(g · cm^{-3})	ρ_T/(10^{-4}g · cm^{-3} · K^{-1})
Al	933	2.42	−3.0
$Al_{90}Cu_5Si_5$	870	2.69	−4.8
$Al_{80}Cu_{10}Si_{10}$	837	3.07	−5.5

续表

体系	T_L/K	ρ_L/(g·cm^{-3})	ρ_T/(10^{-4}g·cm^{-3}·K^{-1})
$Al_{60}Cu_{20}Si_{20}$	1035	3.23	−2.4
$Al_{33}Cu_{33}Si_{33}$	1270	3.89	−2.6
$Cu_{50}Si_{50}$	1363	5.26	−5.4
$Al_{30}Cu_{40}Si_{30}$	1245	4.36	−3.70
$Al_{40}Cu_{20}Si_{40}$	1302	3.33	−2.5

A.5.2　Al－Cu－Si(黏度)

表 A.18　通过线性拟合文献[158]中的实验数据获得的液态 Al－Cu－Si 三元合金的参数 η_∞ 和 E_A

体系	η_∞/(mPa·s)	活化能 E_A/(10^4J·mol^{-1})
Al	0.281	1.23
Cu	0.657	2.15
Si	0.214	1.43
$Al_{90}Cu_5Si_5$	0.259	1.16
$Al_{80}Cu_{10}Si_{10}$	0.212	1.38
$Al_{60}Cu_{20}Si_{20}$	0.270	1.39
$Al_{33}Cu_{33}Si_{33}$	0.292	1.77
$Al_{20}Cu_{40}Si_{40}$	0.244	2.12
$Cu_{50}Si_{50}$	0.336	1.63
$Al_5Cu_{90}Si_5$	0.458	2.80
$Al_{10}Cu_{80}Si_{10}$	0.197	3.46
$Al_{20}Cu_{60}Si_{20}$	0.194	2.84
$Al_{30}Cu_{40}Si_{30}$	0.172	2.53
$Al_{40}Cu_{20}Si_{40}$	0.138	2.15
$Cu_{50}Si_{50}$	0.169	1.63

续表

体系	η_∞/(mPa·s)	活化能 E_A/(10^4J·mol^{-1})
$Al_{80}Cu_{20}$	0.273	1.66
$Al_{80}Cu_{20}$	0.239	1.70
$Al_{40}Cu_{20}Si_{40}$	0.156	2.03
$Cu_{20}Si_{80}$	0.176	2.03

A.5.3 Al－Si（密度）

表 A.19 通过线性拟合文献[97]中的实验数据获得的液态 Al－Si 二元合金的参数 ρ_L 和 ρ_T。液相线温度 T_L 通过文献[97]中的计算方法获得

体系	T_L/K	ρ_L/(g·cm^{-3})	ρ_T/(10^{-4}g·cm^{-3}·K^{-1})
Al	933	2.36	−3.0
$Al_{88}Si_{12}$	849	2.46	−2.1
$Al_{80}Si_{20}$	970	2.44	−2.3
$Al_{70}Si_{30}$	1104	2.37	−1.6
$Al_{70}Si_{30}$	1104	2.40	−1.7
$Al_{70}Si_{30}$	1104	2.39	−1.8
$Al_{60}Si_{20}$	1225	2.42	−2.9
$Al_{50}Si_{50}$	1334	2.46	−3.2

A.5.4 Cu－Si(密度)

表 A.20 通过线性拟合文献[151]中的实验数据获得的液态 Cu－Si 二元合金的参数 ρ_L 和 ρ_T。液相线温度 T_L 摘自文献[154]。$Cu_{50}Si_{50}$ 的参数引自文献[158]，见表 A.17

体系	T_L/K	ρ_L/(g·cm^{-3})	ρ_T/(10^{-4}g·cm^{-3}·K^{-1})
$Cu_{95}Si_5$	1311	7.79	−7.01
$Cu_{90}Si_{10}$	1246	7.59	−6.31
$Cu_{85.1}Si_{14.9}$	1159	7.47	−6.73

续表

体系	T_L/K	ρ_L/(g·cm^{-3})	ρ_T/(10^{-4}g·cm^{-3}·K^{-1})
$Cu_{84}Si_{16}$	1125	7.38	−6.73
$Cu_{85.4}Si_{16.6}$	1118	7.40	−7.04
$Cu_{80}Si_{20}$	1094	7.21	−6.95
$Cu_{77.5}Si_{22.5}$	1131	7.09	−6.81
$Cu_{76}Si_{24}$	1132	6.80	−5.73
$Cu_{75}Si_{25}$	1131	6.83	−6.27
$Cu_{72.5}Si_{27.5}$	1114	6.70	−5.14
$Cu_{70}Si_{30}$	1075	6.51	−5.92
$Cu_{65}Si_{35}$	1164	6.07	−5.50
$Cu_{60}Si_{40}$	1235	5.74	−5.67
$Cu_{50}Si_{50}$	1363	5.26	−5.40

A.5.5 Cu－Si(表面张力)

表 A.21　通过线性拟合文献[151]中的实验数据获得的液态 Cu－Si 二元合金的参数 γ_L 和 γ_T。液相线温度 T_L 来自文献[154]

体系	T_L/K	γ_L/(N·m^{-1})	γ_T/(10^{-4}N·m^{-1}·K^{-1})
$Cu_{95}Si_5$	1311	1.36	−3.06
$Cu_{90}Si_{10}$	1246	1.33	−2.69
$Cu_{85.1}Si_{14.9}$	1159	1.30	−2.47
$Cu_{84}Si_{16}$	1125	1.32	−1.96
$Cu_{85.4}Si_{16.6}$	1118	1.33	−2.14
$Cu_{80}Si_{20}$	1094	1.27	−1.75
$Cu_{77.5}Si_{22.5}$	1131	1.19	−1.70
$Cu_{76}Si_{24}$	1132	1.15	−0.74
$Cu_{75}Si_{25}$	1131	1.12	−0.14

续表

体系	T_L/K	$\gamma_L/(N \cdot m^{-1})$	$\gamma_T/(10^{-4} N \cdot m^{-1} \cdot K^{-1})$
$Cu_{72.5}Si_{27.5}$	1114	1.10	−0.94
$Cu_{70}Si_{30}$	1075	1.04	0.023
$Cu_{65}Si_{35}$	1164	0.97	0.69

A.6　Al－Fe

A.6.1　Al－Fe(密度)

表 A.22　通过线性拟合文献[21]中的实验数据获得的液态 Al－Fe 二元合金的参数 ρ_L 和 ρ_T。液相线温度 T_L 摘自文献[154]

体系	T_L/K	$\rho_L/(g \cdot cm^{-3})$	$\rho_T/(10^{-4} g \cdot cm^{-3} \cdot K^{-1})$
$Al_{80}Fe_{20}$	1430	3.15	−11.5
Al_3Fe	1433	3.32	−4.8
Al_5Fe_2	1452	3.43	−5.7
Al_2Fe	1457	3.83	−7.2
$Al_{60}Fe_{40}$	1505	4.19	−5.4

A.6.2　Al－Fe(表面张力)

表 A.23　通过线性拟合文献[232]中的实验数据获得的液态 Al－Fe 二元合金的参数 γ_L 和 γ_T。液相线温度 T_L 来自文献[154]

体系	T_L/K	$\gamma_L/(N \cdot m^{-1})$	$\gamma_T/(10^{-4} N \cdot m^{-1} \cdot K^{-1})$
$Al_{90}Fe_{10}$	1289	0.95	−4.8
$Al_{80}Fe_{20}$	1430	1.08	−5.8
Al_3Fe	1433	1.08	−3.7
Al_5Fe_2	1452	1.12	−7.1

续表

体系	T_L/K	$\gamma_L/(N \cdot m^{-1})$	$\gamma_T/(10^{-4} N \cdot m^{-1} \cdot K^{-1})$
Al_2Fe	1457	1.16	−4.4
$Al_{60}Fe_{40}$	1505	1.22	−1.4

A.7 Al - Ni

A.7.1 Al - Ni(密度)

表 A.24 通过线性拟合文献[21]中的实验数据获得的液态 Al - Ni 二元合金的参数 ρ_L 和 ρ_T。液相线温度 T_L 来自文献[154]

体系	T_L/K	$\rho_L/(g \cdot cm^{-3})$	$\rho_T/(10^{-4} g \cdot cm^{-3} \cdot K^{-1})$
$Al_{82}Ni_{18}$	1221	3.31	−4.8
Al_3Ni	1377	3.55	−7.6
$Al_{70}Ni_{30}$	1565	3.80	−9.4
Al_3Ni_2	1835	4.49	−12.9
AlNi	1913	4.46	−19.2
$AlNi_3$	1670	6.42	−8.0

A.7.2 Al - Ni(表面张力)

表 A.25 通过线性拟合文献[190]中的实验数据获得的液态 Al - Ni 二元合金的参数 γ_L 和 γ_T。液相线温度 T_L 取自文献[154]

体系	T_L/K	$\gamma_L/(g \cdot cm^{-3})$	$\gamma_T/(10^{-4} g \cdot cm^{-3} \cdot K^{-1})$
$Al_{82}Ni_{18}$	1221	1.01	−5.1
Al_3Ni	1377	1.21	−8.3
$Al_{70}Ni_{30}$	1565	1.15	−8.8
Al_3Ni_2	1835	1.30	−6.3

续表

体系	T_L/K	$\gamma_L/(g \cdot cm^{-3})$	$\gamma_T/(10^{-4} g \cdot cm^{-3} \cdot K^{-1})$
AlNi	1913	1.44	−6.7
$Al_{37}Ni_{63}$	1813	1.55	−2.9
$AlNi_3$	1670	1.44	−2.6
$Al_{13}Ni_{87}$	1706	1.58	−5.1

A.8 Au－Cu

A.8.1 Au－Cu(密度)

表 A.26 通过线性拟合文献[104]中的实验数据获得的液态 Au－Cu 二元合金的参数 ρ_L 和 ρ_T。液相线温度 T_L 来自文献[154]。对纯 Au 的参数也可以和表 A.15 对比

体系	T_L/K	$\rho_L/(g \cdot cm^{-3})$	$\rho_T/(10^{-4} g \cdot cm^{-3} \cdot K^{-1})$
$Au_{25}Cu_{75}$	1243	11.39	−19.5
$Au_{50}Cu_{50}$	1193	13.5	−12.6
$Au_{75}Cu_{25}$	1215	15.67	−17.6
Au	1337	17.39	−11.0

A.9 Co－Sn

A.9.1 Co－Sn(黏度)

表 A.27 从文献[256]获得的液态 Co－Sn 二元合金的参数 η_∞ 和 E_A

体系	$\eta_\infty/(mPa \cdot s)$	$E_A/(10^4 J \cdot mol^{-1})$
Co_3Sn_{97}	0.273	1.17
Co_5Sn_{95}	0.256	1.39
$Co_{10}Sn_{90}$	0.246	1.53

续表

体系	η_∞/(mPa·s)	E_A/(10^4J·mol^{-1})
$Co_{15}Sn_{85}$	0.254	1.58
$Co_{20}Sn_{80}$	0.318	1.78
$Co_{50}Sn_{50}$	0.245	2.95
$Co_{60}Sn_{40}$	0.186	3.63
$Co_{70}Sn_{30}$	0.214	3.64
$Co_{80}Sn_{20}$	0.072	5.44
Co	0.048	6.81

A.10 Co-Cu-Fe

A.10.1 Co-Fe(密度)

表 A.28 通过线性拟合文献[134]中的实验数据获得的液态 Co-Fe 二元合金的参数 ρ_L 和 ρ_T。液相线温度 T_L 来自文献[154]

体系	T_L/K	ρ_L/(g·cm^{-3})	ρ_T/(10^{-4}g·cm^{-3}·K^{-1})
Co	1768	7.81	−8.85
$Co_{75}Fe_{25}$	1752	−9.54	1.26
$Co_{50}Fe_{50}$	1752	7.43	−7.48
$Co_{25}Fe_{75}$	1767	7.21	−3.32
Fe	1811	7.04	−10.8

A.10.2　Cu－Fe(密度)

表 A.29　通过线性拟合文献[134]中的实验数据获得的液态 Cu－Fe 二元合金的参数 ρ_L 和 ρ_T。液相线温度 T_L 来自文献[154]。对于 $Cu_{30}Fe_{70}$，因为这种材料有明显的蒸发，所以仅有一个在 1756 K 测得的数据

体系	T_L/K	ρ_L/(g·cm^{-3})	ρ_T/(10^{-4}g·cm^{-3}·K^{-1})
Fe	1811	7.04	−10.8
$Cu_{30}Fe_{70}$	1728	7.14g·cm^{-3}(1756 K)	
$Cu_{70}Fe_{30}$	1693	7.37	−7.90
$Cu_{80}Fe_{20}$	1673	7.48	−8.13
$Cu_{90}Fe_{10}$	1578	7.67	−8.57
Cu	1357	7.90	−7.65

A.10.3　Cu－Fe(表面张力)

表 A.30　通过线性拟合文献[68]中的实验数据获得的液态 Cu－Fe 二元合金的参数 γ_L 和 γ_T。液相线温度 T_L 取自文献[154]。底部 $Cu_{20}Fe_{80}$ 的参数大部分来自文献[239]。很明显，γ_T 的符号为正，这在第 4 章中已详细讨论

体系	T_L/K	γ_L/(N·m^{-1})	γ_T/(10^{-4}N·m^{-1}·K^{-1})
$Cu_{80}Fe_{20}$	1658	1.24	−3.8
$Cu_{60}Fe_{40}$	1697	1.22	−4.4
$Cu_{40}Fe_{60}$	1708	1.24	−4.9
$Cu_{20}Fe_{80}$	1736	1.4	−6.4
$Cu_{20}Fe_{80}$	1736	1.30	+1.37

A.10.4 Co－Cu(密度)

表 A.31 通过线性拟合文献[134]中的实验数据获得的液态 Co－Cu 二元合金的参数 ρ_L 和 ρ_T。液相线温度 T_L 取自文献[154]

体系	T_L/K	ρ_L/(g·cm^{-3})	ρ_T/(10^{-4}g·cm^{-3}·K^{-1})
Co	1768	7.81	−8.85
$Co_{85}Cu_{15}$	1713	7.74	−11.6
$Co_{75}Cu_{25}$	1687	7.75	−9.4
$Co_{50}Cu_{50}$	1652	7.66	−7.2
$Co_{25}Cu_{75}$	1628	7.69	−7.2
Cu	1357	7.90	−7.65

A.10.5 Co－Cu－Fe(密度)

表 A.32 通过线性拟合文献[134]中的实验数据获得的液态 Co－Cu－Fe 三元合金的参数 ρ_L 和 ρ_T。液相线温度 T_L 取自文献[154]

体系	T_L/K	ρ_L/(N·m^{-1})	ρ_T/(10^{-4}N·m^{-1}·K^{-1})
$Co_{50}Fe_{50}$	1752	7.43	−7.48
$Co_{40}Cu_{20}Fe_{40}$	1696	7.47	−13.7
$Co_{30}Cu_{40}Fe_{30}$	1675	7.48	−10.3
$Co_{20}Cu_{60}Fe_{20}$	1662	7.53	−11.7
$Co_{70}Cu_{15}Fe_{15}$	1656	7.57	−11.5
$Co_{10}Cu_{80}Fe_{10}$	1639	7.63	−7.79
$Co_{5}Cu_{90}Fe_{5}$	1558	7.71	−4.99
Cu	1357	7.90	−7.65
$Co_{20}Cu_{20}Fe_{60}$	1711	7.26	−8.39
$Co_{40}Cu_{20}Fe_{40}$	1696	7.47	−13.7
$Co_{60}Cu_{20}Fe_{20}$	1693	7.61	−10.5

A.10.6 Co－Cu－Fe(表面张力)

表 A.33 通过线性拟合文献[240]中的实验数据获得的液态 Co－Cu－Fe 三元合金的参数 γ_L和 γ_T。液相线温度 T_L取自文献[240]

体系	T_L/K	$\gamma_L/(N \cdot m^{-1})$	$\gamma_T/(10^{-4} N \cdot m^{-1} \cdot K^{-1})$
$Co_{50}Fe_{50}$	1752	1.82	−3.72
$Co_{40}Cu_{20}Fe_{40}$	1696	1.30	−2.25
$Co_{30}Cu_{40}Fe_{30}$	1675	1.17	+0.75
$Co_{20}Cu_{60}Fe_{20}$	1662	1.21	−2.85
$Co_{10}Cu_{80}Fe_{10}$	1639	1.22	−2.0
Cu	1358	1.30	−2.34
$Cu_{20}Fe_{80}$	1736	1.30	+1.37
$Co_{20}Cu_{20}Fe_{60}$	1711	1.30	−2.25
$Co_{60}Cu_{20}Fe_{20}$	1693	1.35	−4.8
$Co_{80}Cu_{20}$	1698	1.40	−2.0

A.11 Cu－Co－Ni

A.11.1 Co－Cu－Ni(密度)

表 A.34 通过线性拟合文献[159]中的实验数据获得的液态 Co－Cu－Ni 三元合金的参数 ρ_L和 ρ_T。液相线温度 T_L取自 DSC/DTA 技术测量结果，见文献[159]

体系	T_L/K	$\rho_L/(g \cdot cm^{-3})$	$\rho_T/(10^{-4} g \cdot cm^{-3} \cdot K^{-1})$
$Co_{80}Ni_{20}$	1758	8.10	−7.6
$Co_{70}Cu_{10}Ni_{20}$	1721	8.25	−11.7
$Co_{50}Cu_{30}Ni_{20}$	1654	8.17	−12.6
$Co_{40}Cu_{40}Ni_{20}$	1621	8.22	−8.1
$Co_{30}Cu_{50}Ni_{20}$	1590	8.19	−10.9

续表

体系	T_L/K	ρ_L/(g·cm^{-3})	ρ_T/(10^{-4}g·cm^{-3}·K^{-1})
$Co_{10}Cu_{70}Ni_{20}$	1508	8.21	−8.0
$Cu_{80}Ni_{20}$	1473	8.13	−9.6
$Co_{50}Cu_{50}$	1650	7.66	−7.2
$Co_{40}Cu_{40}Ni_{20}$	1621	8.22	−8.1
$Co_{35}Cu_{35}Ni_{30}$	1641	8.40	−9.1
$Co_{30}Cu_{30}Ni_{40}$	1642	8.22	−16.7
$Co_{20}Cu_{20}Ni_{60}$	1643	8.24	−14.6
$Co_{15}Cu_{15}Ni_{70}$	1685	8.13	−8.7
$Co_{10}Cu_{10}Ni_{80}$	1685	8.25	−12.1
Ni	1728	7.93	−10.1

A.11.2 Co－Cu－Ni(表面张力)

表 A.35 通过线性拟合文献[159]中的实验数据获得的液态 Co－Cu－Ni 三元合金的参数 γ_L 和 γ_T。液相线温度 T_L 取自 DSC/DTA 技术测量结果，见文献[159]

体系	T_L/K	γ_L/(N·m^{-1})	γ_T/(10^{-4}N·m^{-1}·K^{-1})
$Co_{50}Cu_{50}$	1650	1.23	−2.9
$Co_{40}Cu_{40}Ni_{20}$	1621	1.35	−6.5
$Co_{30}Cu_{30}Ni_{40}$	1642	1.43	−3.6
$Co_{20}Cu_{20}Ni_{60}$	1643	1.48	−7.6
$Co_{10}Cu_{10}Ni_{80}$	1685	1.59	−1.5
Ni	1728	1.78	−3.8
$Co_{10}Cu_{70}Ni_{20}$	1721	1.61	−4.4
$Co_{30}Cu_{50}Ni_{20}$	1654	1.40	−2.3
$Co_{50}Cu_{30}Ni_{20}$	1590	1.36	−2.6
$Co_{70}Cu_{10}Ni_{20}$	1508	1.33	−5.0
$Co_{80}Ni_{20}$	1473	1.34	−2.2

A.11.3　Co－Cu－Ni(黏度)

表 A.36　从文献[159]中获得的液态 Co－Cu－Ni 二元合金的参数 η_∞ 和 E_A

体系	η_∞/(mPa·s)	活化能 E_A/(10^4J·mol^{-1})
$Co_{80}Ni_{20}$	0.21777	4.58
$Co_{70}Cu_{10}Ni_{20}$	0.23702	4.24
$Co_{50}Cu_{30}Ni_{20}$	0.33474	3.74
$Co_{40}Cu_{40}Ni_{20}$	0.35459	3.45
$Co_{30}Cu_{50}Ni_{20}$	0.39665	3.22
$Co_{10}Cu_{70}Ni_{20}$	0.40564	3.11
$Cu_{80}Ni_{20}$	0.40959	3.37

A.12　Cu－Fe－Ni

A.12.1　Cu－Ni(密度)

表 A.37　通过线性拟合文献[61]中的实验数据获得的液态 Cu－Ni 二元合金的参数 ρ_L 和 ρ_T。液相线温度 T_L 取自文献[154]

体系	T_L/K	ρ_L/(g·cm^{-3})	ρ_T/(10^{-4}g·cm^{-3}·K^{-1})
Cu	1357	7.90	－7.65
$Cu_{90}Ni_{10}$	1409	7.97	－7.95
$Cu_{80}Ni_{20}$	1473	8.09	－9.57
$Cu_{60}Ni_{40}$	1553	8.13	－10.3
$Cu_{50}Ni_{50}$	1593	8.10	－7.72
$Cu_{30}Ni_{70}$	1653	8.06	－9.11
$Cu_{10}Ni_{90}$	1706	7.96	－9.26
Ni	1727	7.92	－10.1

A. 12. 2 Cu - Ni(表面张力)

表 A. 38 通过线性拟合文献[68]中的实验数据获得的液态 Cu - Ni 二元合金的参数 γ_L和 γ_T。液相线温度 T_L取自文献[154]

体系	T_L/K	γ_L/(N · m^{-1})	γ_T/(10^{-4}N · m^{-1} · K^{-1})
Ni	1727	1.77	−3.3
$Cu_{10}Ni_{90}$	1706	1.61	−0.67
$Cu_{20}Ni_{80}$	1690	1.51	−0.21
$Cu_{30}Ni_{70}$	1660	1.43	−0.84
$Cu_{40}Ni_{60}$	1620	1.38	−0.45
$Cu_{50}Ni_{50}$	1584	1.37	−0.94
$Cu_{60}Ni_{40}$	1553	1.36	−1.91
$Cu_{70}Ni_{30}$	1508	1.32	−3.24
$Cu_{80}Ni_{20}$	1462	1.34	−2.17
$Cu_{90}Ni_{10}$	1409	1.31	−2.21
Cu	1358	1.29	−2.3

A. 12. 3 Fe - Ni(密度)

表 A. 39 通过线性拟合文献[61]中的实验数据获得的液态 Fe - Ni 二元合金的参数 ρ_L和 ρ_T。液相线温度 T_L取自文献[154]。对比数据列在表 A. 48

体系	T_L/K	ρ_L/(g · cm^{-3})	ρ_T/(10^{-4}g · cm^{-3} · K^{-1})
Fe	1811	7.04	−10.8
$Fe_{80}Ni_{20}$	1753	7.32	−10.0
$Fe_{60}Ni_{40}$	1725	7.43	−11.5
$Fe_{50}Ni_{50}$	1716	7.50	−10.2
$Fe_{40}Ni_{60}$	1713	7.51	−10.6
$Fe_{20}Ni_{80}$	1713	7.87	−12.3
Ni	1727	7.93	−10.1

A.12.4 Fe－Ni(表面张力)

表 A.40　通过线性拟合文献[68]中的实验数据获得的液态 Fe－Ni 二元合金的参数 γ_L 和 γ_T。液相线温度 T_L取自文献[154]。由于文献[68]有明显印刷错误，本表根据原始数据重新评估了 $Fe_{25}Ni_{75}$ 的 γ_L 值。$Fe_{60}Ni_{40}$ 的参数取自文献[239]，见表 A.42

体系	T_L/K	γ_L/(N·m^{-1})	γ_T/(10^{-4}N·m^{-1}·K^{-1})
Ni	1727	1.77	−3.3
$Fe_{25}Ni_{75}$	1713	1.86	−2.76
$Fe_{50}Ni_{50}$	1713	1.91	−3.27
$Fe_{60}Ni_{40}$	1725	1.91	−3.27
$Fe_{75}Ni_{25}$	1746	1.93	−1.73
Fe	1818	1.92	−3.97

A.12.5 Cu－Fe－Ni(密度)

表 A.41　通过线性拟合文献[161]中的实验数据获得的液态 Cu－Fe－Ni 三元合金的参数 ρ_L、β 和 ρ_T。液相线温度 T_L取自文献[154]。因而 ρ_T是从报道的 $\rho_T=\rho_L\beta$ 式计算得到的

体系	T_L/K	ρ_L/(g·cm^{-3})	β/(10^{-4}K^{-1})	ρ_T(10^{-4}g·cm^{-3}·K^{-1})
$Cu_{13}Fe_{54}Ni_{33}$	1692	7.11	0.4	−2.8
$Cu_{40}Fe_{35}Ni_{25}$	1610	7.14	1.1	−7.9
$Cu_{50}Fe_{30}Ni_{20}$	1591	7.20	0.5	−3.6
$Cu_{60}Fe_{24}Ni_{16}$	1580	7.53	2.6	−19.6
$Cu_{70}Fe_{13}Ni_{17}$	1546	7.76	1.5	−11.6
$Cu_{20}Fe_{65}Ni_{15}$	1701	7.16	2.0	−14.3
$Cu_{20}Fe_{48}Ni_{32}$	1669	7.40	2.3	−17.0
$Cu_{20}Fe_{35}Ni_{45}$	1663	7.42	1.4	−10.4
$Cu_{20}Fe_{20}Ni_{60}$	1668	7.56	1.1	−8.3
$Cu_{20}Fe_{10}Ni_{70}$	1673	7.79	1.1	−8.6

A.12.6 Cu－Fe－Ni(表面张力)

表 A.42 通过线性拟合文献[161]中的实验数据获得的液态 Cu－Fe－Ni 三元合金的参数 γ_L和 γ_T。液相线温度 T_L取自文献[154]

体系	T_L/K	$\gamma_L/(N \cdot m^{-1})$	$\gamma_T/(10^{-4} N \cdot m^{-1} \cdot K^{-1})$
$Fe_{60}Ni_{40}$	1725	1.91	−3.27
$Cu_{13}Fe_{54}Ni_{33}$	1692	1.45	−1.88
$Cu_{30}Fe_{42}Ni_{28}$	1638	1.29	−1.09
$Cu_{40}Fe_{35}Ni_{25}$	1610	1.28	−2.95
$Cu_{50}Fe_{30}Ni_{20}$	1591	1.26	−2.36
$Cu_{60}Fe_{24}Ni_{16}$	1580	1.24	−4.93
$Cu_{70}Fe_{13}Ni_{17}$	1546	1.30	−5.30
$Cu_{20}Fe_{80}$	1736	1.30	+1.37
$Cu_{20}Fe_{65}Ni_{15}$	1701	1.34	−2.9
$Cu_{20}Fe_{48}Ni_{32}$	1669	1.38	−2.11
$Cu_{20}Fe_{35}Ni_{45}$	1663	1.42	−1.78
$Cu_{20}Fe_{20}Ni_{60}$	1668	1.44	−1.9

A.12.7 Cu－Fe－Ni(黏度)

表 A.43 从文献[248]获得的液态 Cu－Fe－Ni 三元合金的参数 η_∞和 E_A。液相线温度 T_L取自参考文献[248]

体系	T_L/K	$\eta_\infty/(mPa \cdot s)$	$E_A/(10^4 J \cdot mol^{-1})$
$Cu_{64}Fe_{19}Ni_{17}$	1564	0.375	3.141
$Cu_{40}Fe_{35}Ni_{25}$	1612	0.313	3.519
$Cu_{20}Fe_{48}Ni_{32}$	1668	0.242	4.151
$Cu_{13}Fe_{54}Ni_{33}$	1690	0.244	4.232
$Cu_{7.5}Fe_{55.5}Ni_{37}$	1706	0.252	4.240

A.13 Cu-Ti

A.13.1 Cu-Ti(密度)

表 A.44 通过线性拟合文献[135]中的实验数据获得的液态 Cu-Ti 二元合金的参数 ρ_L 和 ρ_T。液相线温度 T_L 取自文献[319]

体系	T_L/K	ρ_L/(g·cm^{-3})	ρ_T/(10^{-4}g·cm^{-3}·K^{-1})
Cu	1358	7.9	−7.6
$Cu_{90}Ti_{10}$	1293	7.3	−3.2
$Cu_{80}Ti_{20}$	1204	6.9	−8.7
$Cu_{70}Ti_{30}$	1190	6.3	−5.8
$Cu_{60}Ti_{40}$	1238	6.1	−12.3
$Cu_{50}Ti_{50}$	1254	5.3	−5.5
$Cu_{40}Ti_{60}$	1253	5.0	−6.2
$Cu_{30}Ti_{70}$	1415	4.6	−1.3
$Cu_{20}Ti_{80}$	1641	4.6	−1.0
$Cu_{10}Ti_{90}$	1807	4.3	−4.6
Ti	1941	4.1	−3.3

A.13.2 Cu-Ti(表面张力)

表 A.45 通过线性拟合文献[206]中的实验数据获得的液态 Cu-Ti 二元合金的参数 γ_L 和 γ_T。液相线温度 T_L 取自文献[319]

体系	T_L/K	γ_L/(N·m^{-1})	γ_T/(10^{-4}N·m^{-1}·K^{-1})
Cu	1358	1.33	−2.3
$Cu_{90}Ti_{10}$	1293	1.37	−2.2
$Cu_{80}Ti_{20}$	1204	1.42	−2.2
$Cu_{70}Ti_{30}$	1193	1.45	−2.1

续表

体系	T_L/K	γ_L/(N·m^{-1})	γ_T/(10^{-4}N·m^{-1}·K^{-1})
Cu	1358	1.33	−2.3
$Cu_{60}Ti_{40}$	1235	1.47	−2.1
$Cu_{50}Ti_{50}$	1256	1.50	−2.1
$Cu_{40}Ti_{60}$	1255	1.51	−1.9
$Cu_{30}Ti_{70}$	1414	1.51	−1.9
$Cu_{20}Ti_{80}$	1638	1.49	−1.8
Ti	1943	1.49	−1.7

A.14 Cr－Fe－Ni

A.14.1 Cr－Fe(密度)

表 A.46 通过线性拟合文献[123]中的实验数据获得的液态 Cr－Fe 二元合金的参数 ρ_L 和 ρ_T。液相线温度 T_L 取自文献[154]

体系	T_L/K	ρ_L/(g·cm^{-3})	ρ_T/(10^{-4}g·cm^{-3}·K^{-1})
$Cr_{10}Fe_{90}$	1805	6.98	−5.40
$Cr_{20}Fe_{80}$	1800	6.92	−8.62
$Cr_{40}Fe_{60}$	1873	6.78	−5.42
$Cr_{60}Fe_{40}$	2006	6.52	−5.97

A.14.2 Cr－Ni(密度)

表 A.47 通过线性拟合文献[123]中的实验数据获得的液态 Cr－Ni 二元合金的参数 ρ_L 和 ρ_T。液相线温度 T_L 取自文献[154]

体系	T_L/K	ρ_L/(g·cm^{-3})	ρ_T/(10^{-4}g·cm^{-3}·K^{-1})
$Cr_{10}Ni_{90}$	1710	7.69	−7.90
$Cr_{20}Ni_{80}$	1700	7.51	−7.92

续表

体系	T_L/K	ρ_L/(g·cm^{-3})	ρ_T/(10^{-4}g·cm^{-3}·K^{-1})
$Cr_{40}Ni_{60}$	1648	7.28	−6.08
$Cr_{60}Ni_{40}$	1710	6.97	−6.57

A.14.3　Fe－Ni(密度)

表 A.48　通过线性拟合文献[123]中的实验数据获得的液态 Fe－Ni 二元合金的参数 ρ_L 和 ρ_T。液相线温度 T_L 取自文献[154]，见表 A.39

体系	T_L/K	ρ_L/(g·cm^{-3})	ρ_T/(10^{-4}g·cm^{-3}·K^{-1})
Fe	1728	7.82	−8.56
$Fe_{20}Ni_{80}$	1726	7.69	−7.60
$Fe_{40}Ni_{60}$	1723	7.37	−5.58
$Fe_{60}Ni_{40}$	1723	7.21	−6.60
$Fe_{70}Ni_{30}$	1748	7.10	−5.66
$Fe_{80}Ni_{20}$	1773	7.06	−6.05
Ni	1808	6.99	−5.55

A.14.4　Cr－Fe－Ni(密度)

表 A.49　通过线性拟合文献[160]中的实验数据获得的液态 Cr－Fe－Ni 三元合金的参数 ρ_L 和 ρ_T。液相线温度 T_L 取自文献[320]

体系	T_L/K	ρ_L/(g·cm^{-3})	ρ_T/(10^{-4}g·cm^{-3}·K^{-1})
$Cr_{10}Fe_{18}Ni_{72}$	1724	7.50	−3.76
$Cr_{10}Fe_{36}Ni_{54}$	1724	7.33	−4.10
$Cr_{10}Fe_{54}Ni_{36}$	1722	7.18	−5.72
$Cr_{10}Fe_{63}Ni_{27}$	1734	7.10	−6.13
$Cr_{10}Fe_{72}Ni_{18}$	1748	7.09	−6.04
$Cr_{20}Fe_{16}Ni_{64}$	1690	7.16	−6.87

续表

体系	T_L/K	ρ_L/(g·cm^{-3})	ρ_T/(10^{-4}g·cm^{-3}·K^{-1})
$Cr_{20}Fe_{32}Ni_{48}$	1690	7.05	−5.58
$Cr_{20}Fe_{48}Ni_{32}$	1698	6.95	−6.36
$Cr_{20}Fe_{56}Ni_{24}$	1710	6.93	−7.03
$Cr_{20}Fe_{64}Ni_{16}$	1710	6.89	−9.39
$Cr_{40}Fe_{12}Ni_{48}$	1640	8.011	−6.34
$Cr_{40}Fe_{24}Ni_{36}$	1635	8.064	−7.47
$Cr_{40}Fe_{36}Ni_{24}$	1723	7.882	−6.27
$Cr_{40}Fe_{48}Ni_{12}$	1798	7.911	−7.92

A.14.5 Cr－Fe－Ni(黏度)

表 A.50 液态 Cr－Fe－Ni 三元合金的参数 η_∞ 和 E_A[160]

体系	η_∞/(mPa·s)	E_A/(10^4J·mol^{-1})
$Cr_{20}Ni_{80}$	0.256	4.48
$Cr_{20}Fe_{16}Ni_{64}$	0.299	4.13
$Cr_{20}Fe_{32}Ni_{48}$	0.264	4.55
$Cr_{20}Fe_{48}Ni_{32}$	0.455	3.98
$Cr_{20}Fe_{64}Ni_{16}$	0.191	5.22
$Cr_{20}Fe_{80}$	0.082	6.78
Fe	0.114	5.93

附录 B

Redlich - Kister 参数

本章的表格中包含了 Redlich - Kister 参数，用于从式(3.17)和(3.16)计算过剩自由能^{E}G的。这些参数的参考资料以及它们在本书中出现的章节，表格和图中都已一一列出。

为了方便使用本章，下面的表 B.1 将所有系统对应的分表都列在表中，包括二元和三元系统，分表主要列出了计算^{E}G的相应参数。

表 B.1　用式(3.16)和(3.17)计算二元和三元液态合金系统的^{E}G时所用的 Redlich - Kister 参数对应的表格

体系	对应的表格
Ag - Al	B.3
Ag - Al - Cu	B.3
Al - Au	B.4
Ag - Cu	B.3
Al - Cu	B.3 B.2 B.5
Al - Cu - Si	B.5
Al - Fe	B.6
Al - In	B.7
Al - Ni	B.8
Al - Si	B.5

续表

体系	对应的表
Co - Cu	B. 10 B. 11
Co - Cu - Ni	B. 11
Co - Cu - Fe	B. 10
Co - Fe	B. 10
Co - Ni	B. 11
Co - Sn	B. 9
Cu - Fe	B. 12 B. 10
Cu - Fe - Ni	B. 12
Cu - Ni	B. 11 B. 12
Cu - Si	B. 5
Fe - Ni	B. 12 B. 14
Cu - Ti	B. 13
Cr - Fe	B. 14
Cr - Ni	B. 14
Cr - Fe - Ni	B. 14

B. 1 Ag - Al - Cu

用式 (3. 17) 和 (3. 16) 计算 Al - Cu - Ag 系统二元和三元液态合金的过量自由能 ^{E}G 的参数显示在表 B. 3 中。利用这些参数，通过 Butler 方程式(4. 32)和 Chatain 模型式(4. 36)可计算表面张力。而在参考文献中，液体 Al - Cu 的表面张力是用表 B. 2 中列出的参数计算出来的。进一步详情见文献[69]。

计算结果如图 4.24、4.25、4.26 和 4.28 所示，并在表 4.13 和 4.15 中进行了总结。

除了表面张力外，黏度是根据表 B.3 中的参数计算的。结果如图 5.10、5.11、5.12 和表 5.9、5.10、5.12 所示。

表 B.2　式(3.16)中使用的 Al - Cu 的 Redlich - Kister 参数。其参数来自文献[321]

参数	$(J \cdot mol^{-1})$
${}^0L_{Al,Cu}$	$-66622+8.1T$
${}^1L_{Al,Cu}$	$46800-90.8T+10T\ln(T)$
${}^1L_{Al,Cu}$	-2812

表 B.3　式(3.17)中使用的 Al - Cu - Ag 的 Redlich - Kister 参数。其参数来自文献[242 - 243]。注意对应于二元 Al - Cu 的参数不同于表 B.2 的数据

参数	$(J \cdot mol^{-1})$
${}^0L_{Al,Cu}$	$-67094+8.555T$
${}^1L_{Al,Cu}$	$32148-7.118T$
${}^2L_{Al,Cu}$	$5915-5.889T$
${}^3L_{Al,Cu}$	$-8175+6.049T$
${}^0L_{Ag,Al}$	$-15022-20.538T$
${}^1L_{Ag,Al}$	$-20456-17.291T$
${}^2L_{Ag,Al}$	$-3821-17.17T$
${}^3L_{Ag,Al}$	$7028-12.247T$
${}^4L_{Ag,Al}$	$7661-5.857T$
${}^0L_{Ag,Cu}$	$14463-1.516T$
${}^1L_{Ag,Cu}$	$-934-0.319T$

B.2　Al - Au

用式(3.16)计算液态 Al - Au 的过剩自由能${}^EG$时所使用的参数如表 B.4 所示。这些参数用于从 Butler 方程式(4.32)和 Chatain 模型式(4.36)计算表面张力。计算结果如图 4.20、4.21 和 4.28 所示，并在表 4.13 和 4.15 中进行了总结。

表 B.4 式(3.17)中使用的 Al - Au 的 Redlich - Kister 参数。其参数来自文献[322]

参数	$(J \cdot mol^{-1})$
${}^{0}L_{Al,Au}$	$-131996.19+36.42T$
${}^{1}L_{Al,Au}$	$40781.83-1.896T$

B.3 Al - Cu - Si

使用式(3.17)和(3.16)计算 Al - Cu - Si 体系二元和三元液态合金的过剩自由能的参数,如表 B.5 所示。用这些参数可以通过 Butler 方程式(4.32)计算表面张力。

计算结果见表 4.13 和 4.15。除了表面张力外,黏度也可使用表 B.5 中的参数进行计算。结果将在表 5.9、5.10 和 5.12 中讨论。

表 B.5 式(3.17)中使用的 Al - Cu - Si 的 Redlich - Kister 参数。其参数来自文献[323]

参数	$(J \cdot mol^{-1})$
${}^{0}L_{Al,Cu}$	$-66622+8.1T$
${}^{1}L_{Al,Cu}$	$46800-90.8T+10T\ln(T)$
${}^{2}L_{Al,Cu}$	-2812
${}^{0}L_{Al,Si}$	$-11340.1-1.23394T$
${}^{1}L_{Al,Si}$	$-3530.93+1.35993T$
${}^{2}L_{Al,Si}$	2265.39
${}^{0}L_{Cu,Si}$	$-38763.5+12T$
${}^{1}L_{Cu,Si}$	$-52431.2+27.4571T$
${}^{2}L_{Cu,Si}$	$-29426.5+14.775T$
${}^{T}G$	$x_{Al}{}^{0}L_{Al,Cu,Si}+x_{Cu}{}^{1}L_{Al,Cu,Si}+x_{Si}{}^{2}L_{Al,Cu,Si}$
其中${}^{V}L_{Al,Cu,Si}$定义如下:	
${}^{0}L_{Al,Cu,Si}$	$129758.274-152.551977T$
${}^{1}L_{Al,Cu,Si}$	$154448.454-8.5615T$
${}^{2}L_{Al,Cu,Si}$	$-88726.6292+40T$

B.4 Al－Fe

用式(3.16)计算 Al－Fe 二元液态合金的过剩自由能^{E}G时所使用的参数如表 B.6 所示。这些参数带入 Butler 方程式(4.32)可以计算表面张力。

计算结果如图 4.28 所示，并在表 4.13 和 4.15 中进行了汇总。

表 B.6 式(3.17)中使用的 Al－Fe 系统的 Redlich－Kister 参数。其参数来自文献[324]

参数	$(J \cdot mol^{-1})$
$^{0}L_{Al,Fe}$	$-88090+19.8T$
$^{1}L_{Al,Fe}$	$-3800+3T$
$^{2}L_{Al,Fe}$	-2000

B.5 Al－In

表 B.7 列出用式(3.16)计算 Al－In 二元液态合金的过剩自由能^{E}G时所使用的参数。这些参数是为了通过第 7.2 节中的模型计算液-液界面能。

计算结果如图 7.4 和图 7.5 所示。

表 B.7 式(7.4)中使用的 Al－In 的 Redlich－Kister 参数。其参数来自文献[302]

参数	$(J \cdot mol^{-1})$
$^{0}L_{Al,In}$	$39887.4-19.1T$
$^{1}L_{Al,In}$	$254.64-0.8T$

B.6 Al－Ni

表 B.8 列出用式(3.16)计算 Al－Ni 二元液态合金的过剩自由能^{E}G时所使用的参数。这些参数被用来通过 Butler 方程式(4.32)和 Chatain 模型式(4.36)来计算表面张力。

计算结果如图 4.19 和 4.28 所示，并在表 4.13 和 4.15 中汇总。

表 B.8　式(3.17)中使用的 Al - Ni 的 Redlich - Kister 参数。其参数来自文献[325]

参数	$(J \cdot mol^{-1})$
$^{0}L_{Al,Ni}$	$-197088+30.353T$
$^{1}L_{Al,Ni}$	5450
$^{2}L_{Al,Ni}$	$54624-11.383T$

B.7　Co - Sn

表 B.9 列出用式(3.16)计算 Co - Sn 二元液态合金的过剩自由能^{E}G和混合焓 ΔH 时所使用的参数。ΔH 与^{E}G 的关系式如下：

$$\Delta H = -T^2\left(\frac{^{E}G}{T}\right) \tag{B.1}$$

这些参数用于在第 5 章中使用所讨论的模型来计算黏度。计算的结果汇总在表 5.9、5.10 和 5.12 中。

表 B.9　式(3.17)中使用的 Co - Sn 的 Redlich - Kister 参数。其参数来自文献[326]

参数	$(J \cdot mol^{-1})$
$^{0}L_{Co,Sn}$	$-75466.9610+39.6726T$
$^{1}L_{Co,Sn}$	$-30685.2702+15.0835T$

B.8　Cu - Co - Fe

表 B.10 列出用式(3.17)和(3.16)计算 Cu - Co - Fe 体系二元和三元液态合金的过剩自由能的参数。这些参数是通过 Butler 方程式(4.32)来计算表面张力的，但对于 Cu - Fe 合金，通过 Chatain 模型式(4.36)计算表面张力。

计算结果如图 4.15、4.16、4.21 和 4.27 所示，并在表 4.13 和 4.15 中进行了汇总。

表 B.10　式(3.17)中使用的 Cu - Co - Fe 的 Redlich - Kister 参数。其参数来自文献[327]

参数	$(J \cdot mol^{-1})$
$^{0}L_{Co,Cu}$	$35200-4.95T$
$^{1}L_{Co,Cu}$	$-6695+4.68T$

续表

参数	(J·mol⁻¹)
$^{0}L_{Fe,Co}$	−9312
$^{1}L_{Fe,Co}$	1752
$^{0}L_{Cu,Fe}$	36078.99−2.33T
$^{1}L_{Cu,Fe}$	324.53−0.0333T
$^{2}L_{Cu,Fe}$	10355.39−3.60T

B.9　Cu - Co - Ni

表 B.11 列出用式(3.17)和(3.16)计算 Cu - Co - Ni 体系二元和三元液态合金的过剩自由能的参数。这些参数是通过 Butler 方程式(4.32)来计算表面张力的。计算结果如图 4.27 所示，并在表 4.13 和 4.15 中进行了汇总。

除了表面张力外，黏度也使用表 B.11 中的参数进行计算。这是通过第 5 章中讨论的模型来实现的。结果汇总在表 5.9、5.10 和 5.12 中。

由于计算结果不在文献[159]中，故结果如图 B.1 所示。

表 B.11　式(3.17)中使用的 Cu - Co - Ni 的 Redlich - Kister 参数。其参数来自文献[328]

参数	(J·mol⁻¹)
$^{0}L_{Co,Cu}$	31451.078−1.3140133T
$^{1}L_{Co,Cu}$	−595.04051
$^{2}L_{Co,Cu}$	3701.3751
$^{0}L_{Co,Ni}$	1331
$^{0}L_{Cu,Ni}$	11760+1.084T
$^{1}L_{Cu,Ni}$	−1671.8
^{T}G	$(27500+15T)x_{Co}-(15150)x_{Cu}$

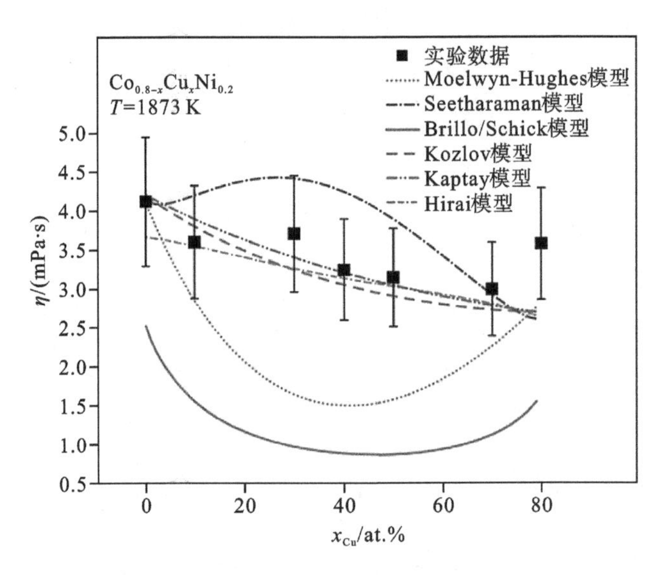

图 B.1　实测 $Co_{0.8-x}Cu_xNi_{0.2}$ [159] 在 $T=1873$ K 时的黏度与 x_{Cu} 的关系。此外，还显示了 Moelwyn/Hughes 模型、Seetharaman 模型，Brillo/Schick 模型、Kozlov 模型、Kaptay 和 Hirai 模型的计算结果

B.10　Cu－Fe－Ni

表 B.12 列出用式(3.17)和(3.16)计算 Cu－Fe－Ni 体系二元和三元液态合金的过剩自由能的参数。这些参数是通过 Butler 方程式 (4.32)来计算表面张力的，但对于 Cu－Fe 合金，通过 Chatain 模型式 (4.36)计算表面张力。

计算结果如图 4.15、4.16、4.17、4.18、4.21、4.22、4.23、4.27 所示。表 4.13 和 4.15 中对其进行了总结。

除了表面张力外，黏度是根据表 B.12 的参数计算的。这是通过第 5 节中讨论的模型来实现的。结果如图 5.13 所示，并在表 5.9、5.10、5.12 中进行了汇总。

表 B.12　式(3.17)中使用的 Cu－Ni－Fe 的 Redlich－Kister 参数，取自文献[235]

参数	(J · mol⁻¹)
$^{0}L_{Fe,Ni}$	$-18380+6.04T$
$^{1}L_{Fe,Ni}$	$9228-3.55T$
$^{0}L_{Cu,Ni}$	$11760+1.084T$
$^{1}L_{Cu,Ni}$	-1672

续表

参数	$(J \cdot mol^{-1})$
$^0L_{Cu,Fe}$	$36087.98-2.33T$
$^1L_{Cu,Fe}$	$324.53-0.033T$
$^2L_{Cu,Fe}$	$10355.39-3.603T$
^TG	$-68786+30.9T$

B.11　Cu - Ti

表 B.13 列出用式(3.16)计算二元液态 Cu - Ti 合金的剩余自由能^EG时所使用的参数。这些参数可用于通过 Butler 方程式(4.32)计算表面张力。

计算结果如图 4.27 所示，并在表 4.13 和 4.15 中进行了汇总。

由于在文献[206]中没有讨论 Butler 方程式(4.32)，因此这里给出计算结果，如图 B.2 所示。

表 B.13　方程式(3.16)中使用的 Cu - Ti 的 Redlich - Kister 参数，取自文献[329]

参数	$(J \cdot mol^{-1})$
$^0L_{Cu,Ti}$	$(-19330+7.651T)$
$^1L_{Cu,Ti}$	0
$^2L_{Cu,Ti}$	$9382-5.448T$

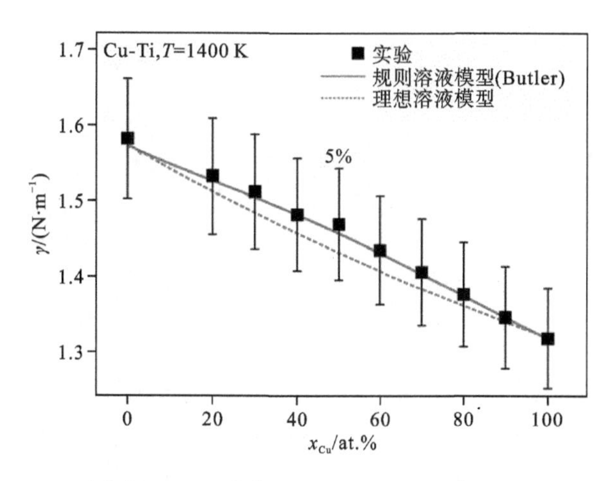

图 B.2　1400 K 下液态 Cu - Ti 的等温表面张力 γ 与 x_{Ti}^B 的关系(符号)。为了进行比较，理想溶液模型式(4.29)计算结果(虚线)和 Butler 模型式(4.32)计算结果(■)都显示在图中。Redlich - Kister 参数来自表 B.13

B.12 Cr－Fe－Ni

表 B.14 列出用式(3.17)和(3.16)计算 Cr－Fe－Ni 体系二元和三元液态合金的过剩自由能的参数。这些参数是通过 Butler 方程式 (4.32)来计算表面张力的。但对于液态二元 Fe－Ni 合金,所需参数列在表 B.12 中。计算结果见表 4.13 和 4.15。

除了表面张力外,黏度也是根据表 B.14 中参数结合第 5 章讨论的模型计算的。这些参数在文献[160]中被用于三元 Cr－Fe－Ni 合金和二元 Fe－Ni 合金的黏度计算模型。结果汇总在表 5.9、5.10、5.11 和 5.12 中。

表 B.14 式(3.17)中使用的 Cr－Fe－Ni 的 Redlich－Kister 参数,取自文献[330]

参数	$(J \cdot mol^{-1})$
${}^{0}L_{Fe,Cr}$	$-17737+7.997T$
${}^{1}L_{Fe,Cr}$	1331
${}^{0}L_{Cr,Ni}$	$318-7.332T$
${}^{1}L_{Cr,Ni}$	$16941-6.37T$
${}^{0}L_{Fe,Ni}$	$-16911+5.162T$
${}^{1}L_{Fe,Ni}$	$10180-4.147T$
${}^{T}G$	$(80000-50T)x_{Fe}+(130000-50T)x_{Cr}+(60000-50T)x_{Ni}$

索　引

A

ab initio method 量子力学从头算法 4
activation energy 活化能 119
activity 活度 69
adhesion 黏附 151
aerospace industry 航空航天 2
Archimedian method 阿基米德法 12,38
atomic diffusion 原子扩散 138
atomic hard sphere radius 原子硬球体半径 7
atomic scale 原子尺度 4
atomic vibration frequencies 原子振动频率 109
auto-correlation function 自相关函数 107
Avogadro number 阿伏伽德罗常数 48

B

basic relation for the volume 体积的基本关系 33
beam expander 光束扩展器 20
benchmark data 基准数据 5
benchmark experiment 基准实验 156,157
binary alloy 二元合金 1,8
binary interaction parameters 二元系统相互作用参数 36
binary subsystems 二元子系统 36,37
binding energy 结合能 65
biomedical 生物医学 5

Boltzmann constant 玻耳兹曼常数 138
bubble pressure method 气泡压力法 12,38
bulk phase 体相 65
buoyancy 浮力 10

C

capillary flow 毛细管流变法 12
capillary rise 毛细管上升法 12,76
cast iron 铸铁 1
chemical bonding 化学键 134
chemical interaction 化学相互作用 62
chemical potential 化学势 33,67
chemical reactivity 化学反应活性 139
civil engineering 土木工程 2
cohesive energy 内聚能 75
collimator 准直器 20
components 组分 33
compound formation 化合物的形成 74,92
computer aided materials design 计算机辅助材料设计 1
concave shape 凹形 91
contact angle 接触角 149
container based methods 基于有容器法 139
containerless techniques 无容器技术 24,84
convection 对流 10,142
conventional techniques 传统技术 12
CoolCop 冷却杯 147
coordination numbers 配位数 120
Coulomb forces 库仑力 18
covalent radius 共价半径 140,141
critical exponent 临界指数 67
critical temperature 临界温度 72,88
cross correlation 互相关 138

crucible 坩埚 13,29
crystal 晶体 138

D

damping constant 阻尼常数 29
database 数据库 1,5
deep-freezing 深度冷冻 11
degeneracy 简并 24
demixing 不混溶 33,88
dendrite 枝晶 4,152
deviation 偏差 6
diagnostic method 测量和校准方法 12
differential scanning calorimetry 差示扫描量热法 156
diffusion coefficient 扩散系数 107,109
dispenser 分离器 148
DLR 德国宇航中心 15
draining crucible 排空坩埚法 76
drop weight 滴重法 76
droplet 液滴 17
ductile iron 球墨铸铁 2
dynamical freezing 动态冻结 109,169

E

eddy currents 涡流 14
edge detection 边缘检测 21
electrical conductivity 电导率 14
electrical resistivity 电阻率 6
electrodes 电极 18
electromagnetic actuators 电磁制动器 155
electromagnetic levitation(EML) 电磁悬浮 6,12,13
electronic structure 电子结构 63
electrostatic levitation(ESL) 静电悬浮 12,13

embedded atom model 嵌入式原子模型 62
emissivity 发射率 11
energy consumption 能源消耗 155
enthalpy 焓 11
enthalpy of mixing 混合焓 111,128
entropy 熵 11,33
entropy of mixing 混合熵 110
ESA 欧洲航天局 5
European Commission 欧盟委员会 3
eutectic alloy 共晶合金 148
evaporation 蒸发 16,19
excess entropy 过剩熵 111
excess free energy 过剩自由能 33,94
excess property 过剩性质 10,33
excess surface tension 过剩表面张力 68
excess viscosity 过剩黏度 127
excess volume 过剩体积 33
exploding wire 爆炸丝法 38
exponential law 指数定律/关系 112,134

F

finite-element 有限元 4,157
fixed costs 固有成本 3
flow vortices 涡流 142
fluctuations 波动 94
fluid flow 流体流动 4
foreign atoms 外来原子 63
foundry industry 铸造工业 3
fraction solid 固相分数 155
free energy 自由能 5,6
fuel rods 燃料棒 11
fully miscible 完全互溶 7

G

generator 发电机 142
geometrical factor 几何因子 71
Gibbs adsorption isotherm 吉布斯等温吸附 67,68,72
Gibbs dividing plane 吉布斯划分面 65
Gibbs energy minimization 吉布斯能最小原理 72
glass forming alloys 非晶形成合金 108
glass transition 玻璃化转变 49,108
graphite container 石墨容器 30
gray iron 灰铸铁 2

H

hard - sphere system 硬球系统 153
heat exchange 热交换 4
heat flow calorimeter 热流计 173
heat of mixing 混合热 6
heating power 加热功率 14
heterogeneous nucleation 非均质形核 147
hexagonal close packed(HCP) 密排六方 48
hydrodynamic radius 流体动力学半径 48,141

I

ideal solution 理想溶液 7,33
ideal solution model 理想溶液模型 7,8
ideal surface tension 理想表面张力 68
ideal viscosity 理想黏度 127,129
incoherent scattering 非相干散射 138
industrial revolution 工业革命 1
inner friction 内摩擦 29
inter diffusion coefficient 互扩散系数 138
intermetallic phases 金属间相 74, 92

interaction potential 相互作用势 61,107
interatomic potentials 原子间电势 65
interfacial energy 界面能 11,69
interfacial layer 界面层 152
interference filter 干涉滤光片 20
internal energy 内能 11
iron-age 铁器时代 1
isotropic 各向同性 24,151

L

Laplace equation 拉普拉斯方程 64
laser flash technique 激光闪光法 162
latent heat 潜热 156
lateral electrodes 横向电极 18
levitating droplet 悬浮液滴 17
levitation coil 悬浮线圈 14
levitation techniques 悬浮技术 13
liquid alloys 液态合金 5,29
liquid metals 液态金属 1,3
liquid phase 液相 5
liquidus temperature 液相线温度 6,17
logarithmic decrement 对数衰减 30
long capillary method 长毛细管法 138
Lorentz force 洛伦兹力 14

M

macroscopic properties 宏观性质 5
macroscopic scale 宏观尺度 4
magnetic flux 磁通量 14
magnetic permeability 磁导率 14
magnetic shape memory alloys 磁性形状记忆合金 147
manufacturing sector 制造业 2

mass loss 质量损失 23,28
materials development 材料开发 4
melting point 熔点 16
mesoscopic particle 介观粒子 138
metallic alloy 金属合金 1
metastable miscibility gap 亚稳态混溶性间隙 87
metrology 计量学 11
microgravity 微重力 5,13
mixing behavior 混合行为 7
mixing free energy 混合自由能 6
mixing volume 混合体积 35
mode-coupling theory(MCT) 模态耦合理论 145
molar entropy 摩尔熵 66
molecular dynamics(MD) 分子动力学 4,61
moment of inertia 转动惯量 30
momentum 动量 106,107
monolayer 单层 68,72
monotone relation 单调关系 46
Monte Carlo 蒙特卡罗 4,73
multi scale approach 多尺度方法 4
multicomponent alloys 多元合金 8
multilayer model 多原子层模型 73

N

National Physical Laboratory(NPL) 英国国家物理实验室 112
nearest-neighbor distance 最近邻距离 62
negative excess volume 负过剩体积 51,53
nuclear reactors 核反应堆 11
nuclear technology 核技术 11
nucleation 形核 13,138

O

optical dilatometry 光学膨胀法 23

optical Fourier filter 傅里叶光学滤波片 20
oscillating cup 振荡杯 112,115
oscillating drop 振荡液滴 28,64
oscillation amplitude 振幅 22,29
oscillation mode 振荡模式 24,29

P

packing fraction 致密度 47
pair potential 对势 107,133
parabola 抛物线 36,51
partial molar surface 偏摩尔表面积 71
penetration depth 穿透深度 14
periodic table 周期表 37,58
phase diagram 相图 5,6
phase field method 相场方法 4
phase separation 相分离 147,152
phase transition 相变 73
polarization filter 偏振滤光片 20
position sensitive detector 位置灵敏探测器 19,30
power law 幂律 108
pre-exponential factor 指前因子 108
pressure tensor 压力张量 65
product development 产品开发 4
pycnometer method 比重瓶法 12,13

Q

quality assurance 质量保证 11
quasi-elastic neutron scattering(QNS) 准弹性中子散射 138,139
radial pair distribution function 径向对分布函数 107

R

rate of evaporation 蒸发率 155,156

reference sample 参考样品 157
refractory metals 难熔金属 19
regular solution model 正规溶液模型 99
room temperature 室温 164

S

sapphire 蓝宝石 147,148
second order phase transition 二阶相变 160
second order temperature coefficient 二阶温度系数 34
segregating species 偏析物质 97,102
self diffusion coefficients 自扩散系数 138
self purification 自净作用 149
self-consistent 自洽 30
semi-empirical model 半经验模型 6,104
sessile drop 座滴法 12,13
shape memory alloys 形状记忆合金 147
shear 剪切 32,106
shear flow 剪切流动 106
shear viscosity 剪切黏度 106,139
short range order 短程有序 9,72
single phase material 单相材料 5
soldering 焊接 5
solid-liquid interface 固-液界面 151
solidus 固相线 156
solubility limit 溶解度极限 152
spatial filter 空间滤波器 20
specific heat 比热容 11
speed of sound 声速 11
spherical harmonics 球谐函数 23
spherical sample 球形样品 14
steady state concentric cylinder method 稳态同心圆柱方法 156
steel consumer 钢铁消费国 2

steel exporter 钢铁出口国 2
steel industry 钢铁行业 4
stone-age 石器时代 1
strong sample movements 强烈的样品移动 23
subregular solution 亚正规溶液 35
superalloys 高温合金 5
surface impurities 表面杂质 6
surface oscillations 表面振荡 18,24
surface tension-viscosity relation 表面张力与黏度的关系 133

T

temperature coefficient 温度系数 28,34
ternary alloys 三元合金 1,5
ternary eutectic system 三元共晶系统 96
ternary volume interaction parameter 三元体积相互作用参数 56
terrestrial experiments 地面实验 5
thermal conductivity 热导率 156,157
thermal diffusion 热扩散 11,155
thermal expansion 热膨胀 11,20
thermal insulation 隔热 11,30
thermodynamic equilibrium 热力学平衡 69,153
thermodynamic potential 热力学势 9,66
thermophysical properties 热物理性能 1,5
time scales 时间尺度 140,149
torsional oscillations 扭转振荡 29
transition heat 相变热 156
transition metals 过渡金属 37,42
transition temperature 转变温度 49,108
translation frequency 平移频率 25
translational oscillation 平移振荡 24
transport of momentum 动量传输 106
trial-and-error 反复试验 4

turbulent flow 湍流 18

U

ultra sound velocity 超声波速度 6
uncertainty 不确定度 23,28

V

value added 附加值 2
vapor pressure 蒸汽压 6,19
vehicle 汽车 2
velocity gradient 速度梯度 106
vibrating wire technique 振弦法 12,13
viscometer 黏度计 30
viscous flow 黏性流动 110,118
viscous medium 黏性介质 138
volume interaction parameter 体积相互作用参数 37,56

W

wetting 润湿 31,148
wire products 金属制品 2,3
work of adhesion 黏附功 151

X

X-ray diffraction experiments X 射线衍射实验 62

Z

zone melting 区域熔化 155

参考文献

[1] http://en.wikipedia.org/wiki/Timeline_of_ancient_history.
[2] SNL Metals and Mining, Raw Materials Group (RMG) Consulting and Analysis, Stockholm. Report - available on demand at http://go.snl.com/MEG-MS-FreeReport.html (2014).
[3] M. Holtzer, R. Danko, S. Ymankowska-Kumon. Metalurgija 51 (2012) 337.
[4] EUROPEAN COMMISSION, ENTERPRISE AND INDUSTRY DIRECTORATE-GENERAL. High-level round table on the future of the european steel industry recommendations. COM 121 (2013).
[5] http://de.statistika.com.
[6] EUROPEAN COMMISION, COMMUNICATION FROM THE COMMISSION TO THE PARLIAMENT, THE COUNCIL, THE EUROPEAN ECONOMIC AND SOCIAL COMMITTEE AND THE COMMITTEE OF REGIONS. Action plan for a competitive and sustainable steel industry in europe. COM 407 (2013).
[7] OECD. OECD/DSTI/SU/SC 21 (2012).
[8] http://www.starcast.org.
[9] I. Steinbach, B. Böttger, J. Eiken, N. Warnken, S. G. Fries. J. Phase Equilib. Diff. 28 (2007) 101.
[10] H. J. Fecht. High Temperature Materials And Processes 27 (2014) 385.
[11] Y. Kawai, Y. Shiraishi. *Handbook of Pysico-chemical Properties at High Temperatures*. (The Iron and Steel Institute of Japan ISIJ, Osaka, Japan, 1988).
[12] K. C. Mills. *Recommended values of thermophysical properties for selected commercial alloys*. (Woodhead Publishing Ltd., Cambridge, 2002).
[13] T. Iida, R. Guthrie. *The Physical Properties of Liquid Metals*. (Clarendon Press, Oxford, 1993).
[14] G. Pottlacher. *High Temperature Thermophysical Properties of 22 Pure Metals*. (edition keiper, Graz, 2019).
[15] H. Peng, T. Voigtmann, G. Kolland, H. Kobatake, J. Brillo. Phys. Rev. in preparation B (2015).
[16] N. Eustathopoulos, B. Drevet. J. Cryst. Growth 371 (2013) 77.
[17] J. Brillo, I. Egry. Int. J. Thermophys. 24 (2003) 1155.
[18] J. Brillo, G. Lohöfer, F. Schmid-Hohagen, S. Schneider, I. Egry. Int. J. Materials and Product Technology 26 (2006) 247.
[19] P. F. Paradis, T. Ishikawa, G. W. Lee, D. Holland-Moritz, J. Brillo, W. K. Rhim, J. T. Okada. Mat. Sci. Eng. R76 (2014) 1.
[20] M. Shimoji. *Liquid Metals*. (Academic press, London, 1977).
[21] Y. Plevachuk, I. Egry, J. Brillo, D. Holland-Moritz, I. Kaban. Int. J. Mat. Res. 98 (2007) 107.
[22] F. Yang, T. Unruh, A. Meyer. Europhys. Lett. 107 (2014) 26001.
[23] I. Egry. Scripta Met. et Mat. 26 (1992) 1349.
[24] G. Kaptay. Z. Metallkd 96 (2005) 24.
[25] A. Einstein. *Investigation on the theory of the Brownian movement*. (Dover, New York, 1926).
[26] A. Einstein. Ann. Phys. 17 (1905) 549.
[27] H. Fukuyama, Y. Waseda. *High-Temperature Measurements of Materials* volume 11 of *Advances in Materials Research*. (Springer-Verlag, Berlin - Heidelberg - New York, 2009).

[28] I. Egry, A. Diefenbach, W. Piller. Int. J. Thermophys. 22 (2001) 569.

[29] C. Notthoff, H. Franz, M. Hanfland, D. M. Herlach, D. Holland-Moritz, W. Petry. Rev. Sci. Instr. 71 (2000) 3791.

[30] D. Herlach, D. Matson. *Materials Science, Solidifation of Containerless Undercooled Melts*. (Wiley-VCH, Weinheim, 2012).

[31] I. Egry, D. Herlach, M. Kolbe, L. Ratke, S. Reutzel, C. Perrin, D. Chatain. Adv. Eng. Mat. 5 (2003) 819.

[32] J. Brillo, A. I. Pommrich, A. Meyer. Phys. Rev. Lett. 107 (2011) 165902.

[33] Westinghouse Electric Corp. *Magnetic levitation and heating of conductive materials*. US Patent 2686864 (08/07/1954).

[34] P. R. Sahm, I. Egry, T. Volkmann. *Schmelze, Erstarrung, Grenzflächen*. (Friedrich Vieweg & Sohn, Braunschaweig, 1999).

[35] J. Jackson. *Classical Electrodynamics*. (Wiley, New York, 1967).

[36] P. R. Roney. In M. A. Cocca, editor, *Trans. Vacuum Met. Conference, A* Boston 1965. Vacumm Society.

[37] J. Brillo, I. Egry, I. Ho. Int. J. Thermophys. 27 (2006) 494.

[38] S. Krishnan, G. P. Hansen, R. H. Hauge, J. L. Margrave. High Temp. Sci. 29 (1990) 17.

[39] S. Krishnan, K. Yugawa, P. C. Nordine. Phys. Rev. B55 (1997) 8201.

[40] D. L. Cummings, D. A. Blackburn. J. Fluid Mech. 224 (1991) 395.

[41] S. Sauerland. *Messung der Oberflächenspannung an levitierten flüssigen Metalltropfen*. Ph.-D. thesis. (RWTH Aachen, Aachen, Germany, 1993).

[42] R. W. Hyers, G. Trapaga, B. Abedian. Met. Trans. B34 (2003) 29.

[43] A. D. Sneyd, H. K. Moffatt. J. Fluid Mech. 117 (1982) 45.

[44] S. R. Berry, R. W. Hyers, B. Abedian, L. M. Racz. Met. Trans. B31 (2000) 171.

[45] R. W. Hyers. Meas. Sci. Technol. 16 (2005) 394.

[46] J. Priede, G. Gerbeth. IEEE Trans. on Magnetics 36 (2000) 349.

[47] J. Priede, G. Gerbeth. IEEE Trans. on Magnetics 36 (2000) 354.

[48] S. Schneider. *Viskositäten unterkühlter Metallschmelzen*. Ph.-D. thesis. (RWTH Aachen, Aachen, Germany, 2002).

[49] R. P. Liu, T. Volkmann, D. M. Herlach. Acta Mat. 49 (2001) 439.

[50] P. F. Clancy, E. G. Lierke, R. Grossbach, W. M. Heide. Acta Astron. 7 (1980) 877.

[51] W. K. Rhim, M. Collender, M. T. Hyson, W. T. Simms, D. D. Elleman. Rev. Sci. Instr. 56 (1985) 56.

[52] W. K. Rhim, S. K. Chung, D. Barber, K. F. Man, G. Gutt, A. Rulison, R. E. Spjut. Rev. Sci. Instr. 64 (1993) 2961.

[53] T. Meister. *Aufbau und Regelung eines elektrostatischen Levitators*. Ph.-D. thesis, Fortschritt-Berichte VDI, Reihe 8. (RU-Bochum, Bochum, Germany, 2000).

[54] T. Kordel, D. Holland-Moritz, F. Yang, J. Peters, T. Unruh, T. Hansen, A. Meyer. Phys. Rev. B83 (2011) 104205.

[55] P. F. Paradis, T. Ishikawa, S. Yoda. Space Technol. 22 (2002) 81.

[56] A. D. Myshkis, V. G. Babskii, N. D. Kopachevskii, L. A. Slobozhanin, A. D. Tyuptsov. *Low-Gravity Fluid Mechanics*. (Springer, Berlin, Heidelberg, New York, Paris, Tokyo, 1986).

[57] P. F. Paradis, T. Ishikawa, J. Yu, S. Yoda. Rev. Sci. Instrum. 72 (2001) 2811.

[58] S. Sauerland, K. Eckler, I. Egry. J. Mat. Sci. Lett. 11 (1992) 330.

[59] P. F. Paradis, T. Ishikawa, S. Yoda. J. Mat. Sci. 36 (2001) 5125.

[60] P. F. Paradis, T. Ishikawa, S. Yoda. Int. J. Thermophys. 23 (2002) 555.

[61] J. Brillo, I. Egry. Z. Metallkd. 95 (2004) 8.

[62] Y. Sato, T. Nishizuka, T. Takamizawa, K. Sugisawa, T. Yamamura. In *Proceedings of the 16th European Conference on Thermophysical Properties* volume available on CD 58 London 2002.

[63] M. J. Assael, R. M. Banish, J. Brillo, I. Egry, R. Brooks, P. N. Quested, K. C. Mills, A. Nagashima, Y. Sato, W. A. Wakeham. J. Phys. Chem. Ref. Data 35 (2006) 285.

[64] Lord Rayleigh. Proc. Roy. Soc. 29 (1879) 71.
[65] I. Egry, L. Ratke, M. Kolbe, D. Chatain, S. Curiotto, L. Battezatti, E. Johnson, N. Pryds. J. Mater. Sci. 45 (2010) 1979.
[66] F. H. Busse. J. Fluid Mech. 142 (1984) 1.
[67] J. Brillo, G. Lauletta, L. Vaianella, E. Arato, D. Giuranno, R. Novakovic, E. Ricci. JJAP (2014).
[68] J. Brillo, I. Egry. J. Mat. Sci. 40 (2005) 2213.
[69] J. Schmitz, J. Brillo, I. Egry, R. Schmid-Fetzer. Int. J. Mat. Res. 100 (2009) 1529.
[70] S. Z. Beer edt. *Liquid Metals - Chemistry and Physics*. (Marcel Dekker Inc., New York, 1997).
[71] Team TEMPUS. Lecture Notes in Physics 464 (1996) 233.
[72] I. Egry. *Properties, Nucleation and Growth of Undercooled Liquid Metals: Results of the TEMPUS MSL-1 Mission*. J. Jpn. Microgravity Appl. 15, special issue: MSL-11 (1998) 215.
[73] T. Ishikawa, P. F. Paradis, J. T. Okada, Y. Watanabe. Meas. Sci. Technol. 23 (2012) 025305.
[74] S. Mukherjee, J. Schroers, Z. Thou, W. L. Johnson, W. K. Rhim. Acta. Mat. 52 (2004) 3689.
[75] W. K. Rhim, K. Ohsaka, P. F. Paradis, R. E. Spjut. Rev. Sci. Instr. 70 (1999) 2796.
[76] R.C. Bradshaw, M. E. Warren, J. R. Rogers, T. J. Rathz, A. K. Gangopadhyay, K. F. Kelton, R. W. Hyers. Annals of the New York Academy of Sciences 107 (2006) 63.
[77] H. Lamb. *Hydrodynamics, 6th edt*. (Cambridge University Press, Cambridge, 1932).
[78] S. Chandrasekhar. Proc. London Math. Soc. A135 (1959) 141.
[79] E. Becker, W. J. Hiller, T. A. Kowalewski. J. Fluid Mech. 258 (1994) 191.
[80] M. Kehr, W. Hoyer, I. Egry. Int. J. Thermophys. 28 (2007) 1017.
[81] R. Roscoe. Proc. Roy. Soc. 72 (1958) 576.
[82] R. Brooks, A. Day, R. Andon, L. Chapman, K. Mills, P. Quested. High Temp.-High Press. 33 (2001) 72.
[83] J. Kestin, G. F. Newel. Z. Angew. Math. Phys. 8 (1957) 433.
[84] D. A. Beckwith, G. F. Newell. Appl. Surf. Sci. 8 (1957) 450.
[85] W. Brockner, K. Torklep, H. A. Oye. Ber. Bursenges. Phys. Chem. 83 (1979) 1.
[86] M. Kehr. *Aufbau eines Hochtemperaturviskosimeters und Messung der Viskosität von Schmelzen des Systems Aluminium-Nickel*. Ph.-D. thesis. (TU-Chemnitz, Chemnitz, Germany, 2009).
[87] M. Schick, J. Brillo, I. Egry, B. Hallstedt. J. Mater. Sci. 47 (2012) 8145.
[88] C. Lüdecke, D. Lüdecke. *Thermodynamik - Physikalisch-chemische Grundlagen der Verfahrenstechnik*. (Springer-Verlag, Berlin - Heidelberg - New York, 2000).
[89] M. Watanabe, M. Adachi, T. Morishita, K. Higuchi, H. Kobatake, H. Fukuyama. Faraday Discuss. 136 (2007) 279.
[90] L. Vegard. Z. Phys. 5 (1921) 17.
[91] R. S. Schmid-Fetzer, J. Gröbner. Adv. Eng. Mat. 3 (2001) 947.
[92] M. J. Assael, I. J. Armyra, J. Brillo, S. V. Stankus, J. Wu, W. A. Wakeham. J. Phys. Chem. Ref. Data 41 (2012) 033101–1.
[93] M. J. Assael, A. E. Kalyva, K. Antoniadis, R. M. Banish, I. Egry, J. Wu, E. Kashnitz, W. A. Wakeham. J. Phys. Chem. Ref. Data 39 (2010) 033105–1.
[94] M. J. Assael, A. E. Kalyva, K. D. Antoniadis, R. M. Banish, I. Egry, J. Wu, E. Kaschnitz, W. A. Wakeham. High Temp.-High Press. 41 (2012) 161.
[95] P. F. Paradis, Ishikawa T, N. Koike. Gold Bulletin 41 (2008) 242.
[96] J. Brillo, I. Egry, J. Westphal. Int. J. Mat. Res. 99 (2008) 162.
[97] J. Schmitz, B. Hallstedt, J. Brillo, I. Egry, M. Schick. J. Mater. Sci. 47 (2012) 3706.
[98] E. Gebhardt, M. Becker, S. Dorner. Aluminium 31 (1955) 315.
[99] W. J. Coy, R. S. Mateer. Trans Amer. Soc. Metals 58 (1955) 99.
[100] E. S. Levin, G. D. Ayushina, P. V. Gel'd. High Temperature 6 (1968) 416418.
[101] S. A. Yatsenko, V. I. Kononenko, A. L. Sukhman. High Temperature 10 (1972) 55.

[102] P. M. Smith, J. W. Elmer, G. F. Gallegos. Scripta Mat. 40 (1981) 937.
[103] P. M. Nasch, S. G. Steinemann. Phys. Chem. Liq. 29 (1995) 43.
[104] J. Brillo, I. Egry, H. S. Giffard, A. Patti. Int. J. Thermophys. 25 (2004) 1881.
[105] A. Saito, S. Watanabe. Nipp. Kinz. Gakk. 35 (1971) 554.
[106] A. E. El-Mehairy, R. G. Ward. Trans. Met. Soc. AIME. 227 (1963) 1226.
[107] E. Gorges. *Bestimmung der Dichte und Oberflächenspannung von levitierten flüssigen Metallegierungen am Beispiel des Systems Kupfer-Nickel.* Ph.-D. thesis. (Rheinisch- Westfälische-Technische Hochschule, Aachen, Aachen, Germany, 1996).
[108] M. S. Bian, L. M. Ma, J. T. Wang. Acta. Metall. Sin. B90 (1986) 29.
[109] M. G. Frohberg, R. Weber. Arch. Eisenhüttenwes. 35 (1964) 877.
[110] J. A. Cahill, A. D. Kirshenbaum. J. Inorg. Nucl. Chem. 66 (1962) 1080.
[111] L. D. Lucas. Mem. Sci. Rev. Metall. 61 (1964) 1.
[112] M. Kucharski, P. Fima, P. Skrzyniarz, W. Przebinda-Stefanowa. Arch. Met. Mat. 51 (2006) 389.
[113] W. Krause, F. Sauerwald. Z. Anorg. Allg. Chem. 181 (1929) 347.
[114] S. V. Stankus, P. V. Tyagelsky, P. V. Russ. J. Engin. Thermophys. 2 (1992) 93.
[115] L. D. Lucas. Compt. Rend. 253 (1961) 2526.
[116] A. D. Kirshenbaum, J. A. Cahill. Trans Amer. Soc. Metals. 56 (1963) 281.
[117] L. Martin-Garin, M. Gomez, P. Bedon, P. Desre. J. Less Common Met. 41 (1975) 65.
[118] E. Gebhardt, S. Dorner. Z. Metallkd. 42 (1951) 353.
[119] P. Fima, N. Sobczak. Int. J. Thermophys. 31 (2010) 1165.
[120] M. Gomez, L. Martin-Garin, P. Bedon, P. Desre. Bull. Soc. Chim. Fr. 7-8 (1976) 1027.
[121] G. P. Khilya, Yu. N. Ivachshenko, V. N. Eremenko. Iz. Akad. Nauk. SSSR, Met. 6 (1975) 87.
[122] E. Gebhardt, J. Worwag. Z. Metallkd. 42 (1951) 358.
[123] H. Kobatake, J. Brillo. J. Mater. Sci. 48 (2013) 4934.
[124] S. K. Chung, D. B. Thiessen, W. K. Rhim. Rev. Sci. Instr. 67 (1996) 3175.
[125] T. Ishikawa, P. F. Paradis, Y. Saito. J. Jap. Inst. Metals. 68 (2004) 781.
[126] S. Y. Shiraishi, R. G. Ward. Can. Met. Quat. 3 (1964) 117.
[127] A. Sharan, T. Nagasaka, A. Cramb. Met. Trans. 25B (1994) 939.
[128] L. Fang, F. Xiao, Y. F. Wang, Z. N. Tao, K. Mukai. Mat. Sci. Eng. B132 (2006) 174.
[129] L. D. Lucas. Mem. Sci. Rev. Metall. 69 (1972) 479.
[130] L. D. Lucas. Compt. Rend. 250 (1960) 1850.
[131] Z. Morita, Y. Ogino, H. Kaito, A. Adachi. J. Jap. Inst. Metals. 34 (1970) 248.
[132] T. Saito, Y. Siraishi, Y. T. Sakuma. Trans. Iron. Steel. Inst. Japan 9 (1969) 118.
[133] T. Saito, M. Amatatsu, S. Watanabe. Bull. Res. Inst. of Min. Dres. Met., Tohoku Univ. 25 (1969) 67.
[134] J. Brillo, I. Egry, T. Matsushita. Int. J. Mat. Res. 97 (2006) 1526.
[135] S. Amore, S. Delsante, H. Kobatake, J. Brillo. J. Chem. Phys. 139 (2013) 064504.
[136] S. V. Stankus. Ph.-D. thesis. (Institute of Thermophysics, Novosibirsk, Novosibirsk, USSR, 1992).
[137] S. Watanabe. Trans. Jap. Inst. Met. 12 (1971) 17.
[138] E. S. Levin, G. D. Ayushina, V. K. Zavyalov. Trans. UPI-Sverdlovsk 186 (1970) 92.
[139] A. D. Kirshenbaum, J. A. Cahill. Trans. Metal. Soc. AIME 224 (1962) 816.
[140] S. Watanabe, Y. Tsu, K. Takano, Y. Shiraishi. J. Jap. Inst. Met. 45 (1981) 242.
[141] T. Ishikawa, P. Paradis. J. Electron. Mater. 34 (2005) 1526.
[142] P. F. Paradis, T. Ishikawa, S. Yoda. Adv. Space Res. 41 (2008) 2118.
[143] P. F. Paradis, W. K. Rhim. J. Chem. Thermodyn. 32 (2000) 123.
[144] T. Ishikawa, J. Okada, P. Paradis, Y. Watanabe. Jpn. J. Appl. Phys. 50 (2011) 11RD03.

[145] D. B. Miracle, J. D. Miller, O. N. Senkov, C. Woodward, M. D. Uchic, J. Tiley. Entropy 16 (2014) 494.
[146] L. Pauling. J. Amer. Chem. Soc. 69 (1947) 542.
[147] A. Bartsch, K. Rätzke, A. Meyer, F. Faupel. Phys. Rev. Lett. 104 (2010) 195901.
[148] J. P. Hansen, I. R. McDonald. *Theory of simple liquids*. (Academic Press, London, 1986).
[149] P.-F. Paradis, T. Ishikawa, S. Yoda. Appl. Phys. Lett. 86 (2005) 151901.
[150] J. D. Bernal. *Liquids: Structure, Properties, Solid Interactions*. (Elsevier, Amsterdam, London, New York, 1965).
[151] M. Adachi, M. Schick, J. Brillo, I. Egry, M. Watanabe. J. Mater. Sci. 45 (2010) 2002.
[152] D. V. Khantadze, N. I. Topuridze. Translated from Inzhenerno-Fizicheskii Zhurnal 33 (1977) 120.
[153] C. Lemaignan. Acta Met. 28 (1980) 1657.
[154] T. B. Massalski. *Binary Alloy Phase Diagram*. (ASM, Materials Park, Ohio, 1986).
[155] J. Brillo, I. Egry. *Phase Transformations in Multicomponent Melts*. (Wiley-VCH, Weinheim, 2008).
[156] J. Brillo, I. Egry. Jpn. J. Appl. Phys. 50 (2011) 11RD02.
[157] J. Brillo, R. Brooks, I. Egry, P. Quested. High Temp. - High Press. 37 (2008) 371.
[158] H. Kobatake, J. Schmitz, J. Brillo. J. Mater. Sci. 49 (2014) 3541.
[159] M. Schick, J. Brillo, I. Egry. Int. J. Cast. Met. Res. 22 (2009) 82.
[160] H. Kobatake, J. Brillo. J. Mater. Sci. 48 (2013) 6818.
[161] J. Brillo, I. Egry, T. Matsushita. Int. J. Thermophys. 27 (2006) 82.
[162] S. Amore, J. Horbach, I. Egry. J. Chem. Phys. 134 (2011) 044515.
[163] J. Brillo, A. Bytchkov, I. Egry, L. Hennet, G. Mathiak, I. Pozdnyakova, D. L. Price, D. Thiaudiere, D. Zanghi. J. Non-Cryst. Solids 352 (2006) 4008.
[164] N. Eustathopoulos, M. G. Nicholas, B. Drevet. *Wettability at High Temperatures*. (Pergamon Materials Series, New York, 1999).
[165] H. D. Dörfler. *Grenzflächen und kolloid-disperse Systeme*. (Springer, Berlin, 2001).
[166] P. A. Egelstaff. *An Introduction to the Liquid State*. (Clarendon Press, Oxford, 1994).
[167] E. Ricci, D. Giuranno, E. Arato, P. Costa. Mat. Sci. Eng. A495 (2008) 27.
[168] J. Zhu, K. Mukai. ISIJ International 38 (1998) 1039.
[169] Y. Su, Z. Li, K.C. Mills. J. Mat. Sci. 40 (2005) 2201.
[170] H. Fujii, T. Sato, S. Li, K. Nogi. Mat. Sci. Eng. A495 (2008) 296.
[171] J. Butler. Proc. Roy. Soc. A135 (1935) 348.
[172] J. Brillo, R. Schmid-Fetzer. J. Mater. Sci. 49 (2014) 3674.
[173] T. Turkdogan. *Physical Chemistry of High Temperature Technology*. (Academic Press, New York, 1980).
[174] G. Kaptay. In *Proceedings of microcad, section: materials science* 45 Miskolc 2002. University of Miskolc.
[175] T. Tanaka, T. Iida. steel research 65 (1994) 21.
[176] J. Brillo, Y. Plevachuk, I. Egry. J. Mater. Sci. 45 (2010) 5150.
[177] T. P. Hoar, D. A. Melford. Trans. Faraday Soc. 53 (1957) 315.
[178] O. Akinlade, F. Sommer. J. Alloys. Compd. 316 (2001) 226.
[179] G. Kaptay. Mat. Sci. Forum 473 (2005) 1.
[180] T. Tanaka, K. Hack, T. Iida, S. Hara. Z. Metallkd. 87 (1996) 380.
[181] P. Koukkari, R. Pajarre. Pure Appl. Chem. 83 (2011) 1243.
[182] W. D. Kaplan, D. Chatain, P. Wynblatt, W. C. Carter. J. Mater. Sci. 48 (2013) 5681.
[183] R. Defay, I. Prigorine. Trans Faraday Soc. 46 (1950) 199.
[184] J. W. Taylor. Acta Met. 4 (1956) 460.
[185] M. J. de Olivera, R. B. Griffiths. Surf. Sci. 71 (1978) 687.
[186] R. Pandit, M. Schick, M. Wortis. Phys. Rev. B26 (1982) 5112.

[187] P. Wynblatt, A. Saul, D. Chatain. Acta Mater. 46 (1998) 2337.
[188] C. Antion, D. Chatain. Surf. Sci. 601 (2007) 2232.
[189] P. Wynblatt, S. Curiotto, D. Chatain. Surf. Sci. 604 (2010) 1369.
[190] J. Brillo, D. Chatain, I. Egry. Int. J. Mat. Res. 100 (2009) 53.
[191] J. Schmitz, J. Brillo, I. Egry, R. Schmid-Fetzer. Int. J. Mat. Res. 100 (2009) 1529.
[192] F . Sommer. Z. Metallkd. 73 (1982) 72.
[193] I. Egry. J. Mat. Sci. 39 (2004) 6365.
[194] B. C. Allen. *Liquid Metals: Chemistry and Physics*. (Marcel Dekker, New York, 1972).
[195] G. Kaptay. Mat. Sci. Eng. A495 (2008) 19.
[196] R. Eichel, I. Egry. Z. Metallkd. 90 (1999) 372.
[197] J. M. Molina, R. Voytovych, E. Louis, N. Eustathopouls. Int. J. Adh. & Adh. 27 (2007) 394.
[198] F. Milot, V. Sarou-Kanian, J. C. Rifflet, B. Vinet. Mat. Sci. Eng. A495 (2008) 8.
[199] G. Kolland, J. Brillo. J. Mater. Sci, submitted (2014).
[200] L. Goumiri, J. C. Joud, P. Desre, J. M. Hicter. Surf. Sci. 83 (1979) 471.
[201] P. A. Pamies, C. G. Cordovilla, E. Louis. Scripta Met. 18 (1984) 869.
[202] P. Laty, J. C. Joud, P. Desre. Surf. Sci. 69 (1977) 508.
[203] C. Garcia-Cordovilla, E. Louis, A. Pamies. J. Mater. Sci. 21 (1986) 2787.
[204] L. Goumiri, J. C. Joud. Acta Met. 30 (1982) 1397.
[205] B. Keene. Int. Mater. Rev. 38 (1993) 157.
[206] S. Amore, J. Brillo, I. Egry, R. Novakovic. Appl. Surf. Sci. 257 (2011) 7739.
[207] R. F. Brooks, K. C. Mills, I. Egry, D. Grant, S. Seetharaman, B. Vinet. NPL Report CMMTD (1998) 136.
[208] T. Hibiya, K. Morohoshi, S. Ozawa. J. Mater. Sci. 45 (2010) 1986.
[209] I. Egry, S. Sauerland. High Temp.- High Press. 26 (1994) 217.
[210] E. Ricci, R. Novakovic. Gold Bulletin 34 (2001) 41.
[211] I. Egry, G. Lohöfer, G. Jacobs. Phys. Rev. Lett. 75 (1995) 4043.
[212] P. Shen, H. Fujii, T. Matsumoto, K. Nogi. J. Mat. Sci. 40 (2005) 2329.
[213] R. Novakovic, E. Ricci, D. Giuranno, A. Passerone. Surf. Sci. 576 (2005) 175.
[214] J. Lee, A. Kiyose, S. Nakatsuka, M. Nakamoto, T. Tanaka. ISIJ International 44 (2004) 1793.
[215] J. Lee, W. Shimoda, T. Tanaka. Mater. Trans. 45 (2004) 2864.
[216] K. C. Mills, Y. C. Su. Int. Mat. Rev. 51 (2006) 329.
[217] M. Kucharski, P. Fima. Monatshefte f. Chemie 136 (2005) 1841.
[218] J. Lee, M. Nakamoto, T. Tanaka. J. Mat. Sci. 40 (2005) 2167.
[219] Y. Kim, J. Lim, J. Choe, J. Lee. Met. Mat. Trans. B (2014 DOI: 10.1007/s11663-014-0033-z).
[220] P.-F. Paradis, T. Ishikawa, S. Yoda. Int. J. Thermophys. 23 (2002) 825.
[221] B. Allen. Trans. Metall. Soc. AIME 227 (1963) 1175.
[222] K. Man. Int. J. Thermophys. 2 (2000) 793.
[223] S. Ozawa, S. Suzuki, T. Hibiya, H. Fukuyama. J. App. Phys. 109 (2011) 014902.
[224] J. Tille, J. Kelly. Brit. J. Appl. Phys. 14 (1963) 717.
[225] V. Arkhipkin, A. Agaev, G. Grigorev, V. Kostikov. Ind. Lab. 39 (1973) 1340.
[226] A. Peterson, H. Kedesdy, P. Keck, E. Schwartz. J. Appl. Phys. 29 (1958) 213.
[227] V. Elyutin. Iz. AN. SSSR. OTN 4 (1956) 129.
[228] B. Vinet, L. Magnusson, H. Fredriksson, P. Desre. J. Colloid Interface Sci. 255 (2002) 363.
[229] G. Kuppermann. *The determination of the surface tension with the help of the levitierten reciprocating drop under terrestrial conditions and in space*. Ph.-D. thesis. (University of Technology Berlin, Berlin, 2000).
[230] R. Hultgren, P. D. Desai, D. T. Hawkins, M. Gleiser, K. K. Kelly, D. D. Wagman. *Selected Values of Thermodynamic Properties of the Elements*. (American Society for Metals, Metals Park, Ohio, USA, 1973).
[231] R. Schmid-Fetzer. *personal communication* 121 (2014).

[232] I. Egry, J. Brillo, D. Holland-Moritz, Y. Plevachuk. Mater. Sci. Eng. A495 (2008) 14.
[233] D. Kim, R. Abbaschian. J. Phase Equilibria 21 (2000) 25.
[234] G. Wilde. *Makroskopische Eigenschaften unterkühlter metallischer Schmelzen*. Ph.-D. thesis.
[235] C. Servant, B. Sundmann, O. Lyon. Calphad 25 (2001) 79.
[236] S. Gruner, M. Köhler, W. Hoyer. J. Alloys Compd. 482 (2009) 335.
[237] S. Amore, E. Ricci, T. Lanata, R. Novakovic. J. Alloys Compd. 452 (2008) 161.
[238] Z. Moser, W. Gasior, J. Pstrus. J. Electr. Mat. 30 (2001) 1104.
[239] J. Brillo, I. Egry, T. Matsushita. Z. Metallkd. 97 (2006) 28.
[240] J. Brillo, I. Egry. Int. J. Thermophys. 28 (2007) 1004.
[241] I. Egry, J. Brillo, T. Matsushita. Mat. Sci. Eng. A460 (2005) 413.
[242] V. T. Witusiewicz, U. Hecht, S. G. Fries, S. Rex. J. Alloys Compd. 385 (2004) 133.
[243] V. T. Witusiewicz, U. Hecht, S. G. Fries, S. Rex. J. Alloys Compd. 387 (2004) 217.
[244] J. P. Boon, S. Yip. *Molecular Hydrodynamics*. (Dover Publications, New York, 1980).
[245] K. Binder, J. Horbach, W. Kob, W. Paul, F. Varnik. J. Phys.: Condens. Matter 16 (2004) 429.
[246] M. Born, H. S. Green. Proc. Roy. Soc. A190 (1947) 455.
[247] W. Götze. *Liquids, Freezing and the Glass Trasition*. In *Proceedings of the Les Houches Summer School of theoretical Physics, Session LI edited by J.-P. Hansen, D. Levesque, and J. Zinn-Justin* 287 Amsterdam 1989. North-Holland.
[248] J. Brillo, R. Brooks, I. Egry, P. Quested. Int. J. Mat. Res. 98 (2007) 457.
[249] I. Budai, M. Z. Benkö, G. Kaptay. Mater. Sci. Forum 309 (2005) 473.
[250] E. A. Moelwyn-Hughes. *Physical Cemistry*. (Pergamon Press, Oxford, UK, 1961).
[251] L. Y. Kozlov, L. M. Romanov, N. N. Petrov. Izv. vysch. uch. zav. Chernaya Metallurgiya russ. 3 (1983) 7.
[252] M. Hirai. ISIJ International 33 (1993) 251.
[253] S. Seetharaman, D. Sichen. Metall. Mater. Trans. B25 (1994) 589.
[254] G. Kaptay. In *Proc. of microCAD 2003 Conference, Section Metallurgy* 23. Univ. of Miskolc 2003.
[255] R. J. L. Andon, L. Chapman, A. P. Day, K. C. Mills. NPL Report A (CMMT) 167.
[256] A. Yakymovych, Y. Plevachuk, S. Mudry, J. Brillo, H. Kobatake, H. Ipser. Phys. Chem. of Liquids http://dx.doi.org/10.1080/00319104.2013.876639 (2014).
[257] H. Kimura, M. Watanabe, K. Izumi, T. Hibiya, D. Holland-Moritz D. Holland-Moritz, T. Schenk, K. R. Bauchspiess, S. Schneider, I. Egry, K. Funakoshi, M. Hanfland. Appl. Phys. Lett. 78 (2014) 604.
[258] Y. Satao, K. Sugisawa, D. Aoki, T. Yamamura. Meas. Sci. Technol. 16 (2005) 363.
[259] H. Walsdorfer, I. Arpshofen, B. Predel. Z. Metallkd. 79 (1988) 503.
[260] M. Maret, T. Pomme, A. Pasturel. Phys. Rev. B42 (1990) 1598.
[261] S. K. Das, J. Horbach, M. M. Koza, S. M. Chatoth, A. Meyer. Appl. Phys. Lett. 86 (2005) 011918.
[262] R. N. Singh, F. Sommer. Monatsh. Chem. 143 (2012) 1235.
[263] I. Egry. Scripta Met. et Mat. 28 (1993) 1273.
[264] M. Jiang, J. Sato, I. Ohnuma, R. Kainuma, K. Ishida. Calphad 28 (2004) 213.
[265] L. Ratke, P. W. Voorhees. *Engineering Materials, Growth and Coarsening*. (Springer, Berlin, 2002).
[266] K. Binder, W. Kob. *Glassy Materials and Disorderd Solids, An Introduction to Their Statistical Mechanics*. (World Scientific Publishing Co. Pte. Ltd., Singapore, 2005).
[267] J. Brillo, S. M. Chathoth, M. M. Koza, A. Meyer. Appl. Phys. Lett. 93 (2008) 121905.
[268] A. Meyer. Phys. Rev. B81 (2010) 012102.

[269] B. Zhang, A. Griesche, A. Meyer. Phys. Rev. Lett. 104 (2010) 035902.
[270] S. K. Das, J. Horbach, T. Voigtmann. Phys. Rev. B78 (2008) 064208.
[271] X. J. Han, H. R. Schober. Phys. Rev. B83 (2011) 224201.
[272] F. Affouard, M. Descamps, L. C. Valdes, J. Habasaki, P. Bordat, K. L. Nagi. J. Chem. Phys. 131 (2009) 104510.
[273] P. Bordat, F. Affouard, M. Descamps, F. Müller-Plathe. J. Phys.: Condens. Matter 15 (2003) 5397.
[274] W. Kob, H. C. Andersen. Phys. Rev. E51 (1995) 4626.
[275] S. K. Kumar, G. Szamel, J. F. Douglas. J. Chem. Phys. 124 (2006) 214501.
[276] S. R. Becker, P. H. Poole, F. W. Starr. Phys. Rev. Lett. 97 (2006) 055901.
[277] J. Horbach, W. Kob. Phys. Rev. B60 (1999) 3169.
[278] A. Meyer, W. Petry, M. Koza, M. P. Macht. Appl. Phys. Lett. 83 (2003) 3894.
[279] L. Wan, X. Bian, J. Liu. Phys. Lett. A326 (2004) 429.
[280] R. F. Brooks, A. P. Day, R. J. L. Andon, L. A. Chapman, K. C. Mills, P. N. Quested. High Temp.-High Press. 33 (2001) 72.
[281] A. Meyer. Phys. Rev. B86 (2002) 011918.
[282] S. K. Das, J. Horbach, M. M. Koza, S. M. Chathoth, A. Meyer. Appl. Phys. Lett. 83 (2003) 3894.
[283] T. Voigtmann, A. Meyer, D. Holland-Moritz, S. Stüber, T. Hansen, T. Unruh. Europhys. Lett. 82 (2008) 66001.
[284] T. Ishikawa, P. F. Paradis, N. Koike, Y. Watanabe. Rev. Sci. Instr. 80 (2009) 013906.
[285] W. Sutherland. Phil. Mag. 9 (1905) 781.
[286] I. Egry J. Schmitz, J. Brillo. Eur. Phys. J. special Topics 223 (2014) 469.
[287] E. Schleip, D. M. Herlach, B. Feuerbacher. Europhys. Lett. 11 (1990) 751.
[288] D. M. Herlach, B. Feuerbacher, E. Schleip. Mat. Sci. Eng. A133 (1990) 795.
[289] K. Landry, S. Kalogeropoulou, N. Eustathopoulos. Mat. Sci. Eng. A254 (1998) 99.
[290] B. Drevet, K. Landry, P. Vikner, N. Eustathopoulos. Scripta Mat. 35 (1996) 1265.
[291] A. Glinter, G. Mendoza-Suarez, R. A. L. Drew. Mat. Sci. Eng. A495 (2008) 147.
[292] P. Shen, H. Fujii, T. Matsumoto, K. Nogi. Acta Mat. 51 (2003) 4897.
[293] J. Schmitz. *Untersuchung der Anisotropie im Benetzungsverhalten flüssiger Al-Cu Legierungen auf einkristallinen orientierten Al_2O_3-Substraten*. Ph.-D. thesis. (RWTH-Aachen, Aachen, Germany, 2011).
[294] J. Schmitz, I. Egry, J. Brillo. J. Mater. Sci. 49 (2014) 2286.
[295] J. Schmitz, J. Brillo, I. Egry. J. Mater. Sci. 45 (2010) 2144.
[296] K. Kitayama, A. Glaeser. J. Am. Ceram. Soc. 85 (2002) 611.
[297] D. Chatain. Annu. Rev. Mater. Res. 38 (2008) 45.
[298] I. Kaban, M. Köhler, L. Ratke, W. Hoyer, N. Mattern, J. Eckert, A. L. Greer. Acta Mat. 59 (2011) 6880.
[299] I. Kaban, S. Curiotto, D. Chatain, W. Hoyer. Acta Mat. 58 (2010) 3406.
[300] I. Kaban, J. Gröbner, W. Hoyer, R. Schmid-Fetzer. J. Mater. Sci. 45 (2010) 2030.
[301] G. Kaptay. Acta Mater. 60 (2012) 6804.
[302] S. S. Kim, T. H. Sanders. Modelling Simul. Mater. Sci. Eng. 14 (2006) 1181.
[303] W. Cao, S. Chen, F. Zhang, K. Wu, Y. Yang, Y. Chang, R. Schmid-Fetzer, W. A. Oates. Calphad 33 (2009) 328.
[304] D. Mirkovic, J. Gröbner, I. Kaban, W. Hoyer, R. Schmid-Fetzer. Int. J. Mat. Res. 100 (2009) 176.
[305] H. Wallentowitz, D. Neunzig. *Reduzierung der Schadstoffbelastung*. (RWTH Aachen, Aachen, 2000).
[306] M. Adeogun. *Smart Materials*. Viewpoints, SRI Business Intelligence (2003).

[307] http://www.vdo.com/press/pictures/powertrain/sv_pp_common_diesel_rail.hthm.
[308] J. Brillo, H. Behnken, A. Drevermann, Y. Plevachuk, E. Pagounis, V. Sklyarchuk, L. Sturz. Int. J. Heat and Mass Trans. 54 (2011) 4167.
[309] G. Höhne, W. Hemminger, H. J. Flammersheim. *Differential Scanning Calorimetry*. (Springer,
[310] W. F. Hemminger, H. K. Cammenga. *Methoden der Thermischen Analyse*. (Springer, Berlin, 1989).
[311] S. J. Qu, A. H. Feng, L. Geng, Z. Y. Ma, J. C. Han. Scripta Mater. 56 (2007) 951.
[312] H. Shibata, H. Ohta, Y. Waseda. *High Temperature Measurements of Materials*. (Springer, Berlin, 2009).
[313] H. Sagara Y. Maeda, R. P. Tye, M. Masuda, N. Ohta, Y. Waseda. Int. J. Thermophys. 17 (1996) 253.
[314] V. Sklyarchuk, Y. Plevachuk. Meas. Sci. Technol. 16 (2005) 467.
[315] C. De Micco, C. M. Aldao. Eur. J. Phys. 24 (2003) 81.
[316] Y. Tsu, K. Takano, S. Watanabe Y. Shiraishi. Daigaku, Senko, Seiren Kenkyusho, Iho 34 (1987) 131.
[317] E. Mathiak, W. Nistler, W. Waschowski, L. Koester. Z. Metallkd. 74 (1983) 793.
[318] J. L. Murray, H. Okamoto, T. B. Massalski. Bull. Alloy Phase Diagr. 8 (1987) 20.
[319] H. Okamoto. *Desk Handbook Phase Diagram for Binary Alloys*. (ASM International, Materials Park, Ohio, 2000).
[320] M. Hillert, C. Qiu. Met. Mat. Trans. A21 (1990) 1673.
[321] I. Ansara, A. T. Dinsdale, M. H. Rund, editors. *COST-507; Thermochemical Database for Light Metal Alloys*. (European Communities, Luxembourg, 1998).
[322] M. Li, C. Li, F. Wang, D. Luo, W. Zhang. J. Alloys Compd. 385 (2004) 199.
[323] C. Y. Hea, Y. Du, H. L. Chen, H. Xu. Calphad 33 (2009) 200.
[324] B. Sundman, I. Ohnuma, N. Dupin, U. R. Kattner, S. G. Fries. Acta Mater. 57 (2009) 2896.
[325] W. Huang, Y. A. Chang. Intermetallics 7 (1999) 625.
[326] A. Yakymovych, S. Fürtauer, A. Elmahfoudi, H. Ipser, H. Flandorfer. J. Chem Thermodyn. 74 (2014) 269.
[327] M. Bamberger, A. Munitz, L. Kaufman, R. Abbaschian. Calphad 26 (2002) 375.
[328] S. Curiotto, L. Battezzati, E. Johnson, N. Pryds. Acta Mat. 55 (2007) 6642.
[329] J. Wang, C. Liu, C. Leinenbach, U. E. Klotz, P. J. Uggowitzer, J. F. Loffler. Calphad 35 (2011) 82.
[330] J. Mietinen. Calphad 23 (1999) 231.

彩色插图

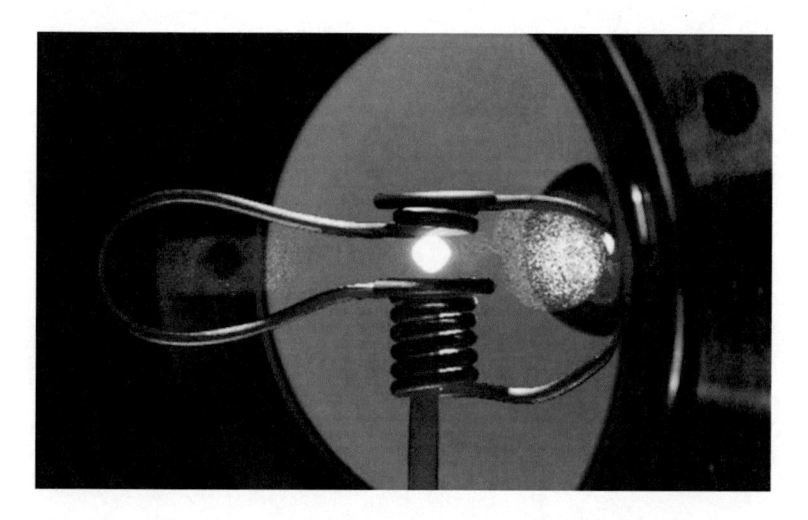

图 2.3　液体 Cu 在 1600 K 附近悬浮熔炼的照片。背光照明使用扩展的红色激光器在右侧清晰可见，从左侧侧面窗户反射的样品阴影也清晰可见

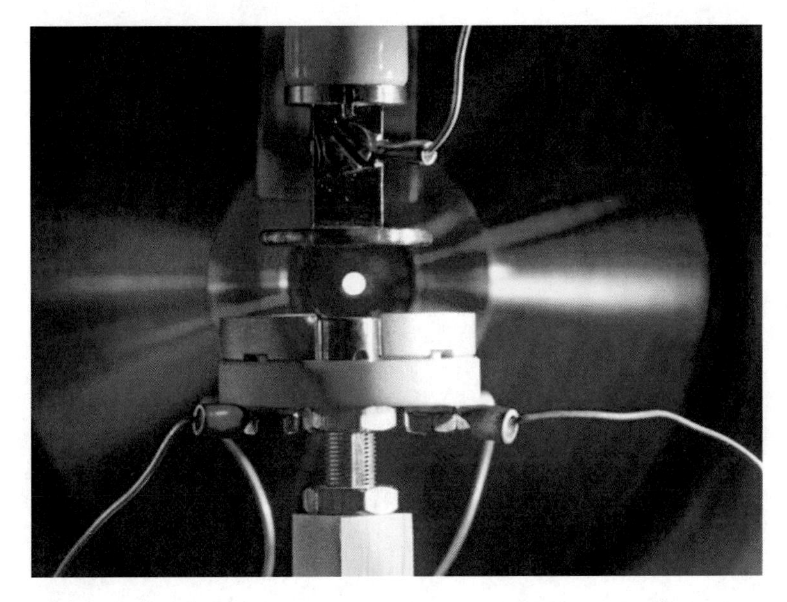

图 2.5 悬浮铝样品在 900 K 左右时的照片。电极系统以及紫外灯的一部分清晰可见,其照射口就在样品后面

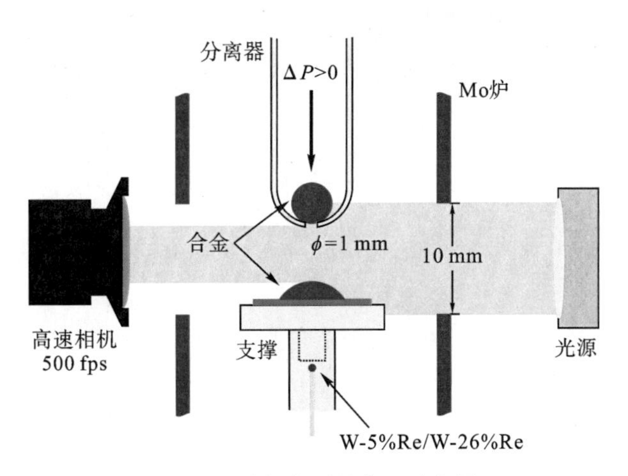

图 7.1 接触角测量装置示意图